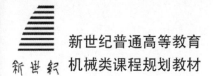

新世纪普通高等教育
机械类课程规划教材

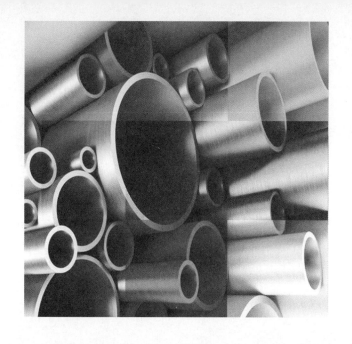

Mechanical Engineering Materials

微课版 机械工程材料（第三版）

主　编　丁晓非　谢伟东
副主编　施　伟　鞠　恒
　　　　谢忠东　罗彩霞
　　　　吴俊祥　李　栋
主　审　谭　毅

U0245176

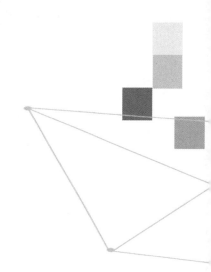

大连理工大学出版社

图书在版编目(CIP)数据

机械工程材料 / 丁晓非,谢伟东主编. -- 3 版. --

大连 : 大连理工大学出版社,2021.6(2023.3 重印)

新世纪普通高等教育机械类课程规划教材

ISBN 978-7-5685-2954-9

Ⅰ. ①机… Ⅱ. ①丁… ②谢… Ⅲ. ①机械制造材料

－高等学校－教材 Ⅳ. ①TH14

中国版本图书馆 CIP 数据核字(2021)第 026604 号

JIXIE GONGCHENG CAILIAO

大连理工大学出版社出版

地址:大连市软件园路 80 号　邮政编码:116023

发行:0411-84708842　邮购:0411-84708943　传真:0411-84701466

E-mail:dutp@dutp.cn　URL:https://www.dutp.cn

大连永盛印业有限公司印刷　　　　大连理工大学出版社发行

幅面尺寸:185mm×260mm　　印张:13　　字数:309 千字

2010 年 10 月第 1 版　　　　　　2021 年 6 月第 3 版

2023 年 3 月第 2 次印刷

责任编辑:王晓历　　　　　　　　责任校对:田宇新

封面设计:对岸书影

ISBN 978-7-5685-2954-9　　　　定　价:41.80 元

前　言

　　《机械工程材料》(第三版)是新世纪普通高等教育教材编审委员会组编的机械类课程规划教材之一,是高等院校机械类及相关专业的一门十分重要的专业基础课。

　　材料科学是研究材料的组织结构、性质、生产流程和使用效能以及它们之间相互关系的科学。

　　本教材是按照"金属材料的结构与性能—金属材料组织和性能的控制—常用机械工程材料—材料的应用"这一主线编写的,在编写的过程中力求突出以下特色:

　　1. 本教材主要针对应用型本科非材料专业,课程体系在保证理论知识适度的同时,兼顾材料学知识的系统性和实践性,突出应用性,把过于深奥的理论和复杂的公式推导进行适当简化,把机械设计、机械制造的选材及用材结合起来,把机械制造中常用的加工方法与材料的工艺性能结合起来,符合培养应用型人才的需求。

　　2. 注重教材的多样性和广泛性。教材内容在保证传统、成熟材料知识的前提下,兼顾高分子材料、陶瓷材料及复合材料,同时增加了材料表面改性新技术、新型结构材料及功能材料等能够反映学科发展及新材料技术的内容。

　　3. 编写力求精练,简单易懂,符合本课程学时数相对较少的特点。学生在掌握基本知识的同时,拓宽了知识面,确保内容新,实用性强。

　　4. 教材中采用的数据和资料尽可能反映前沿信息,引用了现行国家标准和牌号。教材中列举了大量有参考价值的应用实例,分析了典型零件的性能、失效形式、热处理及选材原则。体现了"宽、新、应用"的特色,旨在重点培养学生在工程实践中选材、用材的能力。

　　本教材响应二十大精神,推进教育数字化,建设全民终身学习的学习型社会、学习型大国,及时丰富和更新了数字化微课资源,以二维码形式融合纸质教材,使得教材更具及时性、内容的丰富性和环境的可交互性等特征,使读者学习时更轻松、更有趣味,促进了碎片化学习,提高了学习效果和效率。

新世纪

　　本教材由大连海洋大学丁晓非、齐齐哈尔工程学院谢伟东任主编，由大连海洋大学施伟、大连海洋大学鞠恒、大连海洋大学谢忠东、太原科技大学罗彩霞、本溪钢铁（集团）矿业有限责任公司吴俊祥、上海卓然（靖江）设备制造有限公司李栋任副主编。具体编写分工如下：第1章、第2章、第6章、第13章由丁晓非编写，第3章、第5章、第7章由施伟编写，第9章、第10章、第11章由鞠恒编写，第4章、第8章、第12章由谢忠东编写，第14章由罗彩霞编写，全书的整体设计由丁晓非和谢伟东完成，书中相关的现行标准和案例的完善由吴俊祥和李栋提供。本教材在编写过程中得到了大连理工大学谭毅、王富岗的指导，在此表示衷心的感谢。

　　在编写本教材的过程中，编者参考、引用和改编了国内外出版物中的相关资料以及网络资源，在此表示深深的谢意！相关著作权人看到本教材后，请与出版社联系，出版社将按照相关法律的规定支付稿酬。

　　限于水平，书中存在疏漏和不妥之处，敬请专家和读者批评指正，以使教材日臻完善。

编　者

2021 年 6 月

所有意见和建议请发往：dutpbk@163.com

欢迎访问高教数字化服务平台：https://www.dutp.cn/hep/

联系电话：0411-84708445　84708462

目 录

第 3 篇　常用机械工程材料

第4篇 材料的应用

第 1 篇

金属材料的结构与性能

金属材料是机械工程中应用较为广泛的材料,不同成分的金属材料具有不同的力学性能,即使是成分相同的金属材料,在不同的条件下其力学性能也是不尽相同的。金属材料性能的这种差异主要是由其成分、组织结构的不同造成的。因此,要了解金属材料的特性,首先要了解金属的组织结构。

带你走进
晶体结构

第1章

金属材料的晶体结构

内因是事物变化的根据,是事物发展的根本原因。不同的材料表现出不同的性能是与其内部组织结构紧密关联的。掌握材料的晶体结构,是正确地选用材料及其加工、处理方法的关键,因此,本章节的学习可为后续学习打下坚实的基础。

1.1 纯金属的晶体结构

金属材料的性能与其内部的原子排列(晶体结构)密切相关,金属在加工过程中的许多变化也与晶体结构有关,因此必须首先了解金属的晶体结构。

1.1.1 晶体结构的概念

1.晶体与非晶体

固态物质按其内部原子(离子或分子)聚集状态的不同,通常可以分为晶体和非晶体两大类。

晶体内部的原子(离子或分子)在三维空间内做有规律的周期性重复排列,如图 1-1 所示,而非晶体的原子(离子或分子)则是无规则杂乱地堆积在一起的。自然界中绝大多数固体都是晶体,如常用的金属材料、半导体材料等;少数物质(如普通玻璃、松香、沥青等)是非晶体。

晶体和非晶体原子排列方式的不同,导致了它们在性能上出现较大的差异,主要有以下两点区别:

（1）晶体具有固定的熔点(如铁的熔点为 1 534 ℃,铜的熔点为 1 083 ℃,铝的熔点为 660 ℃);而非晶体没有固定的熔点,随着温度的升高,固态非晶体将逐渐变软,最终成为有流动性的液体。冷却时,液体逐渐稠化,最终变为固体。

图 1-1　晶体中的原子排列模型

（2）晶体在不同方向上具有不同的性能,即表现出各向异性;而非晶体在各个方向上的原子聚集密度大致相同,则表现出各向同性。

2. 晶格

为便于分析和描述晶体内部原子的排列规律,我们把晶体内部的原子近似地看作刚性球体,并用假想的直线将这些球体的中心连接起来,就得到一个表示晶体内部原子排列规律的空间格架,称为晶格,如图 1-2(a)所示。晶格中的每个点称为结点。

3. 晶胞

由于晶体中原子排列具有周期性的特点,为了便于分析,通常从晶格中选取一个能完全反映晶格特征的最小几何单元来研究晶体中原子排列的规律,这个最小的几何单元称为晶胞,如图 1-2(b)所示。晶胞在三维空间中重复排列便可构成晶格和晶体。

4. 晶格常数

晶胞的大小和形状用晶胞的棱边长度 a,b,c 和棱边夹角 α,β,γ 来表示,如图 1-2(b)所示。晶胞中的各棱边的长度称为晶格常数。当晶格常数 $a=b=c$,棱边夹角 $\alpha=\beta=\gamma=90°$ 时,这种晶格称为立方晶格。

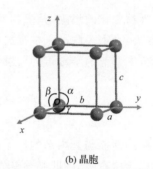

(a) 晶格　　　　　　　　　　　(b) 晶胞

图 1-2　晶格和晶胞

1.1.2　金属键和金属材料的特性

1. 金属键

金属原子的结构特点是其外层电子(价电子)的数目少,而且它们与原子核的结合力较弱,故价电子极易挣脱原子核的束缚而成为自由电子。当大量的金属原子聚合在一起构成金属晶体时,绝大部分金属原子将失去价电子而变成正离子,脱离了原子核束缚的价电子以自由电子的形式在正离子之间自由运动,为整个金属所共有,形成"电子云"。金属晶体就是依靠各正离子和自由电子间的相互引力而结合起来的,而电子与电子间及正离子与正离子间的斥力与这种引力相平衡,从而使金属呈现稳定的晶体状态。这种由金属正离子和自由电子相互吸引而结合的方式称为金属键,如图 1-3 所示。在金属晶体中,自由电子弥漫在整个体积内,所有的金属离子都处于同样的环境中,全部离子均可看成具有一定体积的圆球,所以金属键无方向性和饱和性。

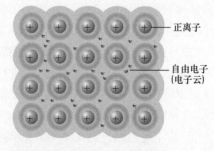

—— 正离子

—— 自由电子
(电子云)

图 1-3　金属键

2. 金属材料的特性

由于绝大多数金属均以金属键方式结合,因此根据金属键的本质,可以解释固态金属的一些基本特性。

（1）金属导电性好　在外电场作用下，金属中的自由电子会沿着电场方向做定向运动而形成电流，故金属具有良好的导电性。

（2）金属导热性好　金属中的正离子在固定位置做高频热振动，对自由电子的流动造成阻碍，且随着温度的升高，正离子的振幅加大，对自由电子通过的阻碍作用加大，故金属具有正的电阻温度系数；由于正离子的热振动和自由电子的热运动可以传递热能，故金属具有良好的导热性。

（3）金属塑性好　金属中发生原子面的相对位移时，金属晶体仍旧保持金属键结合，故金属具有良好的塑性。

（4）金属不透明　金属中的自由电子可吸收可见光的能量，故金属具有不透明性。

（5）金属具有特殊光泽　金属中吸收了能量的自由电子被激发，跃迁到较高能级，当它跳回到原来能级时，将所吸收的能量以电磁波的形式辐射出来，使金属具有光泽。

1.1.3　金属中常见的晶格类型

金属中，除少数具有复杂的晶格结构外，大多数具有以下三种晶格类型：

1. 体心立方晶格

体心立方晶格的晶胞是一个立方体，如图 1-4 所示，所以通常只用一个晶格常数 a 表示即可。在体心立方晶胞的每个顶角上和晶胞中心处都排列一个原子，如图 1-4（a）、图 1-4（b）所示。由图 1-4（c）可见，体心立方晶胞每个角上的原子为相邻的 8 个晶胞所共有，每个晶胞实际上只占有 1/8 个原子，而中心的原子为该晶胞所独占。所以，体心立方晶胞中原子数为 $8×\frac{1}{8}+1=2$ 个。体心立方晶胞沿体对角线方向上的原子是彼此紧密排列的，如图 1-4（d）所示，由此可计算出原子半径 r 与晶格常数 a 的关系为 $r=\frac{\sqrt{3}}{4}a$。

体心立方晶格不同的金属，由于其原子直径不同，晶格常数也不同。属于这种晶格类型的金属有铬（Cr）、钨（W）、钼（Mo）、钒（V）及 α-铁（α-Fe）等。

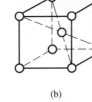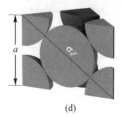

（a）　　　　　　　　（b）　　　　　　　　（c）　　　　　　　　（d）

图 1-4　体心立方晶胞

2. 面心立方晶格

面心立方晶格的晶胞也是一个立方体，如图 1-5 所示，也只用一个晶格常数 a 表示即可。在面心立方晶胞的每个角上和 6 个面的中心都排列一个原子，如图 1-5（a）、图 1-5（b）所示。由图 1-5（c）可知，面心立方晶胞每个角的原子为相邻的 8 个晶胞所共有，而每个面的中心处的原子为两个晶胞所共有。所以，面心立方晶胞的原子数为 $8×\frac{1}{8}+6×\frac{1}{2}=4$ 个。面心立方晶胞每个面上沿对角线方向的原子是紧密排列的，如图 1-5（d）所示，故原子

半径 $r=\dfrac{\sqrt{2}}{4}a$。

不同金属的面心立方晶格的晶格常数不同。属于这种晶格类型的金属有铝（Al）、铜（Cu）、金（Au）、银（Ag）、铅（Pb）、镍（Ni）及 γ-铁（γ-Fe）等。

 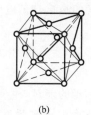  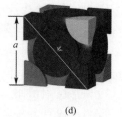

(a)   (b)   (c)   (d)

图 1-5　面心立方晶胞

3. 密排六方晶格

密排六方晶格的晶胞是一个六棱柱体，它是由 6 个呈长方形的侧面和 2 个呈正六边形的上、下底面组成，其晶格常数为柱体的高度 c 和正六边形底面的边长 a。在密排六方晶胞的各个棱角上和上、下底面的中心处都排列一个原子，此外在棱柱体的中间还排列 3 个原子，如图 1-6(a)、图 1-6(b)所示。由图 1-6(c)可见，密排六方晶胞各个棱角上的原子为相邻的 6 个晶胞所共有，上、下底面中心的原子为 2 个晶胞所共有，晶胞中间的 3 个原子为该晶胞独有。所以，密排六方晶胞的原子数为 $12\times\dfrac{1}{6}+2\times\dfrac{1}{2}+3=6$ 个。密排六方晶胞的晶格常数比值 $c/a\approx1.633$，如图 1-6(d)所示，其晶胞的原子半径 $r=\dfrac{1}{2}a$。

属于这种晶格类型的金属有镁（Mg）、铍（Be）、镉（Cd）、锌（Zn）等。

 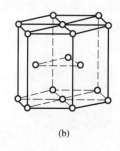  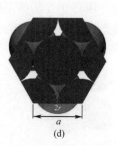

(a)   (b)   (c)   (d)

图 1-6　密排六方晶胞示意图

1.1.4　晶格的致密度

晶格中原子排列的紧密程度常用晶格的致密度表示，致密度是指晶胞中原子所占体积与该晶胞体积之比。根据晶胞中的原子数目、原子大小和晶格常数可算出晶体的致密度为

$$晶体的致密度=\dfrac{晶胞中的原子数目\times 原子体积}{晶胞体积}$$

$$体心立方晶体的致密度=\dfrac{2\times4\pi r^3/3}{a^3}=\dfrac{2\times4\times\left(\dfrac{\sqrt{3}}{4}a\right)^3\pi/3}{a^3}=68\%=0.68$$

$$面心立方晶体的致密度 = \frac{4 \times 4\pi r^3 / 3}{a^3} = \frac{4 \times 4 \times \left(\frac{\sqrt{2}}{4}a\right)^3 \pi/3}{a^3} = 74\% = 0.74$$

$$密排六方晶体的致密度 = \frac{6 \times 4\pi r^3 / 3}{6 \times \frac{\sqrt{3}}{4}a \times a \times c} = \frac{6 \times 4 \times \left(\frac{1}{2}a\right)^3 \pi/3}{6 \times \frac{\sqrt{3}}{4} \times 1.633 \times a^3} = 74\% = 0.74$$

从以上三种典型的金属晶体来看，体心立方晶格中有 68% 的体积被原子所占据，面心立方晶格及密排六方晶格的致密度均为 74%。金属晶体内其余 32% 和 26% 分别为体心立方晶体内和面心立方晶体内或密排六方晶体内的空隙。显然，晶格的致密度越大，其原子排列越紧密。

此外，还常用"配位数"来描述晶体中原子排列的紧密程度。所谓配位数，是指晶格中任一原子周围所紧邻的最近且等距离的原子数。体心立方晶格的配位数为 8，面心立方晶格和密排六方晶格的配位数为 12。显然，配位数越大，原子排列也越紧密。三种典型金属晶格的相关参数见表 1-1。

表 1-1　　　　　　　　　　　　　　三种典型金属晶格的相关参数

晶格类型	晶胞中的原子数	原子半径	致密度	配位数
体心立方晶格	2	$\frac{\sqrt{3}}{4}a$	0.68	8
面心立方晶格	4	$\frac{\sqrt{2}}{4}a$	0.74	12
密排六方晶格	6	$\frac{1}{2}a$	0.74	12

1.1.5　晶面和晶向

在金属晶体中，通过一系列原子中心所构成的平面称为晶面。通过两个以上原子中心的直线，可代表晶体内原子排列的方向，称为晶向。

为了便于研究，晶格中任何一个晶面和晶向都用一定的符号来表示。表示晶面的符号称为晶面指数，表示晶向的符号称为晶向指数。

1.晶面指数

现以图 1-7 中的晶面 $ABB'A'$ 为例，说明确定晶面指数的方法。

（1）建立坐标系

在晶格中，沿晶胞的互相垂直的三条棱边为 x, y, z 坐标轴，坐标轴的原点应位于欲定晶面的外面，以免出现零截距。

（2）求截距

以晶格常数作为长度单位，求出欲定晶面在三条坐标轴上的截距。图 1-7 中晶面 $ABB'A'$ 在 x, y, z 轴上的截距分别为 $1, \infty, \infty$。

（3）取倒数

将各截距值取倒数。上例所得的截距的倒数为 $1, 0, 0$（取倒数的目的是避免晶面指数中出现无穷大）。

（4）化整数

将上述三个倒数按比例化为最小的简单整数。上述倒数化整数为 $1, 0, 0$。

（5）列括号

将上述各整数依次列入圆括号内，即得晶面指数。晶面指数的一般格式为 (hkl)。则图

1-7中晶面$ABB'A'$的晶面指数为(100)。

图1-8所示为立方晶格中某些常用的晶面及晶面指数,即(100),(110),(111)。

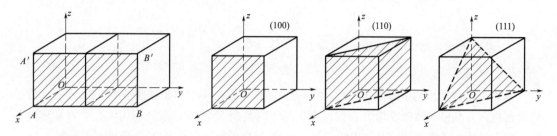

图1-7 晶面指数的确定方法

图1-8 立方晶格中某些常用的晶面及晶面指数

若晶面的截距为负数,则在指数上加负号,如$(\overline{1}11)$晶面。若某个晶面(hkl)的指数都乘以-1,则得到$(\overline{h}\,\overline{k}\,\overline{l})$晶面,那么晶面$(hkl)$与$(\overline{h}\,\overline{k}\,\overline{l})$属于一组平行晶面,可用一个晶面指数$(hkl)$表示。例如,晶面(111)与$(\overline{1}\,\overline{1}\,\overline{1})$一般用一个晶面指数(111)来表示。

还需指出:晶面指数并非仅指晶格中的某一晶面,而是泛指该晶格中所有那些与其平行的位向相同的晶面。另外,在立方晶格中,由于原子排列具有高度的对称性,往往存在有许多原子排列完全相同但在空间位向不同(不平行)的晶面,这些晶面统称为晶面族,用大括号表示,即$\{hkl\}$。换言之,(hkl)指某一确定位向的晶面指数,而$\{hkl\}$则指所有那些位向不同而原子排列相同的晶面指数。

如(100),(010),(001)同属$\{100\}$晶面族,即

$$\{100\}=(100)+(010)+(001)$$

2.晶向指数

现以图1-9中晶向OA为例,说明确定晶向指数的方法。

(1)建立坐标系:在晶格中设坐标轴x,y,z,原点应在欲定晶向的直线上。图1-9中沿晶胞的互相垂直的三条棱边为x,y,z坐标轴,坐标轴的原点为欲定晶向的一个结点。

(2)求坐标值:以晶格常数为长度单位,在该晶向直线上任选一点,求出该点的三个坐标值。在图1-10中选取欲定晶向上另一结点,其坐标值为:1,0,0。

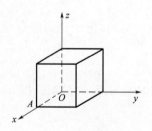

图1-9 晶向指数的确定方法

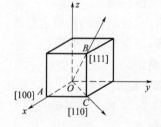

图1-10 立方晶格中的几个晶向及晶向指数

(3)化整数:将上述三个坐标值按比例化为最小整数:1,0,0。

(4)列括号:将化好的整数依次记在方括号内[100],即得所求晶向OA的晶向指数为[100]。

图1-10为立方晶格中典型的晶向及晶向指数,即[111],[110],[100]。

晶向指数标记的一般格式为$[uvw]$。$[uvw]$实际表示一组原子排列相同的平行晶向。晶向指数也可能出现负数。若两组晶向的全部指数数值相同而符号相反，如$[110]$与$[\bar{1}\bar{1}0]$，则它们相互平行或为同一原子列，但方向相反。若只研究该原子列的原子排列情况，则晶向$[110]$与$[\bar{1}\bar{1}0]$可用$[110]$表示。

原子排列情况相同而在空间位向不同（不平行）的晶向统称为晶向族，用尖括号表示，即$<uvw>$。如

$$<100> = [100] + [010] + [001]$$

在立方晶系中，一个晶面指数与一个晶向指数的数值和符号都相同时，则该晶面与该晶向互相垂直，如$(111)\perp[111]$。

3. 密排面和密排方向

不同晶体结构中不同晶面、不同晶向上原子排列方式和排列密度不一样。在体心立方晶格中，原子密度最大的晶面为$\{110\}$，称为密排面，原子密度最大的晶向为$<111>$，称为密排方向。面心立方晶格中，密排面为$\{111\}$，密排方向为$<110>$。体心立方晶格和面心立方晶格的主要晶面和主要晶向的原子排列和密度见表1-2、表1-3。

表 1-2　　　　　体心立方晶格和面心立方晶格的主要晶面的原子排列和密度

晶面指数	体心立方晶格		面心立方晶格	
	晶面原子排列	晶面原子密度（原子数/面积）	晶面原子排列	晶面原子密度（原子数/面积）
$\{100\}$		$\dfrac{4\times\frac{1}{4}}{a^2}=\dfrac{1}{a^2}$		$\dfrac{4\times\frac{1}{4}+1}{a^2}=\dfrac{2}{a^2}$
$\{110\}$		$\dfrac{4\times\frac{1}{4}+1}{\sqrt{2}a^2}=\dfrac{1.4}{a^2}$		$\dfrac{4\times\frac{1}{4}+2\times\frac{1}{2}}{\sqrt{2}a^2}=\dfrac{1.4}{a^2}$
$\{111\}$		$\dfrac{3\times\frac{1}{6}}{\frac{\sqrt{3}}{2}a^2}=\dfrac{0.58}{a^2}$		$\dfrac{3\times\frac{1}{6}+3\times\frac{1}{2}}{\frac{\sqrt{3}}{2}a^2}=\dfrac{2.3}{a^2}$

表 1-3　　　　　　体心立方晶格和面心立方晶格主要晶向的原子排列和密度

晶面指数	体心立方晶格		面心立方晶格	
	晶向原子排列	晶向原子密度（原子数/长度）	晶向原子排列	晶向原子密度（原子数/长度）
<100>		$\dfrac{2\times\frac{1}{2}}{a}=\dfrac{1}{a}$		$\dfrac{2\times\frac{1}{2}}{a}=\dfrac{1}{a}$
<110>		$\dfrac{2\times\frac{1}{2}}{\sqrt{2}a}=\dfrac{0.7}{a}$		$\dfrac{2\times\frac{1}{2}+1}{\sqrt{2}a}=\dfrac{1.4}{a}$
<111>		$\dfrac{2\times\frac{1}{2}+1}{\sqrt{3}a}=\dfrac{1.15}{a}$		$\dfrac{2\times\frac{1}{2}}{\sqrt{3}a}=\dfrac{0.58}{a}$

1.1.6　晶体的各向异性

在晶体中，由于在同一晶格的不同晶面和不同晶向上，原子排列的疏密程度不同，则原子结合力也就不同，因而金属晶体在不同晶面和晶向上就显示出不同的性能，这种性质叫作晶体的各向异性。例如单晶体铁（只含一个晶粒）的弹性模量，在<111>方向上为 2.90×10^5 MPa，而在<100>方向上只有 1.35×10^5 MPa。体心立方晶格的金属最易拉断或劈裂的晶面（称解理面）就是{100}面。金属晶体的各向异性在其力学性能、物理性能和化学性能等方面都同样会表现出来。

需要指出的是，在工业金属材料中，通常见不到它们具有这种各向异性的特征。例如，上述铁的弹性模量，不论从何种位向取样，测得其弹性模量均是 2.10×10^5 MPa 左右，一般没有体现出各向异性的特征。这是因为上面所讨论的晶体结构都是理想状态的晶体结构，而实际的金属晶体结构与理想晶体相差很远。为此，必须进一步讨论实际金属的晶体结构。

1.2　实际金属中的晶体结构与晶体缺陷

以上讨论的晶体结构，可看成是晶胞的重复堆砌，这种晶体称为单晶体，即晶体内部晶格位向完全一致。但自然界中单晶体几乎不存在，只有经过特殊制作才能获得某些金属的单晶体结构。工业生产中实际使用的金属大多是多晶体，并且其内部还存在晶体缺陷。

1.2.1　金属的晶体结构——多晶体

实际使用的金属材料，即使体积很小，其内部也包含了许多颗粒状的小晶体，每个小晶体内部的晶格位向基本上是一致的，而各个小晶体彼此间的晶格位向是不同的，如图 1-11

所示,这些外形不规则的小晶体称为晶粒。晶粒与晶粒间的交界称为晶界。这种由许多晶粒组成的晶体称为多晶体。

晶粒尺寸是很小的,如钢铁材料的晶粒一般在 $1\times10^{-1}\sim1\times10^{-3}$ mm,只有在金相显微镜下才能观察到。在显微镜下所观察到的金属中的各种晶粒大小、数量、形状和分布形态称为显微组织。图 1-12 所示为在金相显微镜下所观察到的纯铁的显微组织。

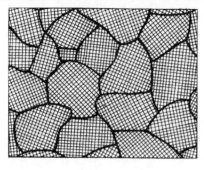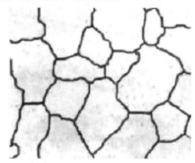

图 1-11　多晶体　　　　　　　　　　　图 1-12　纯铁的显微组织(400×)

工程上使用的实际金属大多为多晶体结构,其性能并不呈现各向异性,实验证明其在各个方向上的力学性能和物理性能基本是一致的,即实际金属表现出各向同性。这是因为在多晶体中虽然每个晶粒呈各向异性,但各个晶粒的位向是不同的,使得晶体的性能在各个方向能相互补充或抵消,再加上晶界的作用,掩盖了单个晶粒的各向异性,故实际金属呈现各向同性。

1.2.2　实际金属的晶体缺陷

实际金属不仅是多晶体,且晶粒内部存在亚晶粒。同时,晶体结构并非像理想晶体那样完整、规则。事实上,金属晶体中的某些局部区域由于受到结晶条件或加工条件等方面的影响,使原子的排列受到干扰而被破坏,从而存在各种各样的缺陷,缺陷对金属的性能有很大影响。

根据晶体缺陷的几何形态特征,可将其分为以下三类:

1.点缺陷

点缺陷是指空间的三维尺寸都很小的缺陷。常见的有空位、间隙原子、置换原子,如图 1-13 所示。

空位是指晶格中没有原子的结点,空位的产生是由某些能量高的原子通过热振动离开平衡位置引起的。间隙原子是指晶格空隙处出现的多余的原子;置换原子是指占据在金属晶体原子位置上的杂质原子。

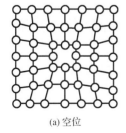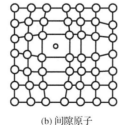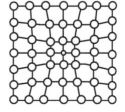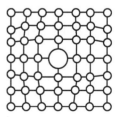

(a) 空位　　　　　　　(b) 间隙原子　　　　　　(c) 小置换原子　　　　　(d) 大置换原子

图 1-13　点缺陷

在点缺陷处由于原子间作用力的平衡被破坏,使其周围的原子离开了原来的平衡位置,这种现象称为晶格畸变。晶格畸变使金属的性能发生变化。例如,使金属的强度、硬度提高,塑性降低。晶体中的各类点缺陷皆处于不断运动和变化中,这种运动是金属原子扩散的主要方式之一,对金属的热处理极为重要。

2.线缺陷

线缺陷是指在两个纬度尺寸很小而在另一个纬度尺寸相对很大的晶体缺陷,其主要形式是各种类型的位错。位错是指晶体中某处有一列或若干列原子发生有规律的错排的现象。实际金属中存在着大量的位错,晶体中位错的基本类型有刃型位错和螺型位错。

(1)刃型位错

图 1-14(a)中,在晶体的水平面 EFGH 面上沿 BC 线多出了一个垂直原子面 ABCD,这个多余的原子面像刀刃一样切入晶体,使晶体中上、下两部分的原子产生了错排现象,故称为刃型位错,BC 线称位错线。在位错线附近晶格发生畸变,使位错线上方的邻近原子受到压应力,而其下方的邻近原子受到拉应力。离位错线越远,晶格畸变越小,应力也越小。由于多余原子面的相对位置不同,刃型位错有正负之分。通常把在晶体上半部分多出原子面的位错称为正刃型位错,用符号"⊥"表示,晶体下半部分多出原子面的位错称为负刃型位错,用符号"⊤"表示,如图 1-14(b)所示。

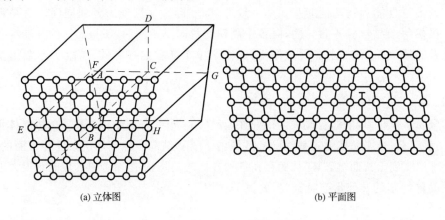

(a) 立体图　　　　　　　　　　(b) 平面图

图 1-14　刃型位错

(2)螺型位错

图 1-15 中,晶体右边的上、下两部分原子排列沿晶面发生了错动,右边上部原子相对于下部原子向后错动一个原子间距。若将错动区的原子用线连接起来,则具有螺旋形特征。这种线缺陷称为螺型位错。螺型位错附近区域的晶格发生了严重畸变,因此也是一个应力集中区。

晶体中位错的数量通常用位错密度来表示。位错密度是指单位体积内所包含的位错线的总长度,即

$$\rho = \frac{\sum L}{V} \tag{1-1}$$

式中　ρ——位错密度,m^{-2};

　　　$\sum L$——位错线总长度,m;

　　　V——体积,m^3。

位错能够在金属的结晶、塑性变形和相变等过程中形成。晶体中的位错密度变化,以及

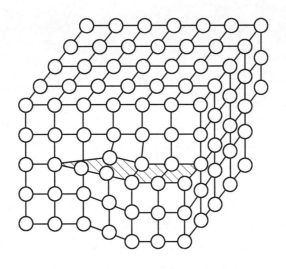

图 1-15　螺型位错

位错在晶体内的运动,都极大地影响金属的机械性能,图 1-16 所示为金属的强度与位错密度的关系。由图 1-16 可见,退火态金属(位错密度一般为 $1×10^6 \sim 1×10^8$ m^{-2}右)的强度最低,位错密度的增大或减小,都能提高金属的强度。当金属为理想晶体或仅含极少量位错时,金属的强度 σ 很高。当进行形变加工时,位错密度增大,也提高了金属的强度。

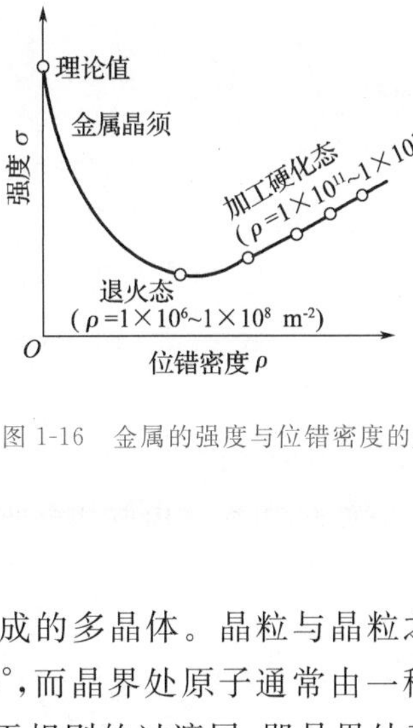

图 1-16　金属的强度与位错密度的关系

3.面缺陷

面缺陷是指在两个纬度上尺寸很大而在另一个纬度上尺寸很小的缺陷。这类缺陷主要指晶界和亚晶界。

(1)晶界

前已述及,工业中所用金属材料一般是由细小晶粒构成的多晶体。晶粒与晶粒之间的交界面称为晶界。晶界两侧晶粒的位向差一般为 $20° \sim 40°$,而晶界处原子通常由一种位向过渡到另一种位向,使晶界成为不同位向晶粒间原子排列无规则的过渡层,即晶界处于畸变状态,如图 1-17 所示。晶界处一般累积有较多的位错或者一些杂质原子,处于较高的能量状态,因而它的晶粒内部存在一系列不同的特性。如晶界在常温下的强度、硬度较高,在高温下则较低;晶界容易被腐蚀;晶界处原子扩散速度较快;晶界的熔点较低等。

(2)亚晶界

晶粒本身也不是完整的理想晶体,它是由许多尺寸很小、位向差也很小(小于 $1°$)的小晶块镶嵌而成,这些小晶块称为亚晶粒,亚晶粒之间的交界称亚晶界。亚晶界实际上是一系列由刃型位错组成的小角度晶界,如图 1-18 所示。由于亚晶界处原子排列同样产生晶格畸变,因此亚晶界对金属性能的影响与晶界对金属性能的影响相似。如晶粒、亚晶粒愈细小,它们的界面愈多,常温下对塑性变形的阻碍作用愈大,金属的强度、硬度愈高。

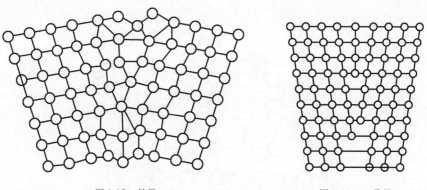

图 1-17　晶界　　　　　　　　　　图 1-18　亚晶界

综上所述,实际上金属材料是多晶体。总体上看,晶体内部原子排列是有规则的,但是由于种种原因,使其内部某些局部区域原子的规则排列受到干扰或破坏,从而出现了各种晶体缺陷。所有晶体缺陷都会导致晶格畸变,引起晶体内部产生内应力,材料塑性变形抗力增大,从而使金属材料在常温下的强度、硬度提高。可见,增加晶体缺陷数量是强化金属的重要途径,这也是研究金属晶体缺陷的实际意义之一。

1.3　合金的相结构

纯金属大都具有优良的导电性、导热性,但其力学性能较低,如强度、硬度较低,不能满足使用性能的要求,且种类有限,冶炼困难,价格昂贵,故其使用上受到很大限制。工业中广泛使用的金属材料不是纯金属,而是合金。

1.3.1　合金的基本概念

1.合金

由两种或两种以上的金属元素或金属元素与非金属元素组成的具有金属特性的物质称为合金。例如,黄铜是由铜和锌两种元素组成的合金;碳钢和铸铁是由铁和碳两种元素组成的合金。

2.组元

组成合金的最基本、独立的物质称为组元。组元通常是纯元素,也可是稳定的化合物。根据合金中组元数目的多少,合金可以分为二元合金、三元合金和多元合金。

3.合金系

由若干个给定组元,根据不同比例可以配制出一系列成分不同的合金,这一系列合金就构成一个合金系。合金系也可以分为二元合金系、三元合金系和多元合金系。

4.相

合金中具有相同化学成分、相同晶体结构,且与其他部分有界面分开的均匀组成部分称为相。合金在液态时,通常为单相液体;合金在固态时,可能由一个固相或两个及两个以上的固相组成。

合金的性能一般都是由组成合金的各相成分、结构、形态、性能和各相的组合情况即组织决定的。组合不同,材料的性能也不相同。因此,在研究合金的组织与性能之前,必须先了解组成合金组织的相结构及性能。

1.3.2　合金的相结构

合金组元在液态时相互溶解,但合金溶液经冷却结晶后,由于各组元之间相互作用不同,固态合金中将形成不同的相结构,合金中的相一般可分为两大类:固溶体和金属化合物。

1.固溶体

合金在固态下组成元素之间能相互溶解所形成固相的晶体结构与组成合金的某一组元相同,则这类固相称为固溶体。固溶体是单相,是合金中的一种基本相结构。

固溶体的晶格类型与其中某一组元的晶格类型相同。合金中与固溶体晶格类型相同的组元称为溶剂,在合金中含量较多;另一组元为溶质,含量较少。溶质以原子状态分布在溶剂的晶格中。

按溶质原子在溶剂晶格中所处位置的不同,固溶体分为置换固溶体和间隙固溶体。

(1)置换固溶体

溶质原子代替一部分溶剂原子占据溶剂晶格中一些结点位置时,所形成的固溶体称为置换固溶体,如图 1-19 所示。

在置换固溶体中,溶质在溶剂中的溶解度主要取决于两者原子半径的差别、它们在元素周期表中的相互位置及晶格类型。一般而言,溶质原子和溶剂原子的直径差别愈小,溶解度愈大;两者在元素周期表中的位置愈靠近,溶解度也愈大;同时,若其晶格类型也相同,则其溶解度更大,甚至能形成无限固溶体。如

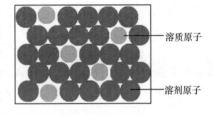

图 1-19　置换固溶体

铁和铬、铜和镍便能形成无限固溶体;铜和锡、铜和锌则形成有限固溶体。有限固溶体的溶解度还与温度有关,通常温度愈高,溶解度愈大。

(2)间隙固溶体

溶质原子在溶剂晶格中嵌入各结点之间的空隙内形成的固溶体称为间隙固溶体,如图 1-20 所示。因溶剂晶格的空隙有限,故能形成间隙固溶体的溶质原子的尺寸都比较小。一般情况下,当溶质原子与溶剂原子直径的比值 $\dfrac{d_质}{d_剂}<0.59$ 时,才能形成间隙固溶体。因

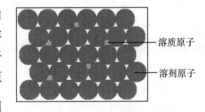

图 1-20　间隙固溶体

此在间隙固溶体中,溶质原子的尺寸都比较小,且通常都是尺寸较小的非金属元素,如碳、氮、硼等;而溶剂元素一般都是过渡族金属元素,如碳钢中,碳溶入 α-Fe 中形成间隙固溶体(称之为铁素体)。间隙固溶体都是有限固溶体。

无论是置换固溶体还是间隙固溶体,随着溶质原子的溶入,都会造成固溶体的晶格(溶剂的晶格)发生畸变,溶入的溶质原子越多,所引起的晶格畸变就越大,固溶体晶格结构的稳定性就愈小。

2.固溶体的性能

当溶质元素的含量极少时,固溶体的性能与溶剂金属基本相同;随着溶质含量的增加,固溶体的性能将发生明显的改变。这是由于固溶体的晶格畸变,使塑性变形抗力增大,而使金属材料强度、硬度提高。这种通过溶入溶质元素形成固溶体,使金属材料的强度、硬度提高的现象,称为固溶强化。

固溶强化是金属材料强化的一种重要途径。当固溶体中的溶质含量适当时,可显著提高材料的强度、硬度,而塑性和韧性没有明显下降。例如,纯铜的 R_m 为 220 MPa,硬度为 40HBS,断面收缩率 A 为 70%。当加入 1% 镍形成单相固溶体后,强度提高到 390 MPa,硬度提高到 70HBS,而断面收缩率仍有 50%。可见,固溶体的强度、硬度和塑性之间能有较好的配合,具有较好的综合性能。但是,通过单纯的固溶强化所达到的强度指标仍然有限,若通过固溶强化所达到的强度指标不能满足结构材料的使用要求,则可在固溶强化的基础上再补充进行其他的强化处理。

固溶体与纯金属相比,物理性能有较大的变化。如电阻率上升,导电率下降,磁矫顽力增大等。

1.3.3 金属化合物

合金中,当组成元素的原子结构和性质相差较大以及溶质元素的量超过固溶体的溶解度时,合金组成元素之间会形成晶体结构和特性完全不同于任一组元的新相,即金属化合物。例如,钢中的渗碳体(Fe₃C)为铁原子和碳原子组成的金属化合物,具有复杂晶格结构,如图 1-21 所示。碳原子构成一斜方晶格($a \neq b \neq c, \alpha = \beta = \gamma = 90°$),在每个碳原子周围都有 6 个铁原子构成八面体,各个八面体内都有 1 个碳原子,每个铁原子为 2 个八面体所共有。在 Fe₃C 中,Fe 原子与 C 原子的比例为

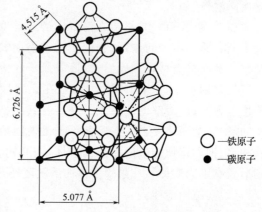

○—铁原子
●—碳原子

图 1-21 Fe₃C 的晶格类型

$$\frac{Fe}{C} = \frac{\frac{1}{2} \times 6}{1} = \frac{3}{1}$$

金属化合物由金属键结合并具有明显的金属特性,其一般都具有复杂的晶体结构,熔点较高,硬度高,脆性大,并可用分子式表示其组成。在合金中,金属化合物也是合金的重要组成相。当合金中出现金属化合物时,若其均匀而细密地分布在固溶体的基体上,将使合金的强度、硬度及耐磨性得到提高,但会使合金的塑性、韧性显著下降。

金属化合物的种类很多,常见的有以下三种类型。

1. 正常价化合物

严格遵守化合价规律的化合物称正常价化合物。它们由元素周期表中相距较远、电负性相差较大的两元素组成,可用确定的化学式表示。例如,大多数金属和ⅣA 族、Ⅴ族、ⅥA 族元素生成 Mg₂Si、Mg₂Sb₃、Mg₂Sn、Cu₂Se、ZnS 等,皆为正常价化合物。

这类化合物性能的特点是硬度高、脆性大。在合金中,当它们细小而均匀地分布在固溶体基体上时,将使合金得到强化,即起到强化相的作用。如 Al-Mg-Si 合金中的 Mg₂Si。

2. 电子化合物

不遵守化合价规律但符合一定电子浓度(化合物中价电子数与原子数之比即电子浓度 $C_{电} = \dfrac{价电子数}{原子数}$)规律的化合物叫作电子化合物。它们由ⅠB 族或过渡族元素与ⅡB 族、ⅢA 族、ⅣA 族、ⅤA 族元素所组成。

在电子化合物中,一定电子浓度的化合物一般有确定的晶体结构相对应。例如,当电子浓度为 3/2 时,形成体心立方晶格的电子化合物,称为 β 相;当电子浓度为 7/4 时,形成密排六方晶格的电子化合物,称为 ε 相;当电子浓度为 21/13 时,形成复杂立方晶格的电子化合物,称为 γ 相。电子化合物还可溶解一定量的组元,形成以电子化合物为基的固溶体。

电子化合物主要以金属键结合,具有明显的金属特性。它们的熔点和硬度较高,塑性较差,在许多有色金属中为重要的强化相。

3. 间隙化合物

间隙化合物一般由原子直径较大的过渡族金属元素与碳、氮、氢、硼等原子直径较小的非金属元素所形成。尺寸较大的过渡族元素原子占据晶格的结点位置,尺寸较小的非金属原子则有规则地嵌入晶格的间隙之中。

根据结构特点,间隙化合物分为具有简单晶格结构的间隙化合物即间隙相和具有复杂晶格结构的间隙化合物两种。

(1)间隙相

当非金属原子半径与金属原子半径之比小于 0.59 时,形成具有简单晶格结构的间隙化合物,称为间隙相。例如 VC,WC 等,图 1-22 所示为 VC 的晶格结构。间隙相具有金属特性,有极高的熔点和硬度,非常稳定。它们的合理存在,能有效地提高钢的强度、热强性、红硬性和耐磨性,是高合金钢和硬质合金中的重要组成相。

(2)复杂晶格结构的间隙化合物

当非金属原子半径与金属原子半径之比大于 0.59

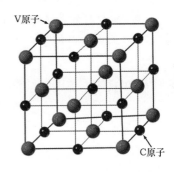

图 1-22　VC 的晶格结构

时,形成具有复杂晶体结构的间隙化合物。钢中的 Fe_3C,$Cr_{23}C_6$,Cr_7C_3,Fe_4W_2C,Mn_3C,FeB 等都是这类化合物。Fe_3C 是铁碳合金中的重要组成相,具有复杂的斜方晶格。其中铁原子可以部分地被锰、铬、钼、钨等金属原子所置换,形成以间隙化合物为基的固溶体。如$(Fe、Mn)_3C$,$(Fe、Cr)_3C$ 等。复杂结构的间隙化合物也具有很高的熔点和硬度,但比间隙相稍低些,在钢中也起强化相作用。

一些常见间隙化合物的熔点和硬度见表 1-4。

表 1-4　　　　　　　　　　一些常见间隙化合物的熔点和硬度

间隙化合物	间隙相						具有复杂晶格结构的间隙化合物	
	TiC	VC	WC	ZrC	NbC	MoC	$Cr_{23}C_6$	Fe_3C
熔点/℃	3 410	3 023	2 867	3 805	3 545~3 895	2 910~3 010	1 520	1 227
硬度(HV)	2 850	2 010	1 730	2 840	2 050	1 480	1 650	800

此外,在合金中常会遇到机械混合物,即合金中的一种多相混合组织。其可以是纯金属、固溶体、金属化合物各自的混合物,也可以是它们之间的混合物。机械混合物的各组成相仍保持各自的晶格和性能,在显微镜下一般可以分辨出来。而机械混合物的性能介于各组成相的性能之间,并取决于各组成相的大小、形状、数量和分布情况。

工业用合金的组织多数是固溶体与少量金属化合物组成的混合组织,如钢、生铁等。

思 考 题

1-1　晶体与非晶体在原子结构上有何区别？

1-2　常见的金属晶格类型有几种？它们的晶格常数和原子排列有什么特点？

1-3　为什么单晶体呈各向异性？而实际金属呈各向同性？

1-4　什么是晶粒、晶界？晶界对金属的性能有什么影响？

1-5　试计算密排六方晶格的致密度。

1-6　在立方晶胞中画出下列晶面和晶向：(011)，(231)；[111]，[231]。

1-7　实际金属晶体中存在哪些晶体缺陷？它们对金属的力学性能有什么影响？

1-8　什么是固溶强化？造成固溶强化的原因是什么？

1-9　什么是合金的相？合金的相与合金的组织有什么关系？

1-10　试比较间隙固溶体、间隙相和间隙化合物在晶体结构、性能上的区别。

1-11　从材料的晶体结构与性能之间的关联性角度,体会内因与外因的辩证关系,并举一生活中的实例加以说明。

第2章

金属材料的性能

金属材料具有良好的使用性能和工艺性能，被广泛用于制造机械零件和工程结构。使用性能是指金属材料在使用过程中表现出来的性能，包括力学性能、物理性能和化学性能。工艺性能是指金属材料在各种加工过程中所表现出来的性能，包括铸造性能、锻造性能、焊接性能、热处理性能和切削加工性能等。

2.1 金属材料的力学性能

金属材料的力学性能是指金属材料在外力（载荷）作用时所表现出来的性能，包括强度、塑性、硬度、韧性及疲劳强度等。材料在外力的作用下将发生形状和尺寸的变化，称为变形。外力去除后能够恢复的变形称为弹性变形；外力去除后不能恢复的变形称为塑性变形。

1. 强度

强度是指材料在外力作用下抵抗变形或断裂的能力。材料受到外力作用时，其内部产生了大小相等、方向相反的内力，单位横截面积上的内力称为应力，用 R 表示。评价材料力学性能最简单的方法就是测定材料的拉伸曲线。金属材料的强度是用应力值来表示的。从低碳钢的拉伸曲线（图 2-1）可以得出三个主要的强度指标：弹性极限 R_e、屈服强度 R_{eL} 和抗拉强度 R_m。

（1）弹性极限

材料在外力作用下发生纯弹性变形的最大应力值称为弹性极限，即 e 点对应的应力值，表征材料抵抗微量塑性变形的能力。

（2）屈服强度

钢材在拉伸过程中，当拉应力达到某一数值而不再增大时，其变形却继续增加，这个拉应力值称为屈服强度，分为上屈服强度和下屈服强度，分别用 R_{eH} 和 R_{eL} 表示，表征材料开始发生明显的塑性变形。R_{eL} 值越高，材料的强度越高。

没有发生明显的屈服现象的材料，用试样标距长度产生 0.2% 塑性变形时的应力值作为该材料的屈服强度，用 $R_{r0.2}$（通常写成 $R_{0.2}$）表示，称为条件屈服强度。

（3）抗拉强度

金属材料在破坏前所承受的最大拉应力称为抗拉强度或强度极限,以 R_m 表示,单位为 MPa。R_m 值越大,金属材料抵抗断裂的能力越强,强度越高。它反映了材料抵抗断裂破坏的能力,也是零件设计和材料评价的重要指标之一。

2. 塑性

塑性是指金属材料在外力作用下产生塑性变形的能力。表示金属材料塑性性能的指标有断后伸长率 A 和断面收缩率 Z。材料的 A 和 Z 值越大,材料的塑性越好。

从图 2-1 中的拉伸曲线我们还可以得到有关材料韧性的信息。所谓材料的韧性,是指材料从变形到断裂整个过程所吸收的能量,具体地说就是拉伸曲线与横坐标所包围的面积。

3. 硬度

硬度是指材料表面抵抗局部塑性变形的能力。通常材料的强度越高,硬度也越高。硬度测试常用的方法是压入法,即在一定载荷作用下,用比工件更硬的压头缓慢压入被测工件表面,使材料局部塑性变形而形成压痕,然后根据压痕面积或压痕深度来确定硬度值。根据测量方法不同,工程上常用的硬度指标有布氏硬度、洛氏硬度和维氏硬度等。

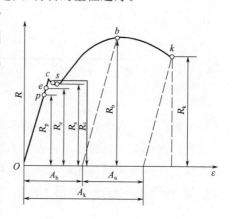

图 2-1 低碳钢的拉伸曲线

（1）布氏硬度（HB）

布氏硬度是施加一定载荷 P,将直径为 D 的球体（淬火钢球或硬质合金球）压入被测材料的表面,保持一定时间后卸去载荷,则所施加的载荷与压痕表面积的比值称为布氏硬度。通过测量压痕的平均直径 d,再由 d 值查相应表格可得布氏硬度值。

当测试压头为淬火钢球时,布氏硬度用符号 HBS 表示,只能测试布氏硬度值小于 450 的材料。当测试压头为硬质合金时,用符号 HBW 表示,可测试布氏硬度值小于 650 的材料。布氏硬度的优点是测量误差小、数据稳定,缺点是压痕大、不能用于太薄件或不希望损坏表面的成品件材料。

（2）洛氏硬度（HR）

洛氏硬度是将标准压头用规定压力压入被测材料表面,根据压痕深度来确定硬度值。根据压头的材料及压头所加的载荷不同,洛氏硬度可分为 HRA,HRB,HRC 三种。

①HRA 锥顶角为 120°的金刚石圆锥压头,适用于测量碳化物、硬质合金、表面淬火层或渗碳层等。

②HRB $\phi1.588$ mm 淬火钢球压头,适用于测量有色金属和退火、正火钢等。

③HRC 锥顶角为 120°的金刚石圆锥压头,适用于测量调质钢、淬火钢等。

洛氏硬度操作简便,压痕小,硬度值可直接从表盘上读出,所以得到更为广泛的应用。此方法的不足之处是测量结果分散大。

（3）维氏硬度（HV）

维氏硬度的实验原理与布氏硬度相同,不同点是压头为金刚石四方角锥体,所加载荷较小(49~1 177 N)。这种硬度测量方法保留了布氏硬度和洛氏硬度的优点,既可测量由极软到极硬的材料硬度,又能互相比较;既可测量大块材料、需表面处理零件的表面层的硬度,又可测量金相组织中的不同相的硬度,但此方法的测定过程比较烦琐。

4. 疲劳强度

上述金属材料的力学性能指标都是材料在静载荷作用下的性能指标。而许多零件常常受到大小及方向变化的交变载荷的作用,在这种载荷的反复作用下,材料常在远低于其屈服强度的应力作用下发生断裂,这种现象称为"疲劳"。疲劳强度是指金属材料在无限次交变载荷作用下而不被破坏的最大应力称为疲劳强度或疲劳极限。实际上,金属材料并不可能进行无限次交变载荷试验。一般试验规定,钢在经受 1×10^7 次、非铁(有色)金属材料经受 1×10^8 次交变载荷作用不产生断裂时的最大应力称为疲劳强度。当施加的交变应力是对称循环应力时,所得的疲劳强度用 σ_{-1} 表示。

疲劳断裂的原因一般认为是由于材料表面与内部的缺陷(夹杂、划痕、尖角等)造成局部应力集中,形成微裂纹。这种微裂纹随着应力循环次数的增加而逐渐扩展,使零件的有效承载面积逐渐减小,以至于最后因承受不起所加载荷而突然断裂。

疲劳破坏是机械零件失效的主要原因之一。据统计,在机械零件失效中大约有80%以上属于疲劳破坏,而且疲劳破坏前没有明显的变形,所以疲劳破坏经常造成重大事故。因此,对于轴、齿轮、轴承、叶片、弹簧等承受交变载荷的零件要选择疲劳强度较好的材料来制造。一般情况下,通过合理选材,改善材料的结构形状,避免应力集中,减少材料和零件的缺陷,提高零件的表面光洁度,对表面进行强化等,都能够提高材料的疲劳抗力。

5. 韧性

材料的韧性是材料断裂时所需能量的度量。描述材料韧性的指标通常有两种:

(1)冲击韧性 a_K

冲击韧性是衡量金属材料抵抗动载荷或冲击力的能力,冲击试验可以测定材料在突加载荷时对缺口的敏感性。冲击韧性指标用 a_K 表示。a_K 是指试件在一次冲击试验时,单位横截面积上所消耗的冲击功,其单位为 J/m^2。a_K 值越大,表示材料的冲击韧性越好。实际工作中承受冲击载荷的机械零件,很少因一次大能量冲击而遭破坏,绝大多数是因小能量多次冲击造成损伤积累,最终导致裂纹产生和扩展的结果。因此,需采用小能量多次冲击作为衡量零件承受冲击抗力的指标。实践证明,在小能量多次冲击下,冲击韧性主要取决于材料的强度和塑性。

(2)断裂韧性 K_{IC}

在实际生产中,有的大型传动零件、高压容器、船舶、桥梁等,常在其工作应力远低于 R_{eL} 的情况下,突然发生低应力脆断。研究结果表明,这种破坏与构件或零件本身存在裂纹和裂纹扩展有关。实际使用的构件或零件内部存在着或多或少、或大或小的裂纹和类似裂纹的缺陷,它们在应力的作用下可失稳或扩展,导致构件或零件破断。

材料中存在的微裂纹在外加应力的作用下,其尖端处存在较大的应力集中和应力场。断裂力学分析表明,这一应力场的强弱程度可用应力强度因子 K_I 来描述。K_I 值的大小与裂纹半长(a)和外加应力(R)的关系为

$$K_{\text{I}} = YR\sqrt{a} \tag{2-1}$$

式中　Y——与裂纹形状、加载方式及试样几何尺寸有关的无量纲系数；

　　　R——外加应力，MPa；

　　　a——裂纹半长，m。

由式(2-1)可见，K_{I}随着应力的增大而增大，当K_{I}增大到一定值时，就可使裂纹前端某一区域内的应力大到足以使裂纹失稳而迅速扩展，发生脆断。这个K_{I}的临界值称为临界应力强度因子或断裂韧性，用$K_{\text{I}c}$表示，它反映了材料抵抗裂纹扩展和抗脆断的能力。

传统的设计认为材料的强度越高，安全系数越大。但断裂力学认为材料的脆断与断裂韧性和裂纹尺寸有关，以采用强韧性好的材料为宜，所以材料的强化目前正向着强韧化方向发展。

材料的断裂韧性与热处理的关系极大，正确的热处理可以通过改变材料的组织形态来显著提高其断裂韧性。

2.2　金属材料的物理、化学性能

1. 物理性能

材料的主要物理性能有密度、导电性、导热性、热膨胀性等。不同用途的机械零件对其物理性能的要求也各不相同。

(1)密度

物质单位体积所具有的质量称为密度。利用密度的概念可以帮助我们解决一系列实际问题，例如计算毛坯的质量，鉴别金属材料等。

(2)导电性

金属传导电流的能力称为导电性。各种金属的导电性各不相同，通常银的导电性最好，其次是铜和铝。

(3)导热性

金属传导热量的性能称为导热性。一般情况下，导电性好的材料，其导热性也好。若某些零件在使用中需要大量吸热或散热，则要用导热性好的材料。例如凝汽器中的冷却水管常用导热性好的铜合金制造，以提高冷却效果。

(4)热膨胀性

金属受热时体积发生胀大的现象称为金属的热膨胀。例如，被焊工件由于受热不均匀而产生不均匀的热膨胀，从而产生焊接应力，甚至导致焊件变形和裂纹。常用热膨胀系数衡量金属材料的热膨胀性。

2. 化学性能

材料的化学性能主要是指材料在室温或高温时抵抗各种介质化学侵蚀的能力。抗氧化性和耐蚀性统称为材料的化学稳定性。

(1)抗氧化性

金属材料在高温时抵抗氧化性气氛腐蚀作用的能力称为抗氧化性。高温下的化学稳定性称为热化学稳定性。在高温下工作的设备或零部件,例如锅炉的过热器、水冷壁管及汽轮机的汽缸、叶片等,易产生氧化腐蚀,应选择热化学稳定性高的材料。

（2）耐蚀性

金属材料抵抗各种介质（大气、酸、碱、盐等）侵蚀、破坏的能力称为耐蚀性。一般非金属材料的耐腐蚀性要高于金属材料。在金属材料中,碳钢和铸铁的耐蚀性较差,而不锈钢、铝合金、铜合金、钛及其合金的耐蚀性相对较好。化工、热力设备中许多零部件是在腐蚀条件下长期工作的,所以选材时必须考虑钢材的耐蚀性。

材料的物理、化学性能虽然不是结构设计的主要参数,但在某些特定情况下却是必须加以考虑的因素。

2.3　金属材料的工艺性能

选择材料时,不仅要考虑其使用性能,还要考虑其工艺性能。如果所选用的材料制备工艺复杂或难以加工,必然带来生产成本提高或材料无法使用的后果。根据材料种类的不同,材料的加工工艺也大不相同。金属材料是机械工业中使用最多的材料,其工艺性能主要包括铸造性能、可锻性能、焊接性能、切削加工性能、热处理性能等。

1. 铸造性能

铸造性能主要是指液态金属的流动性和凝固过程中的收缩和偏析程度。流动性好的金属或合金易充满型腔,适于浇铸薄而复杂的铸件,溶渣和气体容易上浮,不易形成夹渣和气孔。若收缩小,则铸件中缩孔、疏松、变形、裂纹等缺陷较少。若偏析少,则各部分成分较均匀,从而使铸件各部分的机械性能趋于一致。常用金属材料中,灰铸铁和锡青铜铸造性能较好。合金钢偏析倾向大,高碳钢偏析倾向又比低碳钢大,因此合金钢铸造后要用热处理来清除偏析。

2. 可锻性能

可锻性能是指材料易于锻压成型的能力。锻造不仅可使材料组织更加均匀致密,也可初步形成与最终形状基本接近的毛坯。金属的塑性变形温度范围宽,变形抗力小,则可锻性能好。低碳钢的可锻性能比中、高碳钢好,而碳钢又比合金钢好,铸铁是脆性材料,不能进行锻造。

3. 焊接性能

很多工程构件需要焊接成型。焊接性能是指材料易于焊接到一起并获得优质焊缝的能力。焊接性能受材料、焊接方法、构件类型及使用要求四个因素的影响。含碳量越低,焊接性能越好。低碳钢焊接性能好,而高碳钢和铸铁则较差。

4. 切削加工性能

切削加工性能是指材料是否易于切削的性能。切削加工性能好的材料切削时消耗的动能小,切屑易于排除,刀具寿命长,切削后表面光洁度好。需切削加工的材料,硬度要适中,太高则难以切削,且刀具寿命短;太软则切屑不易断开导致其排除困难,故容易划伤加工表面,影响加工表面的光洁度。因此,通常要求材料的硬度为 180～250HBS。材料太硬或太软时,可通过热处理来进行调整。

5.热处理性能

热处理是改变材料性能的主要手段。在热处理过程中,材料的组织结构等将发生变化,从而引起了材料机械性能变化,在后续章节将重点对此展开讨论。

思 考 题

2-1 举例说明金属材料强度与塑性的关系。

2-2 说明下列机械性能指标符号所代表的含义:R_{eL},HRC,R_m,HBS,A,K_{IC}。

2-3 决定材料性能的因素是什么?

第 2 篇

金属材料组织和性能的控制

　　本篇阐述了金属材料组织与性能的影响因素及其控制方法,主要包括纯金属的结晶、合金的结晶、金属的塑性加工、钢的热处理、钢的合金化、表面处理等内容,是工程材料学的基本理论基础。

金属的结晶
与二元相图

第3章

金属的结晶与同素异构转变

绝大多数金属固体材料的获得都要经过对矿产原料的熔化、冶炼和浇铸成形及冷却,并通过冷加工或热加工获得型材或制件,通过一系列复杂的加工过程才能得到一个理想的毛坯或零件,这也就是通常我们讲的"百炼成钢"。在这些加工过程中,液态金属的冷却凝固是一个重要环节。因金属材料通常是多晶体,故金属由液态冷凝成固态的过程也是一个结晶的过程,它是决定材料最终性能的基础。因此,掌握结晶规律可以帮助我们有效地控制金属的凝固条件,从而获得性能优良的金属材料。一种合金在成分比例确定后,结晶过程的质量控制是得到优质材料的第一步,这一重要基础打好了,后面的处理、加工才能达到事半功倍的效果。因此在实际生活过程中我们也需要强化基础意识,打好各项工作的基础。

3.1 金属结晶的概念

物质从液态到固态的转变过程统称为凝固,如果通过凝固能形成晶体,则称为结晶。凡纯元素(金属或非金属)的结晶都具有一个严格的平衡结晶温度,低于该温度才能进行结晶,高于该温度便发生熔化。处于平衡结晶温度时,液体与晶体同时共存,达到可逆平衡。

热力学定律指出,在等压条件下,一切自发过程都是朝着系统自由能降低的方向进行的。同一物质的液体和晶体的自由能都随着温度的升高而降低,但液态金属的自由能降低得更快,如图 3-1 所示。

金属在极其缓慢的冷却条件(平衡条件)下所测得的结晶温度称为理论结晶温度(T_0)。在图 3-1 中,当两条曲线相交于 T_0 时,液态金属和金属晶体的自由能相等;当温度高于 T_0 时,液态金属的自由能低,金属晶体将熔化为液态金属;当温度低于 T_0 时,金属晶体的自由能低于液态金属的自由能,液态金属将结晶成金属晶体。

图 3-2 是通过实验测定的液态金属冷却时温度和时间的关系曲线,称为冷却曲线。冷却曲线一般用热分析法来绘制。从曲线中看出,液态金属随冷却时间延长,温度不断降低,但冷却到某一温度时,温度不再随时间的延长而变化,于是在曲线上出现了一个温度水平线

段,该线段对应的温度就是该金属的结晶温度。结晶时出现恒温的主要原因是结晶时放出的结晶潜热与液态金属向周围散失的热量相等。结晶完成后,由于金属散热的继续,温度又重新下降直至室温。

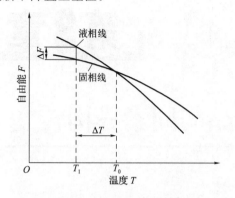

图 3-1　液体与晶体在不同温度下的自由能变化

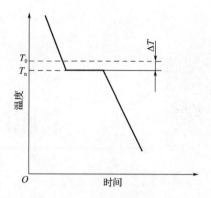

图 3-2　液态金属的冷却曲线

在实际生产中,液态金属结晶时冷却速度都较大,金属总是在理论结晶温度以下某一温度开始进行结晶,这一温度称为实际结晶温度(T_n)。金属实际结晶温度低于理论结晶温度的现象称为过冷现象。理论结晶温度与实际结晶温度之差称为过冷度,用 ΔT 表示,即

$$\Delta T = T_0 - T_n \tag{3-1}$$

金属结晶时的过冷度与冷却速度有关。冷却速度越大,过冷度就越大,金属的实际结晶温度就越低。实际上金属总是在过冷的情况下结晶的。

3.2　金属结晶的过程

纯金属结晶时,当液态金属的温度低于理论结晶温度时,液态金属中近程有序的小集团中的一部分就成为稳定的结晶核心,称为晶核,它不断吸附周围液体原子而长大,同时液态金属中又会不断地产生新的晶核,直至液态金属结晶完毕,最后形成许多多外形不规则、大小不等的小晶体。因此,液态金属的结晶过程包括晶核的形成与长大两个基本过程,如图3-3 所示。

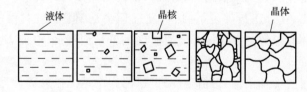

图 3-3　金属的结晶过程

1.晶核的形成

晶核的形成方式有两种,即自发形核和非自发形核。实验证明,在结晶过程中,当液态金属非常纯净时,其内部的晶核完全由液体中瞬时短程有序的原子团形成,则为自发形核,又称为均匀形核。当液态金属中有杂质(固体杂质或容器壁)时,这些杂质在冷却时就会变成结晶核心并在其表面发生非自发形核。

2.晶核的长大

晶核的长大方式有两种,即均匀长大和树枝状长大。当过冷度很小时,结晶以均匀长大方式进行。而实际金属结晶时冷却速度较大,因而主要为树枝状长大形式,如图 3-4 所示。这是由于晶核棱角处的散热条件好,生长快,因此先长出枝干,而枝干间最后被填充。

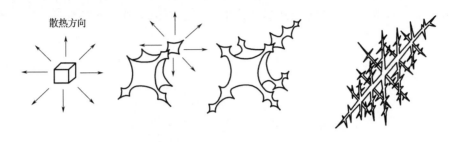

图 3-4　晶核树枝状长大

在晶核长大过程中,液体的流动、枝干本身的重力作用和彼此间的碰撞以及杂质元素的影响等,会使某些枝干发生偏斜或折断,以致产生晶粒中的镶嵌块、亚晶界及位错等各种缺陷。冷却速度越大,树枝状生长的特点越明显。

3.金属结晶后的晶粒大小

(1)晶粒度

表示晶粒大小的尺度称为晶粒度。晶粒度可用晶粒的平均面积或平均直径表示。工业生产上采用晶粒度等级来表示晶粒大小。标准晶粒度共分 8 级:1~4 级为粗晶粒,5~8 级为细晶粒。通过在放大 100 倍的显微镜下的晶粒大小与标准图对照来评级。

晶粒大小对金属的机械性能有很大影响,在常温下,金属的晶粒越细小,强度和硬度则越高,同时塑性和韧性也越好,称为细晶强化。除了钢铁外,其他大多数金属不能通过热处理来改变其晶粒大小。因此,通过控制铸造和焊接时的结晶条件来控制晶粒度,便成为改善材料机械性能的重要手段。

(2)晶粒大小的控制

金属结晶时,每一个晶核长大后便形成一个晶粒,因而晶粒大小取决于结晶时的形核率 N 与长大速率 G。形核率是指单位时间内在单位体积中产生的晶核数。长大速率是指单位时间内晶核生长的长度。可见,形核率与长大速率的比值越大,晶粒数目就越多,即晶粒越细。因此,要控制金属结晶后晶粒的大小,必须控制形核率 N 与长大速率 G 这两个因素。主要途径有:

①控制过冷度。随着过冷度的增大,N/G 值增大,晶粒变细。

②变质处理。在液态金属中加入变质剂,在金属液体中形成大量的固体质点,起非自发形核的作用,促进形核,抑制长大,从而达到细化晶粒、改善性能的目的。例如在铝或铝合金中加入微量钛,在铸铁溶液中加入硅铁、硅钙,向钢中加入微量钛、锆、硼、铝等,就是变质处理的典型例子。

③振动、搅拌。在金属结晶过程中,采用机械振动、超声波振动、电磁振动等方法,使正在长大的晶体折断、破碎,也能增加晶核数目,从而细化晶粒。

3.3 同素异构转变

大多数金属在结晶完成后,其晶格类型不再发生变化。但也有少数金属,例如铁、钴、钛等,在结晶之后继续冷却时,还会发生晶体结构的变化,即从一种晶格类型转变为另一种晶格类型,这种转变称为金属的同素异构转变。现以纯铁为例来说明金属的同素异构转变过程,如图 3-5 所示。

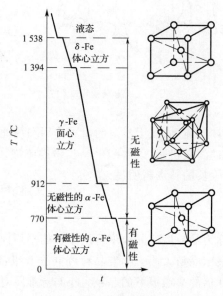

图 3-5 纯铁的同素异构转变

在金属晶体中,铁的同素异构转变最为典型,也最为重要。铁在固态冷却过程中有两次晶体结构的变化,即

$$\delta\text{-Fe} \xrightleftharpoons{1\,394\ ℃} \gamma\text{-Fe} \xrightleftharpoons{912\ ℃} \alpha\text{-Fe}$$

体心立方晶格 面心立方晶格 体心立方晶格

固态转变又称为二次结晶或重结晶,它有着与结晶不同的特点:

(1)形核一般在某些特定部位发生,例如晶界、晶内缺陷、特定晶面等。

(2)由于固态下扩散困难,因而过冷倾向大。

(3)固态转变伴随着体积变化,易造成很大的内应力,使材料变形或开裂。

思 考 题

3-1 从原子结构上说明晶体与非晶体的差别。

3-2 为什么金属结晶时一定要有过冷度?影响过冷度的因素是什么?

3-3 在实际应用中,细晶粒金属材料往往具有较好的常温力学性能,通过细化晶粒提高金属材料使用性能的措施有哪些?

3-4　金属同素异构转变与液态金属结晶有何异同？

3-5　假设其他条件相同,试比较下列铸造条件下铸件晶粒的大小并说明理由。

(1)金属模浇注与砂模浇注。

(2)高温浇注与低温浇注。

(3)铸成薄件与铸成厚件。

(4)浇注时振动与不振动。

第4章

二元合金相图

合金的结晶过程比纯金属复杂。为了研究方便,通常用以温度和成分作为独立变量的相图来分析合金的结晶过程。相图是表示在平衡条件下,合金系中各合金在极其缓慢的冷却条件下结晶过程的简明图解,也称为状态图或平衡组织图。利用相图可以一目了然地了解到不同成分的合金在不同温度下的平衡状态,存在哪些相,相的成分与相对含量,以及在加热或冷却过程中可能发生的相转变等,是研究金属材料的一个十分重要的工具,也是制定熔炼、铸造、热加工及热处理工艺的重要依据。

4.1　二元合金相图的建立

在介绍二元合金相图的建立前,先引出两个概念。

1. 组元

通常把组成合金的最简单、最基本、能够独立存在的物质称为组元。组元在大多数情况下是元素,但既不分解也不发生任何化学反应的稳定化合物也可称为组元,如 Fe_3C 可视为组元。

2. 合金系

由两个或两个以上组元按不同比例配制成的一系列不同成分的合金,称为合金系,简称为系,例如 Pb-Sn 系、Fe-Fe_3C 系等。

二元合金相图是最常用的相图,绝大多数二元合金相图是以温度为纵坐标,以材料成分为横坐标,以实验数据为依据,根据各种成分材料的临界点绘制而成的。临界点是表示物质结构状态发生本质变化的相变点。测定材料临界点有动态法和静态法两种方法。前者有热分析法、膨胀法、电阻法等;后者有金相法、X 射线结构分析法等。相图的精确测定必须由多种方法配合使用。下面以 Cu-Ni 二元合金为例,简要介绍二元合金相图的建立过程。

首先配制出不同成分的 Cu-Ni 合金,例如 100%Ni,30%Cu+70%Ni,50%Cu+50%Ni,70%Cu+30%Ni,100%Cu 等,测定各金属和合金的热分析冷却曲线,如图 4-1(a)所示,然后将冷却曲线中的结晶开始温度(上临界点)和结晶终了温度(下临界点),在温度-成分坐标系中,对应各合金成分线取点,分别连接各上临界点和下临界点,得到两条曲线,与坐标系共同组成 Cu-Ni 二元合金相图,如图 4-1(b)所示。由图 4-1(a)可见,纯组元 Cu 和 Ni 的冷却曲线相似,都有一个水平台阶,表示其凝固在恒温下进行,其凝固温度分别为 1 083 ℃和 1 452 ℃。其他三条二元合金曲线(①～③)不出现水平台阶,而为二次转折,温度较高的转折点(临界点)表示凝固开始温度,而温度较低的转折点对应凝固终结温度。这说明三种合金的凝固与纯金属不同,是在一定温度范围内进行的。由凝固开始温度连接起来的相界线称为液相线,由凝固终结温度连接起来的相界线称为固相线。

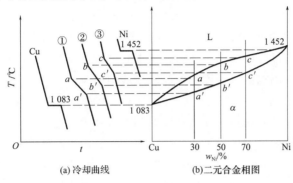

图 4-1　Cu-Ni 二元合金相图的建立

4.2　二元合金相图的基本类型与分析

大多数二元相图都比 Cu-Ni 合金相图复杂,但不论多复杂,都可以看成是由几类最基本的相图组合而成的。下面就分别讨论几种基本类型的二元相图。

4.2.1　二元匀晶相图

两种组元在液态、固态下都能无限互溶的相图称为二元匀晶相图。具有这类相图的二元合金系有 Cu-Ni,Cu-Au,Au-Ag,Fe-Ni,W-Mo,Cr-Mo 等,有些硅酸盐材料如镁橄榄石(Mg_2SiO_4)、铁橄榄石(Fe_2SiO_4)等也具有此类特征。下面以 Cu-Ni 合金为例来进行分析。

1.相图分析

图 4-2(a)、图 4-2(c)为 Cu-Ni 合金相图,各由两条曲线组成。上面的一条为液相线,代表各种成分的 Cu-Ni 合金在加热时熔化终了温度点的连线,或在冷却时开始结晶温度点的连线,液相线以上的合金全部为液体(L),称为液相区。下面的一条为固相线,代表各种成分的合金冷却过程中结晶终了温度点的连线,或在加热过程中开始熔化温度点的连线。固相线以下合金全部为 α-固溶体,称为固相区。液相线和固相线之间为液相、固相共存的两相区(L+α)。t_A=1 083 ℃为纯铜的熔点,t_B=1 452 ℃为纯镍的熔点。

2.合金的结晶过程

除纯 Cu、纯 Ni 外,其他成分的 Cu-Ni 合金的结晶过程相似,现以 K 合金为例,分析合金的结晶过程。

K 合金的合金线与相图上液相线、固相线分别交于 1,4 两点,这就是说,该合金在 t_1 温度时开始结晶,t_4 温度时结晶结束。

因此,当 K 合金自高温液态缓慢冷却到 t_1 温度时,开始从液相中结晶出 α-固溶体,随着

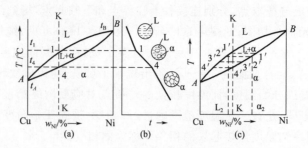

图 4-2 Cu-Ni 合金相图、冷却曲线及结晶过程分析

温度的下降，α-固溶体不断增多，液相不断减少。同时，液相成分沿液相线变化，固相成分沿着固相线变化。直到温度降到 t_4 时，合金结晶终了，获得了 Cu 与 Ni 组成的 α-固溶体。这种从液相中结晶出单一固相的转变称为匀晶转变或匀晶反应。

必须指出，在合金结晶过程中，结晶出的 α-固溶体成分和剩余的液相成分都与原来的合金成分是不相同的。若要知道上述合金在结晶过程中某一温度时两相的成分，则可通过该合金线上相当于该温度的点作水平线，该水平线与液相线及固相线的交点在成分坐标上的投影，即相应地表示该温度下液相和固相的成分。例如，当温度降到 t_2 时，液相成分变化到 L_2，固相的成分变化到 α_2。成分变化是通过原子扩散来完成的。

由上述情况很容易领悟到液、固线具有的另一个重要意义：液、固相线表示在无限缓慢的冷却条件下，液、固两相平衡共存时，液、固两相化学成分随温度的变化情况。也就是说，液、固相线不仅是相区分界线，也是结晶时两相的成分变化线。同样还可以看出，匀晶转变是变温转变，在结晶过程中，液、固两相的成分随温度而变化。

3. 杠杆定律的应用

如上所述，在合金相图中液、固两相并存在两相区内，若已给定某一温度，则能确定在该温度下液、固两相的成分。至于在该温度下液、固两相的相对质量，则可借助于杠杆定律来确定，其原理如图 4-3 所示。在图 4-3 中，$w_{Ni}=x$ 的合金，在温度 t 时，可用前述方法分别求得液相成分为 $w_{Ni}=x_1$，固相成分为 $w_{Ni}=x_2$。在此温度下，已结晶出的固相 α 和剩余液相 L 的相对质量可按下述方法计算：

假设：合金的总质量为 m_0，液相的质量为 m_L，固相的质量为 m_S。若已知液相中 $w_{Ni}=x_1$，固相中 $w_{Ni}=x_2$，合金中 $w_{Ni}=x$，则有

$$\left.\begin{array}{l} m_L+m_S=m_0 \\ m_Lx_1+m_Sx_2=mx \end{array}\right\} \tag{4-1}$$

由式（4-1）得

$$\frac{m_L}{m_S}=\frac{x_2-x}{x-x_1}=\frac{Ob}{Oa} \tag{4-2}$$

式（4-2）类似于力学中的杠杆定律，故也称之为杠杆定律，式（4-2）也可写成

$$\frac{m_L}{m_S}=\frac{Ob}{Oa}\times100\% \tag{4-3}$$

$$\frac{m_S}{m_L}=\frac{Oa}{Ob}\times100\% \tag{4-4}$$

需要注意的是，杠杆定律只适用于两相区。单相区中的相的成分和质量，即合金的成分

和质量并不适用杠杆定律。

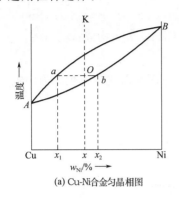 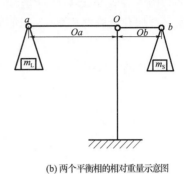

(a) Cu-Ni合金匀晶相图　　　　　　(b) 两个平衡相的相对重量示意图

图 4-3　杠杆定律

4. 固溶体合金中的偏析

固溶体合金在结晶过程中,只有在极其缓慢的冷却条件下,原子才能够充分地扩散,固相的成分才能沿着固相线均匀地变化。在实际生产中,由于冷却速度较快,合金在结晶过程中固相和液相中的原子来不及充分扩散,因此先结晶出的枝晶间含有较多的高熔点元素(如Cu-Ni 合金中的 Ni),而后结晶的枝晶间含有较多的低熔点元素(如 Cu-Ni 合金中的 Cu)。对于某一个晶粒来说,则表现为先形成的心部含镍量较高,后形成的外层含镍量较低。这种在一个晶粒内部化学成分不均匀的现象称为晶内偏析。因为固溶体的结晶一般是按树枝状方式长大的,所以先结晶的枝干成分与后结晶的分枝成分不同。因这种偏析呈树枝状分布,故又称为枝晶偏析。

图 4-4(a)所示为 Cu-Ni 合金的枝晶偏析显微组织示意图,可以看出 α-固溶体是呈树枝状的,先结晶的枝干富镍,不易腐蚀,故呈白色;后结晶的枝间富铜,易侵蚀,因而呈暗黑色。图 4-4(b)所示为 Cu-Ni 合金的平衡组织。

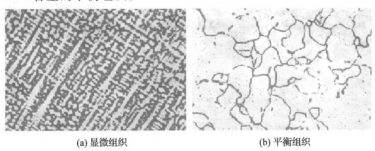

(a) 显微组织　　　　　　　　　　(b) 平衡组织

图 4-4　Cu-Ni 合金的枝晶偏析显微组织和平衡组织示意图

枝晶偏析的大小除了与冷却速度有关外,还与给定成分合金的液、固相线间距有关。冷却速度越大,液、固相线间距越大,枝晶偏析越严重,而枝晶偏析的存在,会严重降低合金的机械性能、耐蚀性能和加工工艺性能等。因此在生产上常把有枝晶偏析的合金加热到固相线以下 100～200 ℃,并经长时间保温,使原子进行充分扩散,以达到成分均匀化的目的,这种热处理方法称为扩散退火或均匀化退火,用以消除枝晶偏析。

4.2.2　二元共晶相图

凡二元合金系中两组元在液态下完全互溶,在固态下有限互溶,形成两种不同固相,并发生共晶时所构成的相图均属于二元共晶相图。

具有这类相图的合金系主要有：Pb-Sn,Pb-Sb,Cu-Ag,Pb-Bi,Cd-Zn,Sn-Cd,Zn-Sn 等。某些金属元素与金属化合物之间如 Cu-Cu$_2$Mg,Al-CuAl$_2$ 等也构成这类相图。

1. 相图分析

图 4-5 为一般共晶型的 Pb-Sn 二元合金相图。下面就以此合金相图为例进行分析。

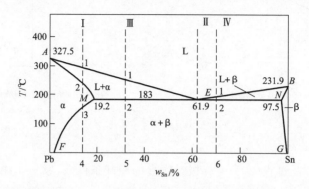

图 4-5　Pb-Sn 二元合金相图

在图 4-5 中,按照液相和固相的存在区域很容易识别 AEB 为液相线,AMENB 为固相线,A 为 Pb 的熔点(327.5 ℃),B 为 Sn 的熔点(231.9 ℃)。相图中有 L、α、β 三个相,形成三个单相区:L 代表液相,处于液相线以上;α 代表以 Pb 为溶剂、以 Sn 为溶质的固溶体,其溶解度曲线为 MF,位于靠近纯组元 Pb 的封闭区域内;β 代表的是以 Sn 为溶剂、以 Pb 为溶质的固溶体,其溶解度曲线为 NG,位于靠近纯组元 Sn 的封闭区域内。在每两个单相区之间,共形成了三个两相区,即 L+α,L+β,α+β。

相图中的水平线 MEN 称为共晶线,在水平线对应的温度(183 ℃)下,E 点成分的液相将同时结晶出 M 点成分的 α-固溶体和 N 点成分的 β-固溶体:$L_E \underset{\text{恒温}}{\rightleftharpoons} (\alpha_M + \beta_N)$。这种在一定温度下,由一定成分的液相同时结晶出两个成分和结构都不相同的固相的转变过程称为共晶反应。共晶反应的产物即两相的机械混合物,称为共晶体或共晶组织。发生共晶反应的温度称为共晶温度,代表共晶温度和共晶成分的点(E 点)称为共晶点。具有共晶成分的合金称为共晶合金。成分位于共晶点以左、M 点以右的合金称为亚共晶合金;成分位于共晶点以右、N 点以左的合金称为过共晶合金;成分位于 M 点以左或 N 点以右的合金称为端部固溶体合金。

2. 共晶系合金的平衡结晶过程

(1)含 Sn 量小于 M 点的合金的结晶过程

合金 I 含 Sn 量小于 M 点,其冷却曲线及组织转变如图 4-6 所示。这类合金在 3 点以上的结晶过程与匀晶相图中合金的结晶过程一样。当合金由液相缓冷到 1 点时,从液相中开始结晶出以 Sn 溶质、以 Pb 为溶剂的 α-固溶体。随着温度的下降,α-固溶体量不断增多,而液相量不断减少,同时液相成分沿液相线 AE 变化,固相 α 的成分沿固相线 AM 变化。当合金冷却到 2 点时,液相全部结晶成 α-固溶体,其成分为原合金成分。继续冷却时,在 2~3 点温度范围内,α-固溶体不发生变化。当合金冷却到 3 点时,Sn 在 Pb 中溶解度已达到饱和。温度再下降到 3 点以下,Sn 在 Pb 中溶解度已过饱和,过剩的 Sn 以 β-固溶体的形式

从 α-固溶体中析出。随着温度的下降,α-固溶体和 β-固溶体的溶解度分别沿 MF 和 NG 两条固溶线变化,因此从 α-固溶体中不断析出 β-固溶体。

为了区别于从液相中结晶出的固溶体,现把从固相中析出的固溶体称为二次相或次生相,形成二次相的过程称为二次析出。二次 β-固溶体呈细颗粒状,记为 $β_{II}$。随着温度的下降,α 相的成分沿 MF 线变化,$β_{II}$ 的成分沿 NG 线变化,$β_{II}$ 的相对质量增加。根据杠杆定律,室温下 $β_{II}$ 的质量分数为

$$Q_{β_{II}} = \frac{F4}{FG} \times 100\%$$

所有成分在 M 点与 F 点间的合金,其结晶过程与合金 I 相似,其室温下显微组织都是由 $α + β_{II}$ 组成的,只是两相的相对量不同。合金成分越靠近 M 点,室温 $β_{II}$ 量越多。

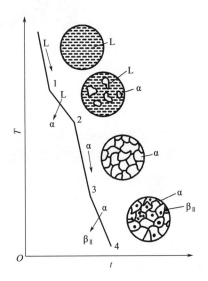

图 4-6　合金 I 的冷却曲线及组织转变

(2)共晶合金的结晶过程(以合金 II 为例)

当合金 II 液体冷却到 E 点(共晶点)时,同时结晶出 $α_M$ 和 $β_N$ 两种饱和的固溶体,并发生共晶反应。其反应式为:$L_E \xrightleftharpoons[\text{恒温}]{} α_M + β_N$。其冷却曲线及组织转变如图 4-7 所示。

从成分均匀的液相同时结晶出两个成分差异很大的固相,必然要有元素的扩散。在合金溶液中含 Sn 比较多的地方生成 α 相的小晶体,而在含 Sn 比较多的地方生成 β 相的小晶体。与此同时,随着 α 相小晶体的形成,其周围合金溶液中含 Pb 量必然大幅度减少(因为 α 相小晶体的形成需要吸收较多的 Pb 原子),这样就为 β 相小晶体的形成创造了极为有利的条件,在其两侧迅速生成 β 相的小晶体。同理,β 相小晶体的生成又会促使 α 相小晶体在其一侧生成。如此发展下去就会迅速形成一个 α 相和 β 相彼此相间排列的组织区域。

当然,首先形成 β 相的小晶体也能导致同样的结果。在结晶过程全部结束时能使合金获得非常细密的两相机械混合物。由于它是共晶反应的产物,所以这种机械混合物称为共晶体或共晶混合物。Pb-Sn 共晶体显微组织示意图如图 4-8 所示,该组织较细,呈片、针、棒或点(球)等形状。根据杠杆定律,可以求出共晶反应刚结束时两相的质量分数分别为

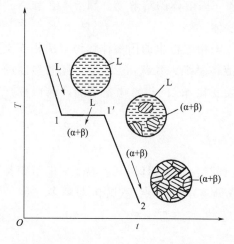

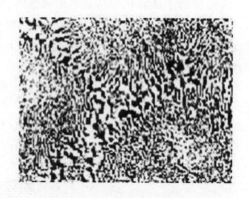

图 4-7　合金Ⅱ的冷却曲线及组织转变　　　　　图 4-8　Pb-Sn 共晶体显微组织示意图

$$Q_\alpha = \frac{EN}{MN} \times 100\% = \frac{97.5-61.9}{97.5-19.2} \times 100\% = 45.5\%$$

$$Q_\beta = 100\% - Q_\alpha = 54.5\%$$

在共晶反应完成之后,液相消失,合金进入共晶线以下 $(\alpha+\beta)$ 两相区。这时,随着温度的缓慢下降,α 相和 β 相的量都要沿着它们各自的溶解度曲线逐渐变化,并自 α 相中析出一些 β 相的小晶体和自 β 相中析出一些 α 相的小晶体,分别用 α_{II} 和 β_{II} 表示。由于共晶体是非常细密的混合物,次生相的析出难以分辨,且共晶体中次生相的析出量又较少,故一般不予考虑。因此,合金Ⅱ的室温组织可以认为是 $(\alpha+\beta)_E$ 共晶体。

(3)亚共晶合金的结晶过程

成分在共晶线上的 E 点和 M 点之间的合金称为亚共晶合金。现以合金Ⅲ为例,先介绍一下亚共晶合金的结晶过程。

图 4-9 为合金Ⅲ的冷却曲线及组织转变示意图。由图 4-5、图 4-9 可知,当液相的温度降低至 1 点时开始结晶,首先析出 α-固溶体。随着温度缓慢下降,α 相的数量不断增多,剩余液相的数量不断减少,与此同时,固相和液相成分分别沿固相线和液相线变化。当温度降低至 2 点时,剩余的液相恰好具有 E 点的成分即共晶成分,这时剩余的液相就具备了进行共晶反应的温度和浓度条件,因而应当在该温度进行共晶反应。显然,冷却曲线上也必定出现一个代表共晶反应的水平台阶,直到剩余的合金溶液完全变成共晶体时为止,这时合金的固态组

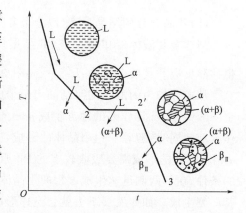

图 4-9　合金Ⅲ的冷却曲线及组织转变

织应当是先共晶 α-固溶体和 $(\alpha+\beta)_E$ 共晶体。液相消失之后合金继续冷却。很明显,在 2 点温度以下,由于 α 相和 β 相溶解度分别沿着 MF 线和 NG 线变化,必然要分别从 α 相和 β 相中析出 β_{II} 和 α_{II} 两种次生相,但是由于前述原因共晶体中的次生相可以不予考虑,因而只需

考虑先从共晶 α-固溶体中析出的 β_{II} 的数量,根据杠杆定律可计算出其相对量。合金Ⅲ的最终组织应为 $\alpha + (\alpha+\beta)_E + \beta_{II}$。

过共晶合金的冷却曲线及结晶过程的分析方法和步骤与上述亚共晶合金基本相同,如图 4-5 中的合金Ⅳ所示,不同的是过共晶合金的一次相为 β-固溶体,二次相为 α_{II},所以合金Ⅳ的最终室温组织应为 $\beta + (\alpha+\beta)_E + \alpha_{II}$。

4.2.3　二元包晶相图

两组元在液态时无限互溶,在固态下有限互溶,而且发生包晶反应所构成的相图称为二元包晶相图。具有这种相图的合金主要有:Pt-Ag,Ag-Sn,Al-Pt,Cd-Hg,Sn-Sb 等。应用最多的 Cu-Zn,Cu-Sn,Fe-C,Fe-Mn 等合金系中也包含这种类型的相图。因此,二元包晶相图也是二元合金相图的一种基本形式。

Pt-Ag 相图如图 4-10 所示。图中 ACB 为液相线,APDB 为固相线;PE 线为 Ag 在 α-固溶体中的溶解度曲线,DB 线是 Pt 在 β-固溶体中的溶解度曲线;PDC 线是包晶线,D 点是包晶点。成分在 P 点和 C 点之间的合金冷却到 PDC 线所对应的温度(包晶温度)时,会发生以下反应:$\alpha_P + L_C \xrightarrow{\text{恒温}} \beta_D$。这种由一种液相与一种固相在恒温下相互作用而形成另一种固相的反应称为包晶转变。发生包晶转变时三相共存,它们的成分确定,而且转变在恒温下进行。

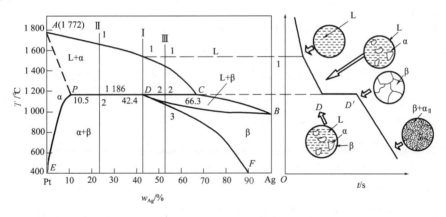

图 4-10　Pt-Ag 相图及其合金Ⅰ的冷却曲线与组织转变

现以合金Ⅰ为例分析其结晶过程。合金液体由 1 点冷却到 2 点时,结晶出 α-固溶体。到达 2 点,α 相的成分沿 AP 线变化至 P 点,液相的成分沿 AC 线变化至 C 点。此时,匀晶转变停止,并发生包晶反应,即由 C 点成分的液相包着先析出的 P 点成分的 α 相发生反应,生成 D 点成分的 β 相。反应结束后,正好把液相和 α 相全部消耗完,温度继续下降,从 β 相中析出 α_{II},最终室温组织为 $\beta + \alpha_{II}$。

P,D 点之间成分的合金Ⅱ在 2 点以前结晶出 α 相,冷却到 2 点发生包晶转变,反应结束后,液相耗尽,而 α 相还有剩余。继续冷却,α 相和 β 相都发生二次析出,最终室温组织为 $\alpha + \beta + \alpha_{II} + \beta_{II}$。D,C 点之间成分的合金Ⅲ在 2 点发生包晶反应结束后,α 相耗尽,而液相还有剩余。继续冷却,液相向 β 相转变。冷却到 3 点以下,从 β 相中析出 α_{II} 相,最终室温组

织为 β+α_Ⅱ。

结晶过程中,如果冷却速度较快,包晶反应时原子扩散不能够充分进行,所生成的 β-固溶体会由于成分不均匀而产生较大的偏析。

4.2.4 形成稳定化合物的二元合金相图

化合物可分为稳定化合物和不稳定化合物两大类。稳定化合物是指在熔化前,既不分解也不产生任何化学反应的化合物。例如 Mg 和 Si 形成稳定化合物 Mg_2Si,Mg-Si 相图就是形成稳定化合物的二元合金相图,如图 4-11 所示。

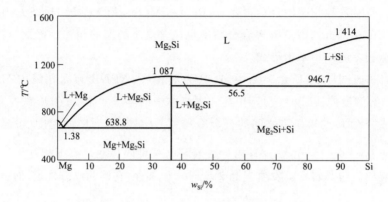

图 4-11 Mg-Si 二元合金相图

稳定化合物成分固定,其结晶过程与纯金属一样,在相图中是一条垂线。这条垂线代表该稳定化合物的单相区,以其垂足代表稳定化合物的成分,以其顶点代表它的熔点。分析这类相图时,可把稳定化合物视为纯组元,将相图分成几个部分独立进行分析,使问题简化。例如,图 4-11 中 Mg_2Si 可视为一个组元,即可认为这个相图是由左、右两个简单共晶相图 $Mg+Mg_2Si$ 和 Mg_2Si+Si 所组成的,因此可以分别对它们进行研究。

4.2.5 具有共析反应的二元合金相图

图 4-12 是一个包括共析反应的二元合金相图。从某种均匀一致的固相中同时析出两种化学成分和晶格结构完全不同的新固相的转变过程称为共析反应。同共晶反应相似,共析反应也是一个恒温转变过程,也有与共晶线及共晶点相似的共析线和共析点。共析反应的产物称为共析体。由于共析反应是在固态合金中进行的,转变温度较低,原子扩散困难,因而易于达到较大的过冷度,所以共析体的显微组织比共晶体要细。

4.2.6 合金的性能与相图间的关系

合金的性能一般都取决于合金的化学成分和组织,但某些工艺性能(如铸造性能)还与合金的结晶特点有关。而合金的化学成分与组织间的关系体现在合金相图上,因此合金相图与合金的性能之间必然存在着一定的联系。

1. 单相固溶体合金

匀晶相图是形成单相固溶体合金的相图。当合金形成单相固溶体时,合金的性能显然与组成元素的性质及溶质元素的溶入量有关。溶质溶入溶剂后,要产生晶格畸变,从而引起合金的固溶强化,并使合金中自由电子的运动阻力增大。对于一定的溶剂和溶质来说,溶质的溶入量越多,则合金的强度、硬度越高,电阻率越大,电阻温度系数越小,如图 4-13(b)所示。很显然,固溶强化是提高合金强度的主要途径之一。

总起来说,形成单相固溶体的合金具有较好的综合机械性能。但是,在一般情况下合金所达到的强度、硬度有限,往往不能满足工程结构对材料性能的要求。单相固溶体的电阻率较高,电阻温度系数较小,因而它很适合于作为电阻合金材料。

由于这种合金塑性较好,所以它具有良好的压力加工性能,但切削加工时不易断屑和排屑,使工件表面粗糙度增加,故切削性能不好。

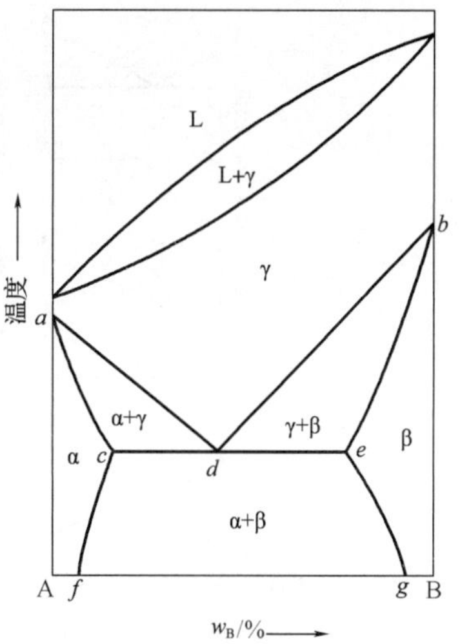

单相固溶体合金的铸造性能与其在结晶过程的温度变化范围及成分变化范围有关,合金相图中的液相线与固相

图 4-12 具有共析反应的二元合金相图

线之间的垂直距离与水平距离越大,合金的铸造性能越差。这是因为水平距离越大,则结晶出的固相与余下的液相成分相差越大,产生的成分偏析也越大;垂直距离越大,则结晶时液、固两相共存的时间也越长,形成树枝晶的倾向也越大。树枝晶将使液体在铸型内的流动性变差,同时树枝晶形成的许多封闭的微区得不到外界液体的补充,容易产生分散缩孔,使铸件组织疏松,如图 4-14(a)所示。

由以上分析可知:单相固溶体合金不宜制作铸件而适于承受压力加工。在材料选用中应当注意单相固溶体合金的这一特点。

2. 合金形成两相混合物时的情况

共晶相图中成分在两相区内的合金结晶后,形成两相混合物。由图 4-13(a)、图 4-13(c)可见,形成两相混合物时合金的物理性能和机械性能将随合金成分的改变介于两相性能之间,并与合金成分呈直线关系变化。而且合金的性能还与两相的细密程度有关,尤其是对组织敏感的合金性能(如强度、硬度、电阻率等),其影响更为明显。

当合金形成两相混合物时,通常合金的压力加工性能较差,但切削加工性能较好。合金的铸造性能与合金中共晶体的数量有关。共晶体的数量较多时合金的铸造性能较好,完全由共晶体组成的合金铸造性能最好。因为它在恒温下进行结晶,同时熔点又最低,具有较好的流动性,在结晶时易形成集中缩孔,铸件的致密度好。故在其他条件许可的情况下,铸造用的材料尽可能选用共晶合金,如图 4-14(b)所示。

形成两相混合物的合金的压力加工性能与合金组织中的硬脆相含量、大小、形状及分布有关。当硬脆相呈连续或断续网状分布在塑性相的晶界上时,合金的塑性、韧性及综合机械性能明显下降,合金的压力加工性能变坏;当其呈颗粒状均匀分布时,其危害性就减小;若硬脆相以极细小粒子均匀分布在塑性相中,则合金的强度、硬度明显提高,这一现象称为合金的弥散强化。

3. 合金形成化合物时的情况

当合金形成化合物时,合金具有较高的强度、硬度和某些特殊的物理、化学性能,但塑

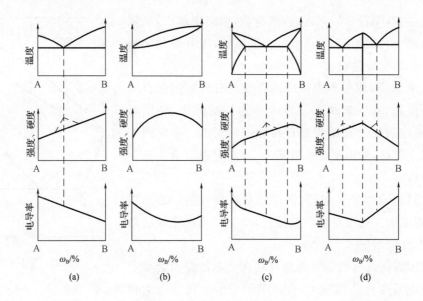

图 4-13 合金的使用性能与相图的关系

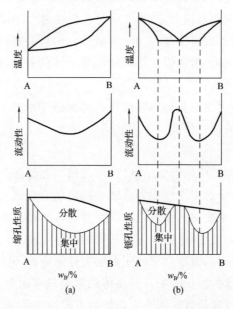

图 4-14 合金的铸造性能与相图的关系

性、韧性及各种加工性能极差,因而不宜作为结构材料。但它们可以作为烧结合金的原料用来生产硬质合金,或用以制造其他要求某种特殊物理、化学性能的制品或零件。

当组元间形成某种化合物时,在合金系统的性能-成分曲线上会出现极大点或极小点(或称奇异点),如图 4-13(d)所示。

思　考　题

4-1　有两个形状、尺寸均相同的 Cu-Ni 合金铸件,其中一个铸件的 $w_{Ni}=90\%$,另一个

铸件的 $w_{Ni}=50\%$，铸后自然冷却。请问凝固后哪一个铸件的成分偏析严重？为什么？并找出消除偏析的措施。

4-2　简述二元合金系中共晶反应、包晶反应和共析反应的特点。

4-3　我们从二元合金相图和杠杆定律中能得到什么启示？它对研究合金的性能有什么意义？

4-4　简述二元合金相图与合金的使用性能及铸造性能的关系。

4-5　合金相图能反映哪些关系？应用时要注意什么问题？

第5章

铁-碳合金相图

铁-碳合金是以铁为主,加入少量碳而形成的合金,也是碳钢和铸铁的统称。它是现代机械制造工业中应用最为广泛的合金,其最基本的组元是铁和碳两种元素。铁-碳合金相图是研究铁-碳合金最基本的工具,通过铁-碳合金相图的学习,能系统地了解铁-碳合金成分、组织与性能三者之间的关系,从而能够合理地选用钢铁材料和制定各种热加工工艺。

铁与碳两个组元可以形成一系列化合物,如 Fe_3C,Fe_2C,FeC 等。稳定的化合物可以视为一个独立的组元。由于铁-碳合金中当碳质量分数大于 Fe_3C 的碳质量分数(6.69%)时,合金的脆性极大,无实用价值,因此有实用意义并被深入研究的只是 Fe-Fe_3C 部分,故在研究铁-碳合金相图时,仅研究 Fe-Fe_3C($w_C = 6.69\%$)部分。所以,铁-碳合金相图亦可称为 Fe-Fe_3C 相图,如图 5-1 所示。此时相图的组元为 Fe 和 Fe_3C。

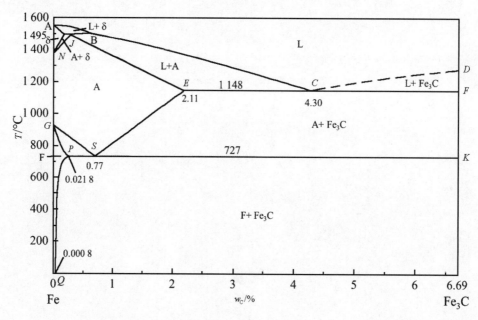

图 5-1 Fe-Fe₃C 相图

5.1　铁-碳合金的组元及基本相

5.1.1　铁-碳合金的组元

Fe 和 Fe_3C 是组成 $Fe\text{-}Fe_3C$ 相图的两个基本组元。

1. Fe

铁是过渡族元素,熔点(或凝固点)为 1 538 ℃,相对密度是 7.87 g/cm^3。前已述及,纯铁从液态结晶为固态后,继续冷却到 1 394 ℃及 912 ℃时,先后发生两次同素异构转变,即由体心立方晶格的 $\delta\text{-}Fe$ 转变为面心立方晶格的 $\gamma\text{-}Fe$,再转变为体心立方晶格的 $\alpha\text{-}Fe$。

工业纯铁的机械性能特点是具有良好的塑性,强度低,硬度低,并且机械性能会因纯度和晶粒大小的不同而有差别,其机械性能指标见表 5-1。

表 5-1　　　　　　　　　　　　　　　　　纯铁的机械性能

抗拉强度 R_m/MPa	屈服极限 R_{eL}/MPa	断后伸长率 $A/\%$	断面收缩率 $Z/\%$	冲击韧性 $a_K/(J \cdot cm^{-2})$	硬度 (HB)
180~230	100~170	30~50	70~80	160~200	50~80

2. 渗碳体(Fe_3C)

渗碳体(Fe_3C)是 Fe 与 C 形成的一种具有复杂结构的间隙化合物。其机械性能特点是硬而脆,各性能指标见表 5-2。

表 5-2　　　　　　　　　　　　　　　　　渗碳体的机械性能

抗拉强度 R_m/MPa	断后伸长率 $A/\%$	断面收缩率 $Z/\%$	冲击韧性 $a_K/(J \cdot cm^{-2})$	硬度 (HB)
30	0	0		800

5.1.2　铁-碳合金中的相

由于铁和碳相互作用方式不同,因此固态下铁-碳合金中的相结构有两种:一种是碳溶于铁的晶格中形成的固溶体,主要是铁素体和奥氏体;另一种是铁和碳形成的金属化合物,主要是渗碳体。

1. 铁素体

碳溶于 $\alpha\text{-}Fe$ 中形成的间隙固溶体称为铁素体,为体心立方晶格,用符号 F 或 α 表示。由于 $\alpha\text{-}Fe$ 是体心立方晶格,其晶格原子间的空隙很小,所以碳在 $\alpha\text{-}Fe$ 中的溶解度极小。在室温时溶碳量约为 0.000 8%,在 600 ℃时约为 0.005 7%,在 727 ℃时约为 0.021 8%。因此,铁素体的性能与纯铁相似,即具有良好的塑性(A 为 30%~50%、Z 为 70%~80%)和韧性(a_K 为 128~160 J/cm^2)、低的强度(R_m 为 180~280 MPa、R_{eL} 为 100~170 MPa)和硬度(50~80HBS)。

铁素体的显微组织与纯铁相同,为均匀明亮的多边形晶粒组织,如图 5-2 所示。

2. 奥氏体

碳溶于 $\gamma\text{-}Fe$ 中形成的间隙固溶体称为奥氏体,为面心

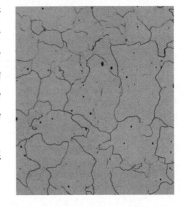

图 5-2　铁素体的显微组织(400×)

立方晶格,用符号 A 或 γ 表示。由于 γ-Fe 是面心立方晶格,其晶格原子间的空隙比 α-Fe 大,因此碳在 γ-Fe 中的溶解度较大。在 1 148 ℃时溶碳量最大达 2.11%,在 727 ℃时约为 0.77%。奥氏体一般存在于 727 ℃以上的高温区,具有较低的硬度(170~220HBS)和良好的塑性(A 为 40%~50%),易于锻压成形,因此钢材的热加工都在奥氏体相区进行。

一般钢中的奥氏体具有顺磁性,即奥氏体钢为无磁性钢,可应用于要求不受磁场影响的零件或部件。

奥氏体的显微组织为多边形晶粒,晶界较铁素体平直,如图 5-3 所示。

图 5-3　奥氏体的显微组织(400×)

3. 渗碳体(Fe_3C)

渗碳体是一个化合物相,是铁和碳形成的一种间隙化合物,其晶胞内铁原子数与碳原子数之比为 3∶1,故通常以 Fe_3C 或 C_m 表示。

渗碳体的碳质量分数为 6.69%,是一个高碳相,熔点为 1 227 ℃,硬度很高(950~1 050HV),而塑性和韧性几乎为零,脆性极大。因此,渗碳体不能单独使用,在钢中总是和铁素体混在一起,是钢中的主要强化相。渗碳体在钢和铸铁中生成条件不同,存在的形态主要有条状、片状、网状或粒(球)状等。其数量、形态、大小和分布对钢的力学性能有很大影响。

渗碳体在一定条件下可以分解为铁和石墨状态的自由碳,即

$$Fe_3C \rightarrow 3Fe + C(石墨)$$

这个分解反应对铸铁具有重要意义。

由于碳在 α-Fe 中的溶解度很低,因此常温下在铁-碳合金中,其主要以渗碳体和石墨的形式存在。

5.2　铁-渗碳体相图分析

由于 Fe-Fe_3C 相图中左上角(δ-Fe 转变)部分实用意义不大,为了便于分析研究,因此将其省略。简化后的 Fe-Fe_3C 相图如图 5-4 所示。

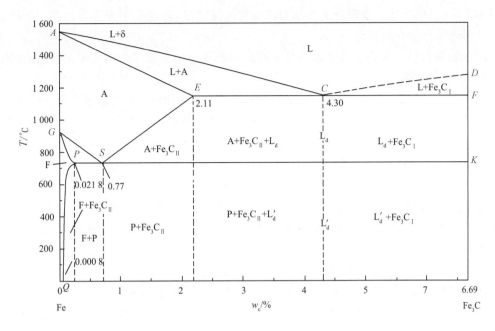

图 5-4　简化后的 $Fe-Fe_3C$ 相图

5.2.1　相图中的点、线、区

1. 图中特性点的分析

铁-碳合金相图中的特性点分析见表 5-3。

表 5-3　　　　　　　铁-碳合金相图中的特性点的温度、成分及其含义

点的符号	温度/℃	碳质量分数/%	含　义
A	1 538	0	纯铁的熔点
C	1 148	4.30	共晶点，$L_C \rightleftharpoons \gamma_E + Fe_3C$
D	1 227	6.69	渗碳体的熔点
E	1 148	2.11	碳在 γ-Fe 中的最大溶解度
F	1 148	6.69	渗碳体的成分
G	912	0	γ-Fe $\rightleftharpoons$ α-Fe 同素异构转变点
K	727	6.69	渗碳体的成分
P	727	0.021 8	碳在 α-Fe 中的最大溶解度
S	727	0.77	共析点，$\gamma_S \rightleftharpoons \alpha_P + Fe_3C$
Q	室温	0.000 8	碳在 α-Fe 中的溶解度

2. 图中特性线的分析

铁-碳合金相图中的各条线表示了铁-碳合金内部组织发生转变时的临界线，所以这些线是组织转变线。各主要特性线的含义为：

ACD 线：液相线。液态合金冷却到该线时开始结晶，冷却到 AC 线温度时，开始结晶出奥氏体 A；冷却到 CD 线温度时，开始结晶出渗碳体，并称之为一次渗碳体（Fe_3C_I）。加热时，温度升到此线后合金全部熔化，在此线以上全部为成分均匀的液态合金。

$AECF$ 线:固相线。液态合金冷却到该线时结晶完毕,该线以下合金为固态。加热时,温度升到此线合金开始熔化。

AE 线:奥氏体结晶终了线。液态合金冷却到该线时全部结晶为奥氏体。反之,加热到此线时,合金开始熔化。

ECF 线:共晶线。液态合金冷却到该线温度(1 148 ℃)时,将同时结晶出奥氏体和渗碳体,即发生共晶转变:$L_{4.3} \rightarrow (A_{2.11} + Fe_3C)$。共晶转变所获得的共晶体($A + Fe_3C$)称为莱氏体,用符号 L_d 表示。莱氏体的组织特征为蜂窝状,以 Fe_3C 为基体,性能硬而脆。

ES 线:碳在奥氏体(或 γ-Fe)中的固溶线。可见碳在奥氏体中的最大溶解度在 E 点即 1 148 ℃时为 2.11%,随着温度的下降,溶解度减小,到 727 ℃时仅为 0.77%。因此,凡碳质量分数大于 0.77%的合金,自 1 148 ℃冷却至 727 ℃的过程中,过剩的碳将以渗碳体的形式从奥氏体中析出,通常将此渗碳体称为二次渗碳体(Fe_3C_{II}),以区别于液相中结晶出来的一次渗碳体。

GS 线:奥氏体和铁素体(γ-Fe $\rightleftharpoons \alpha$-Fe)的相互转变线。即碳质量分数小于 0.77%的奥氏体在冷却时转变为铁素体的开始线,或在加热时铁素体转变为奥氏体的终了线。

GP 线:冷却时奥氏体转变为铁素体的终了线,或在加热时铁素体转变为奥氏体的开始线。

PSK:共析线。奥氏体冷却到 PSK 线(727 ℃)析出铁素体和渗碳体的混合物,即发生共析转变:$A_{0.77} \rightarrow (F_{0.021\,8} + Fe_3C)$。共析转变所获得的共析体($F + Fe_3C$)称为珠光体,用符号 P 表示。珠光体的组织特点是两相呈片层相间分布,性能介于两相之间。

PQ 线:碳在铁素体中的固溶线。可见碳在铁素体中的最大溶解度在 P 点即 727 ℃时为 0.021 8%,随着温度的下降,溶解度减小,到室温时溶解度仅为 0.000 8%。因此,铁-碳合金自 727 ℃冷却至室温的过程中,过剩的碳将以渗碳体的形式从铁素体中析出,通常将此渗碳体称为三次渗碳体(Fe_3C_{III})。因其量极少,一般可忽略不计。

3. 图中各区域组织

根据以上点、线的分析,容易得到各区域的组织(图 5-4)。

5.2.2　Fe-Fe$_3$C 相图中铁-碳合金的分类

Fe-Fe$_3$C 相图中不同成分的铁-碳合金,其组织和性能不同。按其含碳量和组织的不同,可将铁-碳合金分为三类:

1. 工业纯铁

成分在 P 点以左,即碳质量分数小于 0.021 8%的铁-碳合金,其室温组织为铁素体,机械工业中应用较少。

2. 钢

成分在 P 点与 E 点之间,即碳质量分数为 0.021 8%~2.11%的铁-碳合金。其特点是高温固态组织为塑性很好的奥氏体,因而可以进行热压力加工。

根据其室温组织的特点,以 S 点为界,钢可分为三类:

(1)共析钢:成分在 S 点,即碳质量分数为 0.77%的铁-碳合金,其室温组织为珠光体。

(2)亚共析钢:成分在 S 点以左,即碳质量分数为 0.021 8%~0.77%的铁-碳合金,其室温组织为铁素体+珠光体。

(3)过共析钢:成分在 S 点以右,即碳质量分数为 $0.77\%\sim2.11\%$ 的铁-碳合金,其室温组织为珠光体＋二次渗碳体。

按钢中碳质量分数不同,还可将钢分为低碳钢($w_C\leqslant0.25\%$)、中碳钢($0.25\%<w_C<0.60\%$)和高碳钢($w_C\geqslant0.60\%$)。

3. 白口铸铁

成分在 E 点以右,即碳质量分数在 $2.11\%\sim6.69\%$ 的铁-碳合金。其特点是液态结晶时都有共晶转变,因而具有较好的铸造性能。但高温组织中硬脆的渗碳体很多,因此不能进行热压力加工。

根据白口铸铁的组织特点,也可以 C 点为界将其分为三类:

(1)共晶白口铸铁:成分在 C 点,即碳质量分数为 4.30% 的铁-碳合金。

(2)亚共晶白口铸铁:成分在 C 点以左,即碳质量分数为 $2.11\%\sim4.30\%$ 的铁-碳合金。

(3)过共晶白口铸铁:成分在 C 点以右,即碳质量分数为 $4.30\%\sim6.69\%$ 的铁-碳合金。

5.3　典型铁-碳合金的结晶过程及其组织

现以几种典型铁-碳合金为例,分析其结晶过程的组织变化,以进一步认识 Fe-Fe₃C 相图。图 5-5 所示为所选取的不同类型铁-碳合金,本节主要分析这些合金冷却过程中的组织转变。

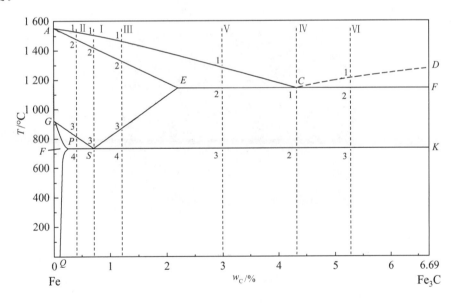

图 5-5　典型铁-碳合金冷却时的组织转变过程分析

5.3.1　共析钢($w_C=0.77\%$)的结晶过程及其组织转变

共析钢(图 5-5 中合金Ⅰ)的平衡结晶过程为:此合金在 1 点、2 点之间按匀晶转变结晶出奥氏体。当液态合金冷却到与液相线相交的 1 点的温度时,从液相中开始结晶出奥氏体,随着温度的下降,奥氏体量不断增加,其成分沿固相线 AE 变化,剩余的液相不断减少,其成分沿液相线 AC 变化(图 5-5)。到 2 点温度时,结晶过程结束,液相全部转变为与原始成分相同的奥氏体。在 2 点到 3 点温度范围内,合金的组织不发生变化,为单相奥氏体组织。而当温度降到 3 点温度(727 ℃)时,在恒温下奥氏体发生共析转变,$A_{0.77} \rightarrow F_{0.0218} + Fe_3C$,即从奥氏体中同时析出铁素体和渗碳体的机械混合物,这种机械混合物称为珠光体,转变结束时全部为珠光体。珠光体中的渗碳体称为共析渗碳体。当温度继续下降时,珠光体中铁素体相溶碳量下降,其成分沿固溶线 PQ 变化,析出三次渗碳体 Fe_3C_{III}。由于三次渗碳体常和共析渗碳体连在一起,不易分辨,且数量极少,故可忽略。图 5-6 所示为共析钢结晶过程组织转变过程。

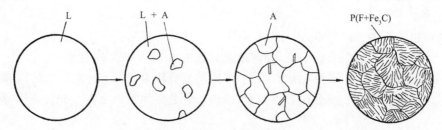

图 5-6 共析钢结晶过程组织转变过程

共析钢的室温组织全部为珠光体,其组成相为铁素体和渗碳体,呈细密层片状。其显微组织如图 5-7 所示。珠光体中铁素体与渗碳体的质量分数可用杠杆定律求出,即

$$w_F = \frac{6.69 - 0.77}{6.69 - 0.0008} \times 100\% \approx 88\%$$

$$w_{Fe_3C} = 1 - 88\% = 12\%$$

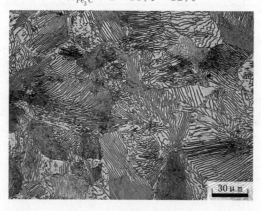

图 5-7 共析钢的显微组织(500×)

珠光体中渗碳体数量较铁素体少,故片层状珠光体中渗碳体的层片较铁素体的层片薄。当显微镜的放大倍数足够大、分辨力较高时,可见珠光体由白色基体的铁素体和有黑色边缘围着的白色窄条的渗碳体组成。

5.3.2 亚共析钢(w_C 为 0.021 8%～0.77%)的结晶过程及其组织转变

以图 5-5 中合金Ⅱ($w_C = 0.4\%$)的亚共析钢的结晶过程为例:亚共析钢在 1 点到 3 点温度间的结晶过程与共析钢相似。当合金冷却到与 GS 线相交的 3 点温度时,从奥氏体中开始析出铁素体,随着温度的不断下降,从奥氏体中析出的铁素体量逐渐增加,其成分沿 GP 线变化,剩余奥氏体量逐渐减少,其成分沿 GS 线向共析成分变化。当温度降至与 PSK 线相交的 4 点温度(727 ℃)时,铁素体的碳质量分数为 0.021 8%,而剩余奥氏体的碳质量分

数为0.77%（共析成分），则奥氏体在恒温下发生共析转变：$A_{0.77} \rightarrow F_{0.0218} + Fe_3C$，形成珠光体。温度继续下降时，铁素体中析出三次渗碳体，同样可忽略不计，则亚共析钢的室温组织为铁素体和珠光体。图 5-8 所示为亚共析钢结晶过程组织转变过程。

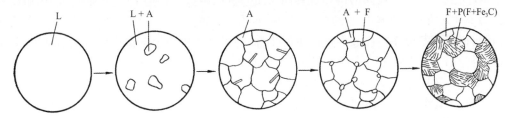

图 5-8　亚共析钢结晶过程组织转变过程

$w_C = 0.4\%$ 的亚共析钢的组织组成物为 F 和 P，它们的质量分数分别为

$$w_P = \frac{0.4 - 0.0218}{0.77 - 0.0218} \times 100\% \approx 51\%$$

$$w_F = 1 - w_P = 1 - 51\% = 49\%$$

$w_C = 0.4\%$ 的亚共析钢的组成相为 F 和 Fe_3C，它们的质量分数分别为

$$w_F = \frac{6.69 - 0.4}{6.69 - 0.0008} \times 100\% \approx 94\%$$

$$w_{Fe_3C} = 1 - w_F = 1 - 94\% = 6\%$$

所有亚共析钢在冷却过程中的组织转变均相似，它们在室温下的组织均由铁素体和珠光体组成，不同之处仅在于其中铁素体与珠光体的相对量不同。合金中含碳量愈多，组织中的珠光体量愈多，铁素体量愈少；反之，铁素体量愈多，珠光体量愈少。图 5-9 所示为不同含碳量的亚共析钢的显微组织。图中黑色部分为珠光体（因放大倍数低，故无法分辨其层片），白亮部分为铁素体。

亚共析钢的碳质量分数可由其室温平衡组织来估算。若将 F 中的碳质量分数忽略不计，则钢中的碳含量全部在 P 中，因此由显微组织中 P 所占的面积可求出钢的碳质量分数，即

$$w_C = w_P \times 0.77\%$$

式中　w_C——钢中的碳质量分数；

　　　w_P——珠光体所占的面积百分比。

同理，根据亚共析钢中的含碳量，也可估算出亚共析钢平衡组织中珠光体所占的面积。

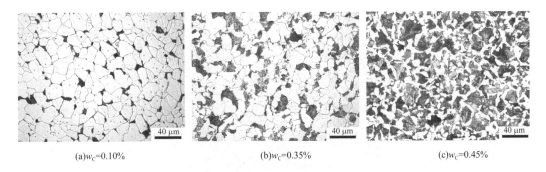

(a)$w_C = 0.10\%$　　　　(b)$w_C = 0.35\%$　　　　(c)$w_C = 0.45\%$

图 5-9　亚共析钢的显微组织（400×）

5.3.3 过共析钢($w_C = 0.77\% \sim 2.11\%$)的结晶过程及其组织转变

图 5-5 中合金Ⅲ($w_C = 1.2\%$)为过共析钢,下面以其为例了解过共析钢的结晶过程:过共析钢在 1 点到 3 点温度间的结晶过程同样与共析钢相似。当合金冷却到与 ES 线相交的 3 点温度时,奥氏体的溶碳量达到饱和而开始析出二次渗碳体,二次渗碳体一般沿着奥氏体晶界析出而呈网状分布。随着温度的不断下降,从奥氏体中析出的渗碳体量逐渐增加,剩余奥氏体成分沿 ES 线变化。当温度降至与 PSK 线相交的 4 点温度时,剩余奥氏体的碳质量分数为 0.77%(共析成分),则发生共析转变:$A_{0.77} \rightarrow F_{0.0218} + Fe_3C$,形成珠光体。4 点以下至室温,合金组织基本不再变化。所以过共析钢的室温组织由渗碳体和珠光体组成,图 5-10 所示为过共析钢结晶过程组织转变过程。在显微镜下,Fe_3C_{II} 呈网状分布在层片状 P 周围,如图 5-11 所示。

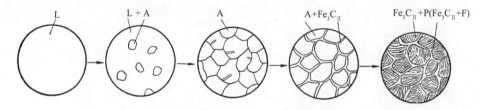

图 5-10 过共析钢结晶过程组织转变过程

$w_C = 1.2\%$ 的过共析钢的组织组成物为 Fe_3C_{II} 和 P,它们的质量分数分别为

$$w_P = \frac{6.69 - 1.2}{6.69 - 0.77} \times 100\% \approx 93\%$$

$$w_{Fe_3C_{\mathrm{II}}} = 1 - w_P = 1 - 93\% = 7\%$$

$w_C = 1.2\%$ 的过共析钢的组成相为 F 和 Fe_3C,它们的质量分数分别为

$$w_F = \frac{6.69 - 1.2}{6.69 - 0.0008} \times 100\% \approx 82\%$$

$$w_{Fe_3C} = 1 - w_F = 1 - 82\% = 18\%$$

所有过共析钢在冷却过程中的组织转变均相似,它们在室温下的组织均由渗碳体和珠光体组成,不同之处为其中渗碳体与珠光体的相对量不同。合金中含碳量愈多,组织中的渗碳体量愈多,当合金的碳质量分数为 2.11% 时,二次渗碳体量达到最多,其值可由杠杆定律算出,即

$$w_{Fe_3C_{\mathrm{II}}\text{最多}} = \frac{2.11 - 0.77}{6.69 - 0.77} \times 100\% \approx 23\%$$

图 5-11 过共析钢的显微组织(400×)

5.3.4　共晶白口铸铁($w_C = 4.30\%$)的结晶过程及其组织转变

共晶白口铸铁(图 5-5 中合金 Ⅳ 为例)的结晶过程:合金冷却到 1 点(1 148 ℃)时,在恒温下合金发生共晶转变:$L_{4.30} \rightarrow A_{2.11} + Fe_3C$,即从液态合金中同时结晶出奥氏体和渗碳体的混合物莱氏体(L_d)。转变结束时,全部为莱氏体,称为高温莱氏体(L_d),高温莱氏体是共晶奥氏体和共晶渗碳体的机械混合物,呈蜂窝状。此时

$$w_A = \frac{6.69 - 4.30}{6.69 - 2.11} \times 100\% \approx 52\%$$

$$w_{Fe_3C} = 1 - w_A = 1 - 52\% = 48\%$$

1 点到 2 点的温度之间从共晶奥氏体中析出二次渗碳体,二次渗碳体通常依附在共晶渗碳体上,肉眼不能分辨。当温度降至 2 点(727 ℃)时,共晶奥氏体成分为 S 点(共析成分),此时在恒温下奥氏体发生共析转变:$A_{0.77} \rightarrow F_{0.0218} + Fe_3C$,形成珠光体,而共晶渗碳体则不发生变化。从 2 点冷却到室温过程中析出的三次渗碳体可忽略不计。故共晶白口铸铁的室温组织为珠光体、二次渗碳体和共晶渗碳体组成的组织,即低温莱氏体(L_d'),图 5-12 所示为共晶白口铸铁结晶过程组织转变过程。此时

$$P\% = \frac{6.69 - 4.30}{6.69 - 0.77} \times 100\% \approx 40\%$$

$$Fe_3C\% = 1 - A\% = 1 - 40\% = 60\%$$

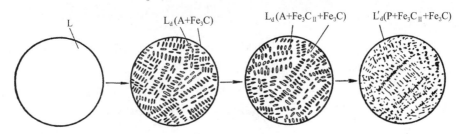

图 5-12　共晶白口铸铁结晶过程组织转变过程

共晶白口铸铁的显微组织如图 5-13 所示。图中黑色部分为珠光体,白色基体为渗碳体。

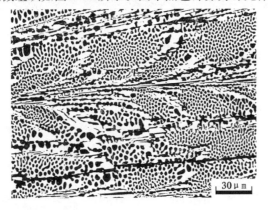

图 5-13　共晶白口铸铁的显微组织(500×)

5.3.5　亚共晶白口铸铁($w_C = 2.11\% \sim 4.30\%$)的结晶过程及其组织转变

以图 5-5 中合金 Ⅴ 亚共晶白口铸铁($w_C = 3.0\%$)的结晶过程为例:合金冷却到与液相线(AC 线)相交的 1 点温度时,开始从液相中结晶出奥氏体(称为初晶奥氏体)。在 1 点与

2 点的温度之间,结晶的奥氏体量不断增加,其成分沿固相线 AE 变化,剩余液相量不断减少,其成分沿液相线 AC 变化。当温度达到与 ECF 线相交的 2 点温度时,初晶奥氏体的成分为 E 点,而液相成分为 C 点(共晶成分:碳质量分数为 4.30%),则液相在恒温下(1 148℃)发生共晶转变:$L_{4.30} \rightarrow A_{2.11} + Fe_3C$,形成莱氏体,而此时初晶奥氏体不发生变化。共晶转变结束时的组织为初晶奥氏体和莱氏体。在 2 点到 3 点之间,初晶奥氏体和共晶奥氏体不断析出二次渗碳体,当温度降至与 PSK 线相交的 3 点温度(727 ℃)时,所有奥氏体的碳质量分数均为0.77%(共析成分),则发生共析转变:$A_{0.77} \rightarrow F_{0.0218} + Fe_3C$,形成珠光体。因此,亚共晶白口铸铁的室温组织由珠光体、二次渗碳体和低温莱氏体组成,图 5-14 所示为亚共晶白口铸铁结晶过程组织转变过程。初晶奥氏体中析出的二次渗碳体与共晶渗碳体连在一起,不能分辨。此时,室温下,含碳量为 3.0%的白口铸铁中三种组织的质量分数为

$$L_d'\% = \frac{3.0 - 2.11}{4.3 - 2.11} \times 100\% \approx 41\%$$

$$w_{Fe_3C_{II}} = \frac{4.3 - 3.0}{4.3 - 2.11} \times \frac{2.11 - 0.77}{6.69 - 0.77} \times 100\% \approx 13\%$$

$$w_P = 1 - L_d'\% - w_{Fe_3C_{II}} = 1 - 41\% - 13\% = 46\%$$

而该合金在结晶过程中所析出的所有二次渗碳体(包括一次奥氏体和共晶奥氏体中析出的二次渗碳体)的总量为

$$Fe_3C_{II}\%_{总} = \frac{6.69 - 3.0}{6.69 - 2.11} \times \frac{2.11 - 0.77}{6.69 - 0.77} \times 100\% \approx 18\%$$

所有亚共晶白口铸铁的结晶过程均相似,只是合金成分愈接近共晶成分,其室温组织中低温莱氏体含量愈多;反之,则由初晶奥氏体变成的珠光体的量愈多。

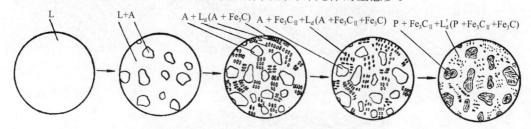

图 5-14　亚共晶白口铸铁结晶过程组织转变过程

亚共晶白口铸铁的显微组织如图 5-15 所示。图中黑色部分为初晶奥氏体转变而成的珠光体和二次渗碳体,其余部分为低温莱氏体。

5.3.6　过共晶白口铸铁($w_C = 4.30\% \sim 6.69\%$)的结晶过程及其组织转变

过共晶白口铸铁(以图 5-5 中合金Ⅵ为例)的结晶过程:合金冷却到与液相线 DC 相交的 1 点温度时,开始从液相中结晶出渗碳体(一次渗碳体,呈粗条片状),在 1 点到 2 点的温度间,结晶的一次渗碳体量不断增加,而剩余液相量不断减少,其成分沿液相线 DC 线变化,当冷却到 2 点温度(1 148℃)时,液相的成分为 C 点(共晶成分:碳质量分数为 4.30%),在恒

图 5-15　亚共晶白口铸铁的显微组织(500×)

温下发生共晶转变：$L_{4.30} \rightarrow A_{2.11} + Fe_3C$，形成莱氏体。在 2 点和 3 点温度之间，从奥氏体中析出二次渗碳体，在 3 点温度时，奥氏体发生共析转变形成珠光体。因此，过共晶白口铸铁的室温组织由低温莱氏体和一次渗碳体组成，图 5-16 为过共晶白口铸铁结晶过程组织转变过程。

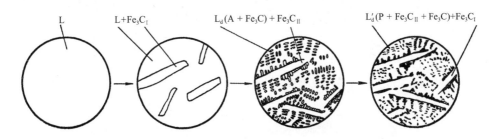

图 5-16　过共晶白口铸铁结晶过程组织转变过程

所有过共晶白口铸铁的结晶过程均相似，只是合金成分愈接近共晶成分，室温组织中低温莱氏体量愈多；反之，一次渗碳体量愈多。

过共晶白口铸铁的显微组织如图 5-17 所示。图中白色板条状部分为一次渗碳体，其余为低温莱氏体。

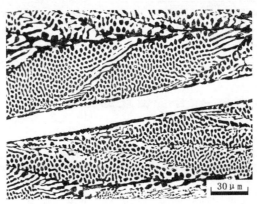

图 5-17　过共晶白口铸铁的室温组织（500×）

5.4　铁-碳合金的成分、组织、性能关系

5.4.1　含碳量对铁-碳合金平衡组织的影响

从对铁-碳合金结晶过程的分析可知，铁-碳合金在室温下的组织均由铁素体（F）和渗碳体（Fe_3C）两相组成，两相的相对含量可由杠杆定律确定。随着碳质量分数的增加，铁素体的量逐渐变少，由 100% 按直线关系减少到 $0(w_C = 6.69\%$ 时)；Fe_3C 的量则逐渐增多，由 0 按直线关系增加到 100%。

在室温下，碳质量分数不同时，不仅铁素体和 Fe_3C 的相对含量发生变化，而且由两相组合的合金组织也在变化。随着碳质量分数的增加，组织中渗碳体的大小、形态及分布都将发生变化。渗碳体由分布在珠光体中的铁素体基体内的层状组织变化为分布在晶界上的网状组织,变化为由网状分布在晶界上,最后又作为组织中的基体出现或以板条状分布在莱氏体的基体上。组织组成物的相对含量可由杠杆定律求得。随着碳质量分数的增加,铁-碳合金平衡组织的顺序变化为

$$F \rightarrow F+P \rightarrow P \rightarrow P+Fe_3C_{II} \rightarrow P+Fe_3C_{II}+L'_d \rightarrow L'_d \rightarrow L'_d+Fe_3C_I \rightarrow Fe_3C$$

含碳量对铁-碳合金组织组成物及相组成物的影响如图 5-18 所示。

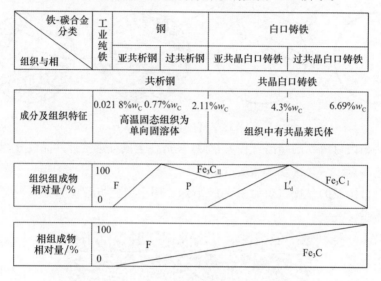

图 5-18　含碳量对铁-碳合金组织组成物及相组成物的影响

5.4.2　含碳量对铁-碳合金性能的影响

1. 对力学性能的影响

铁-碳合金室温时的组织均由铁素体和渗碳体两个基本相组成,并且随着含碳量的增加,合金组织中铁素体的量逐渐减少,渗碳体的量逐渐增加。而铁素体具有良好的塑性、韧性,强度、硬度较低;渗碳体是硬而脆的金属化合物。同时,随着含碳量的增加,不仅组织中渗碳体的量逐渐增加,而且渗碳体的大小、形态及分布也发生变化,因此含碳量对铁-碳合金的性能有较大的影响。含碳量对碳钢力学性能的影响如图 5-19 所示。

在铁-碳合金中,渗碳体一般作为强化相。渗碳体与铁素体构成片层状珠光体时,合金的强度和硬度将提高,即合金中珠光体量越多,其强度、硬度越高,而塑性、韧性相应降低。

（1）强度

当碳质量分数低于 0.77% 时,合金以铁素体为基体,随着碳质量分数的增加,组织中强度低的铁素体减少,强度高的渗碳体增多,所以,合金的强度提高。但当碳质量分数超过 0.77% 之后,由于强度很低的 Fe_3C_{II} 呈网状沿晶界分布,合金强度的提高变缓,到碳质量分数约为 0.9% 时,其强度达到最大值,这是由于高脆性的 Fe_3C_{II} 沿晶界形成了连续的网状,使合金的强度开始降低,并且碳质量分数越高渗碳体网越厚,强度越低。随着碳质量分数的进一步增加,强度不断下降,碳质量分数超过 2.11% 后,当合金中出现 L_d 时,则其强度降到

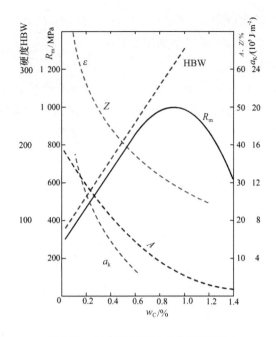

图 5-19　含碳量对碳钢力学性能的影响

很低的值;再增加碳质量分数时,合金基体都为脆性很高的 Fe_3C,强度变化不大且值很低,趋于 Fe_3C 的强度(20～30 MPa)。

（2）硬度

合金的硬度主要取决于组成相的硬度和相对含量。由图 5-19 可以看出,随着碳质量分数的增加,硬度低的铁素体含量直线下降,而硬度高的渗碳体含量则呈直线上升,因此,合金的硬度直线上升。

（3）塑性和韧性

由于渗碳体的塑性很差,合金的塑性变形主要由铁素体提供。随着碳质量分数的增加,组织中硬而脆的渗碳体含量增加,同时,基体由铁素体逐渐变为渗碳体,因此,合金的塑性和韧性均降低。当合金的组织中以 Fe_3C 为基体时,合金的塑性、韧性趋于零。

为了保证工业用钢具有足够的强度,并具有一定的塑性和韧性,钢中的碳质量分数一般不超过 1.3%。碳质量分数大于 2.11% 的白口铸铁的组织中含有大量的渗碳体,其性能特别硬脆,难以进行切削加工,因此在一般机械制造业中应用较少。

2. 对工艺性能的影响

（1）对切削加工性能的影响

金属材料的切削加工性能是指经切削加工成工件的难易程度。一般可从允许的切削速度、切削力、工件的表面粗糙度、切削过程中的断屑和排屑、对刀具的磨损程度等几方面来评价。

钢中的碳质量分数不同,其切削加工性能也不同。低碳钢中的铁素体量多,塑性、韧性好,切削加工时产生的切削热较大,容易粘刀,断屑、排屑较难,影响工件的表面粗糙度,因此切削加工性能不好。高碳钢中的渗碳体量多,硬度高,刀具易磨损,切削加工性也差。中碳钢中的铁素体与渗碳体的比例适当,硬度和塑性也比较适中,故其切削加工性能较好。通常认为,钢的硬度为 170~240HBS 时切削加工性能最好。

(2)对可锻性的影响

金属的可锻性是指金属在压力加工时,能改变形状而不产生裂纹的性能。

钢加热到高温可获得塑性良好的单相奥氏体组织,因而具有良好的可锻性。白口铸铁无论在低温或高温,其组织都是以硬而脆的渗碳体为基体的,所以不能锻造。

(3)对铸造性能的影响

金属的铸造性能包括流动性、收缩性和偏析倾向等,主要取决于 Fe-Fe$_3$C 相图中该金属的液相线和固相线的水平距离、垂直距离及液相线的温度。液相线和固相线的水平距离和垂直距离越大,枝晶偏析越严重,铸造性能变差。浇注温度相同时,液相线的温度越低,过热度越大,流动性越好,分散缩孔及偏析越少,铸造性能越好。

由 Fe-Fe$_3$C 相图可见,靠近共晶成分的铸铁,其液相线和固相线的水平距离和垂直距离小,并且其液相线的温度低,故其铸造性能好。愈远离共晶成分的铸铁,其铸造性能愈差。低碳钢的液相线和固相线的距离较小,但其液相线的温度高,故其铸造性能差。随着含碳量的增加,液相线的温度降低,但液相线和固相线的距离增大,故铸造性能变差。所以钢的铸造性能都较差。

(4)对焊接性能的影响

金属的焊接性能是指金属材料在采用一定的焊接工艺条件下,获得优良焊接接头的难易程度。通常,把金属在焊接时产生裂纹的敏感性及焊接接头区力学性能的变化作为评价其焊接性的主要指标。钢的焊接性能的好坏主要取决于含碳量,含碳量愈高,淬硬倾向愈大,塑性愈差,愈容易产生焊接裂纹。所以,低碳钢具有良好的焊接性能,随着含碳量的增加,焊接裂纹倾向大大增加,焊接性能变差。铸铁的焊接性能差,所以对于铸铁,焊接主要用于其修补。

5.5 Fe-Fe$_3$C 相图的应用

5.5.1 正确选材

Fe-Fe$_3$C 相图揭示了铁-碳合金的平衡组织随含碳量变化的规律,而根据合金组织又可以判断其大致性能,这就便于我们根据零件的性能要求来合理选材。

如建筑结构和各种型材,要求塑性、韧性好,故常选组织中铁素体含量多的低碳钢;机器零件要求强度、塑性和韧性都较好的材料,常选含碳量适中的中碳钢;各种工具要求硬度高、耐磨性好,则以选高碳钢为宜。

白口铸铁硬度高、脆性大,不能切削加工,也不能锻造。但其耐磨性好,铸造性能优良,适用于要求耐磨、不受冲击、形状复杂的铸件,例如拔丝模、冷轧辊、货车轮、球磨机的磨球等。

5.5.2 制定热加工工艺

1.锻造方面

依据 $Fe-Fe_3C$ 相图可以确定锻造的温度。碳钢在室温下的组织为两相混合物,因各相的塑性不同,故塑性变形时的相互牵制作用增大,使其塑性变形困难,不利于锻造。为便于进行锻造,则要将其加热到强度低、塑性好的单相奥氏体状态,以利于塑性变形。锻造温度必须选择在单相奥氏体区的适当温度范围内,如图 5-20 所示。始锻温度一般控制在固相线以下 $100\sim200$ ℃,温度过高易造成金属氧化严重或奥氏体晶界熔化。亚共析钢的终锻温度一般控制在稍高于 GS 线,过共析钢控制在稍高于 PSK 线的温度。终锻温度过高易造成奥氏体晶粒粗大;过低,易导致钢材

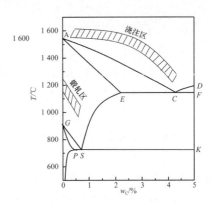

图 5-20　$Fe-Fe_3C$ 相图与铸造/锻造工艺的关系

塑性差而产生裂纹。实际生产中,碳钢的始锻温度一般为 $1\,150\sim1\,250$ ℃,终锻温度为 750 ~850 ℃。

2.铸造方面

依据 $Fe-Fe_3C$ 相图可以确定浇注的温度,浇注温度一般在液相线以上 $50\sim100$ ℃,如图 5-20 所示。由该图还可以看出,接近共晶成分的铁-碳合金,其液相线和固相线的距离小且液相线的温度低,可见其易于熔炼,且流动性好,易获得优良的铸件,所以接近共晶成分的铸铁在铸造生产中应用非常广泛。钢也可以铸造,但其铸造性能差,且熔炼和铸造工艺复杂。

3.焊接方面

对焊接而言,由于从焊缝到母材在焊接过程中处于不同的温度,因而焊缝区到热影响区会出现不同的组织,则其性能不均匀。根据相图可以分析碳钢的焊接组织,并可采用适当的热处理方法来提高焊接件性能。

4.热处理方面

在热处理方面,$Fe-Fe_3C$ 相图对热处理工艺的制定有着非常重要的作用。各种不同热处理方法的温度都是以 $Fe-Fe_3C$ 相图中的临界温度(GS 值、PSK 值、ES 值)为依据来确定的。

在运用 $Fe-Fe_3C$ 相图时应注意以下两点:

(1)$Fe-Fe_3C$ 相图只反映铁-碳二元合金中相的平衡状态,如含有其他元素,相图将发生变化。

(2)$Fe-Fe_3C$ 相图反映的是平衡条件下铁-碳合金中组织的状态,当冷却或加热速度较快时,其组织转变就不能只用 $Fe-Fe_3C$ 相图来分析了。实际生产中,当冷却速度较快时,合金的临界点及其冷却后的组织都将与上述相图中的不同,这部分内容将在钢的热处理章节中介绍。

思 考 题

5-1 解释下列名词。

铁素体、奥氏体、渗碳体、珠光体、高温莱氏体、低温莱氏体。

5-2 简述 Fe-Fe₃C 相图中的共析转变和共晶转变,写出反应式,注出碳质量分数和温度,并说明在铁-碳合金中这两种转变的过程及其显微组织的特征。

5-3 画出简化后的 Fe-Fe₃C 相图,并进行以下分析:

(1)标出各相区的相组成物和组织组成物;

(2)分析碳质量分数为 0.45%、1.20% 和 3.0% 的铁-碳合金的结晶过程及其在室温下的相组成物和组织组成物的相对含量。

5-4 铁-碳合金中渗碳体有几种? 它们是如何形成的? 各有什么特点?

5-5 分别计算铁-碳合金中二次渗碳体、三次渗碳体的最大相对含量。

5-6 简述铁-碳合金成分、组织和性能三者之间的关系。

5-7 白口铸铁和钢在组织上有什么区别? 为什么前者硬又脆?

第6章

金属的塑性变形与再结晶

金属材料经过冶炼、铸造获得铸锭后,利用金属的塑性变形可把金属加工成各种型材、板材、管材、线材以及零件或毛坯,需要许多工序,即成语中的"百锻成材"。不仅锻压、轧制、挤压和冲压等成形加工工艺都可使金属发生大量的塑性变形,而且在车、铣、刨、钻等各种切削加工工艺中,也都发生一定程度的塑性变形。在塑性变形过程中,金属不仅改变了形状和尺寸,其内部组织结构与性能也会发生相应的变化。这告诉我们:任何事物都有两面性,我们要学会用辩证法的观点来分析材料学的知识。塑性变形也是改善金属材料性能的一个重要手段,但塑性变形也会给金属的组织和性能带来某些不利的影响。任何事物都有两面性,我们要学会用辩证法的观点来分析材料学的知识。因此,金属在塑性变形之后或在金属变形的过程中,需经常进行加热,使其发生回复与再结晶,以消除不利影响。

6.1 金属的塑性变形

在一般情况下,实际金属都是多晶体。多晶体的塑性变形是与其中各个晶粒的变形行为有关的,为了研究金属多晶体的塑性变形过程,应首先了解金属单晶体的塑性变形,从而更好地掌握金属变形的基本规律。

6.1.1 单晶体的塑性变形

实验表明,晶体只有在切应力作用下才会发生塑性变形。在常温和低温下,单晶体的塑性变形主要是通过滑移方式进行的。此外,尚有孪生和扭折等变形方式。

1.滑移

滑移是指晶体的一部分相对于另一部分沿一定晶面发生的相对滑动。滑移具有以下特点:

(1)滑移只有在切应力的作用下才会产生

如图 6-1(a)所示,对金属单晶体试样进行拉伸时,外力 F 在晶体内任一晶面上分解为两种应力:一种是平行于该晶面的切应力(τ);一种是垂直于该晶面的正应力(R)。如图 6-1(b)所示,正应力只能引起晶格的弹性伸长,正应力去除后晶格将恢复原状。当正应力足够大时可使晶体中的原子离开,金属断裂。因此,正应力只能使晶体产生弹性变形或者脆性断裂,不能产生塑性变形。单晶体在不受外力时,原子处于平衡位置,当切应力较小时,晶体发生弹性剪切变形,如图 6-1(c)所示。单晶体在切应力作用下,当切应力较小时,晶格的剪切变形也是弹性的,但当切应力达到一定大小时,晶格将沿着某个晶面产生相对移动,移动的距离为原子间距的整数倍,因此移动后原子可在新位置上重新平衡,形成永久的塑性变形。这时,即使消除切应力,晶格仍将保留移动后的形状。当然,当切应力超过晶体的切断抗力时,晶体将发生断裂,但这种断裂与由正应力引起的脆断不同,它在晶体断裂之前首先产生了塑性变形,为了加以区别,称其为塑性断裂。由此可知,塑性变形只有在切应力作用下才会发生。

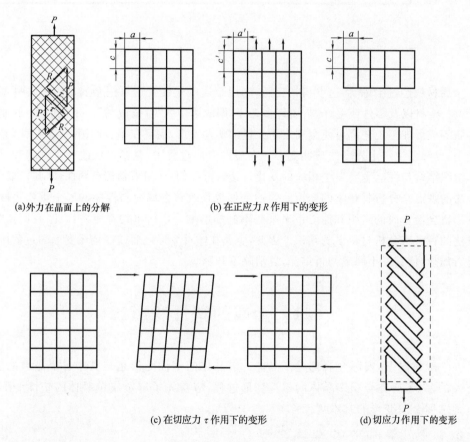

(a)外力在晶面上的分解 (b)在正应力 R 作用下的变形

(c)在切应力 τ 作用下的变形 (d)切应力作用下的变形

图 6-1　单晶体试样拉伸变形

(2)滑移线与滑移带

当应力超过晶体的弹性极限后,晶体中就会产生层片之间的相对滑移,大量的层片间滑动的累积就构成晶体的宏观塑性变形。将表面经过抛光的纯金属试样进行拉伸,当产生一定的塑性变形后,在显微镜下观察,可看到试样表面有许多互相平行的线条,称为滑移带。图 6-2 所示为纯铁晶粒表面的滑移带。如用电子显微镜的高倍镜观察,则发现滑移带都是由许多密集而相互平行的更细的滑移线和小台阶所构成的,如图 6-3 所示。

因为滑移是由于晶体内部的相对移动而产生的,所以滑移不引起晶体结构的变化,即滑移前、后晶体结构相同。

（3）滑移系

滑移常沿晶体中原子密度最大的晶面和晶向发生。这是因为只有在最密排晶面之间的面间距及最密排晶向之间的原子间距最大，因而原子结合力最弱，所以在最小的切应力下便能引起它们之间的相对滑动。金属晶体受力后的滑移距离取决于外力的大小，且为原子间距的整数倍。能够产生滑移的晶面和晶向分别称为滑移面和滑移方向。一个滑移面与其上的一个滑移方向组成一个滑移系。例如在面心立方晶格中，(110)和[111]即组成一个滑移系。三种常见晶格的滑移系见表 6-1。

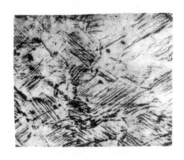

图 6-2　纯铁晶粒表面的滑移带

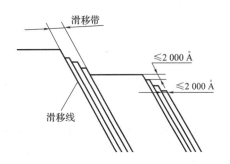

图 6-3　滑移带和滑移线

表 6-1　　　　　　　　　　　　　金属三种常见晶格的滑移系

晶格类型	体心立方晶格	面心立方晶格	密排六方晶格
滑移面 滑移方向	{110}×6 <111>×2	{111}×4 <110>×3	{0001}×1 <110>×3
滑移系	6×2＝12	4×3＝12	1×3＝3

实验表明，滑移系数目越多，金属发生滑移的可能性越大，塑性就越好。经研究还证实滑移方向对滑移所起的作用比滑移面大，因为滑移方向适应外力使之产生变形的能力比滑移面要大，故当滑移系数目相同时，滑移方向越多，滑移越容易，产生塑性变形的能力也就越强，所以面心立方晶格和体心立方晶格的滑移系都是 12。但面心立方晶格的滑移方向多，所以面心立方晶格的金属比体心立方晶格金属的塑性更好。然而需要注意的是，影响金属塑性变形能力的因素是多方面的，例如金属变形时所处的温度、应力状态和晶粒大小等。因此，只能说在其他条件相同的情况下，滑移系越多，金属的塑性越好。

（4）滑移时晶体的转动

单晶体在滑移变形时还伴随着晶体的转动。如图 6-4 所示，当晶体受拉伸产生滑移时，如果不受夹头的限制，则拉伸轴线将要逐渐发生偏转，如图 6-4(b)所示。但事实上，由于夹头的限制作用，拉伸轴线的方向不能改变，这样就必然使晶体表面做相应转动。

由材料力学可知，与拉力成 45°的截面上的分切应力最大。因此，与拉力成 45°位向的滑移系最有利于滑移，但滑移过程中晶体的转动使原来有利于滑移位向的滑移系逐渐转到

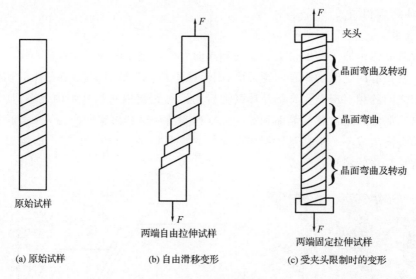

(a) 原始试样　　　　(b) 自由滑移变形　　　(c) 受夹头限制时的变形

图 6-4　单晶体拉伸变形过程

不利于滑移位向的滑移系而停止滑移，而原来处于不利于滑移位向的滑移系，则逐渐转到有利于滑移的位向而参与滑移。这样，不同位向的滑移系交替进行滑移，结果使晶体均匀地变形。但在实际拉伸过程中，晶体两端有夹头固定，只有试样的中间部分才能转动，故靠近两端部位因受夹头限制而产生不均匀的变形。

（5）滑移的机理

滑移时晶体的一部分相对于另一部分沿滑移面做整体滑动，即滑移面上每一个原子都同时移到与其相邻的另一个平衡位置上，这种滑移称为刚性滑移。由理论计算得出的刚性滑移所需的切应力值都比实测结果大几百到几千倍，即不符合实际情况。例如，铁按刚性滑移计算的切应力为 2 300 MN/m^2，而实际测定值仅为 29 MN/m^2，理论计算与实测相差很大。经研究证明，滑移是通过滑移面上的位错运动来完成的。如图 6-5 所示为刃型位错在切应力的作用下在滑移面上的运动过程，通过一根位错线从滑移面的一侧到另一侧的运动便造成一个原子间距的滑移。对应于位错运动，在滑移面上、下原子位移的情况如图 6-6 所示，在滑移的过程中，只需位错中心上面的两列原子（实际为两个半原子面）向右做微量位移，位错中心下面的一列原子向左做微量位移，位错中心便会发生一个原子间距的右移。

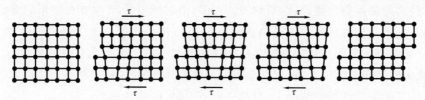

图 6-5　晶体中因位错运动而造成的滑移

由此可见，晶体通过位错运动而产生滑移时，并不需要整个滑移面上全部的原子同时移动，只需位错中心附近极少量的原子做微量位移即可，所以实际滑移所需的临界切应力远远小于刚性滑移。

2. 孪生

孪生是塑性变形的另一种重要形式，它常作为滑移不易进行时的补充。

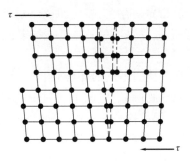

图 6-6　位错运动时的原子位移

在切应力作用下,晶体的一部分相对于另一部分沿着一定的晶面(孪晶面)及晶向(孪生方向)产生一定角度的切变(转动),这种变形方式称为孪生,如图 6-7 所示。发生孪生的部分(切变部分)称为孪晶带。孪晶面两边的两部分晶体形成镜面对称。

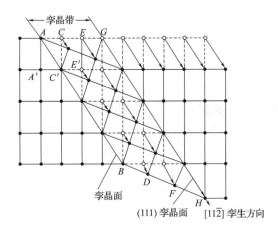

图 6-7　孪生

孪生和滑移的主要区别如下:

(1)孪生也是在切应力作用下发生的,并通常出现于滑移受阻而引起的应力集中区,因此,孪生所需的临界切应力要比滑移时大得多。

(2)孪生是一种均匀切变,即切变区内与孪晶面平行的每一层原子面均相对于其毗邻晶面沿孪生方向位移了一定距离,且每一层原子相对于孪晶面的切变量跟它与孪晶面的距离成正比,而滑移时原子在滑移方向的相对位移是原子间距的整数倍。

(3)使晶体变形部分(孪晶带)的位向发生变化,并与未变形部分的位向形成了镜面对称关系,构成了以孪晶面为对称面的一对晶体,称为孪晶。而滑移变形后,晶体各部分的相对位向不发生改变。

(4)滑移和孪生虽然都是在切应力作用下产生的,但孪生所需要的切应力比滑移所需要的切应力大得多,变形速度极快,接近声速,故只有在滑移很难进行的条件下才发生孪生。例如密排六方晶体和体心立方晶体在低温或受到冲击时容易产生孪生。

(5)孪生对塑性变形的直接贡献不大,但孪生能引起晶体位向的改变,有利于滑移发生。

6.1.2　多晶体的塑性变形

在室温下,多晶体的塑性变形与单晶体比较无本质上的差别,即每个晶粒的塑性变形仍以滑移或孪生方式进行。但由于晶界的存在、晶粒间位向的差异以及变形过程中晶粒之间的互相牵制等,多晶体的塑性变形过程要比单晶体复杂得多。

1.晶界和晶粒位向的影响

多晶体由于存在着晶界及许多位向不同的晶粒,故其塑性变形抗力要比同类金属的单晶体高得多。晶界是相邻晶粒的过渡层,不但原子排列杂乱,晶格严重畸变,而且杂质原子和各种缺陷在该处比较集中(增大了晶格畸变),因而使该处滑移时位错运动的阻力(塑性变形抗力)增大,晶界增大了变形抗力,提高了金属强度。

图 6-8 所示为由两个晶粒所组成的试样,拉伸时因晶界处的塑性变形抗力大、变形小,结果产生了所谓的“竹节状”现象。它证明了室温下晶界强度高于晶内强度。此外,多晶体中各晶粒位向的不同也会增大其滑移抗力。因为其中任一晶粒的滑移都会受到周围不同位向晶粒的约束和限制,所以多晶体的塑性变形抗力总是高于单晶体。

(a) 变形前　　　　　　　　　　　　　(b) 变形后

图 6-8　由两个晶粒所组成的试样

由上可知,金属的晶粒粗细对其机械性能的影响是很大的。晶粒越细,晶界总面积越大,每个晶粒周围不同位向的晶粒数越多,因此,塑性变形抗力也越大。此外,晶粒变细,不仅使强度增高,而且其塑性和韧性也有所提高。因为晶粒越细,金属单位体积中的晶粒数越多,变形可以分散在更多的晶粒内进行,各晶粒滑移量的总和越大,故塑性越好。同时,由于变形分散在更多的晶粒内进行,引起裂纹过早产生和发展的应力集中得到缓和,从而具有较高的冲击载荷抗力。因此,工业上常用细化晶粒的方法来使金属材料强韧化。

2.多晶体塑性变形过程

在多晶体金属中,晶粒间的位向不同会使塑性变形产生不均匀性。由材料力学可知,拉伸时,在与外力呈 45°方向上的切应力最大,偏移该方向越远,则切应力越小(与外力平行或垂直方向的切应力等于零)。各个晶粒的位向是无序的,有的晶粒的滑移面和滑移方向可能接近 45°方向(称为软位向),有的晶粒的滑移面和滑移方向可能偏离 45°方向(称为硬位向)。这样,处于软位向的晶粒先发生滑移变形,而处于硬位向的晶粒可能还只有弹性变形。如图 6-9 所示,用 A,B,C 表示不同位向晶粒分批滑移的次序。而多晶体晶粒间是相互牵制的,在变形的同时要发生相对转动,使晶粒位向发生变化,原先处于软位向的晶粒可能转变成了硬位向,原先处于硬位向的晶粒也可能转变成了软位向,从而使变形在不同位向的晶粒之间交替地发生,使不均匀变形逐步发展到比较均匀的变形。

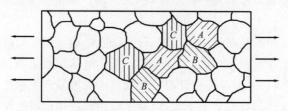

图 6-9　多晶体金属不均匀塑性变形过程

6.2　冷塑性变形对金属组织和性能的影响

金属经塑性变形后可使其组织和性能发生很大的变化。

6.2.1　冷塑性变形对金属组织结构的影响

1.晶粒形貌的变化

在塑性变形过程中,随着形变量的增加,金属的晶粒将沿着形变方向被拉长,由等轴状变成扁平状或长条状,形变量越大,晶粒变形程度也越大。当形变量很大时,金属中存在的各种夹杂物和杂质也会沿变形方向被拉长,塑性夹杂物成为细带状,脆性夹杂物粉碎成链状。这时晶粒会出现一片如纤维状的条纹,晶界变得模糊不清,这种组织通常被称为"纤维组织"。

2.晶内结构的变化

金属在塑性变形过程中,当变形量不大时,晶粒内出现了滑移,在滑移面附近的晶格发生扭曲和紊乱,进一步滑移形成滑移带,随着变形量的增大滑移带也增加,变形的晶粒也逐渐碎化成许多细小的亚结构,即亚结构细化。亚晶界增加,并在其上聚集有大量位错,使金属中位错密度显著增加。这种在亚晶界处大量堆积的位错以及它们之间的相互干扰作用,会阻止位错的运动,使滑移困难,增大了金属塑性变形抗力。

3.形变织构的产生

在定向变形情况下,金属中的晶粒不仅被破碎、拉长,而且各晶粒的位向也会朝着变形的方向逐步发生转动。当变形量达到一定值(70%~90%)时,金属中的每个晶粒的位向都趋于大体一致,这种现象称为织构,或称择优取向。形变方式不同,产生的形变织构也不同。拔丝时形成的织构为丝织构,特点是各晶粒的某一晶向大致与拔丝方向平行。轧板时形成的织构称为板织构,特点是各晶粒的某一晶面与轧制面平行,某一晶向与轧制方向平行。

6.2.2　塑性变形对金属性能的影响

组织上的变化必然引起性能上的变化。例如:纤维组织的形成使金属的性能具有方向性,纵向的强度和塑性高于横向;晶粒破碎和位错密度增加使金属的强度和硬度提高,塑性和韧性下降,产生了所谓的加工硬化(或冷作硬化)现象。变形度越大,亚结构细化程度越高,位错密度越大,故加工硬化现象就越显著。图 6-10 反映了冷轧对铜及钢的力学性能的影响。

显然,金属的加工硬化给进一步的加工带来了困难。因此,在其加工过程中必须安排一些中间退火工序,以消除加工硬化现象。但事物都是一分为二的,加工硬化现象虽然会给金属的进一步加工造成困难,但它又是工业上用以提高金属强度、硬度的重要手段之一。例如冷拉高强度钢丝和冷卷弹簧就是利用冷加工变形来提高其强度和弹性极限的。尤其是对不能用热处理方法强化的金属,例如防锈铝以及拖拉机和坦克的履带、挖掘机铲斗用的高锰耐磨钢等都是利用加工硬化提高其硬度和耐磨性的。

金属中织构的形成也会使其性能呈现出方向性,在大多数情况下是不利的。冲压中的制耳现象,如图 6-11 所示,就是由于各个方向上的断后伸长率不相等所造成的。但是织构

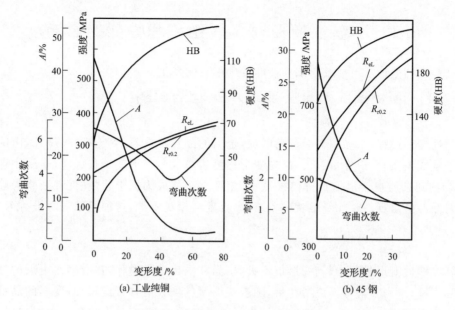

图 6-10 冷轧对铜及钢力学性能的影响

图 6-11 冷冲压件的制耳现象

的方向性对于变压器用的硅钢片是有利的,因为沿<100>晶向最易磁化。例如制作变压器时使其<100>晶向平行于磁场,可大大提高其效率。

6.2.3 内应力的形成

经过塑性变形,外力对金属所做的功,90%以上变成了热而散失掉,不到10%的功则转化为内应力残存,使金属的内能增加。内应力又称残余应力,它是金属内部互相平衡的应力。根据残存范围的大小,内应力一般分为三类:第一类内应力称为宏观内应力,是由于金属表层与心部变形不一致造成的,所以存在于表层与心部之间,作用于工件尺寸范围内;第二类内应力称为微观内应力,是由于晶粒之间变形不均匀造成的,所以存在于晶粒与晶粒之间,作用于晶粒尺度范围内;第三类内应力称为点阵畸变,是由于晶体缺陷增加引起点阵畸变增大而造成的内应力,所以存在于晶体缺陷中,作用于点阵尺度范围内。

内应力对金属性能的利弊视具体情况而决定。例如,零件表面采用滚轧或喷丸处理,使表层产生残余压应力,提高了零件的疲劳强度等,这是有利的一面。但一般来说,内应力的存在会使零件因形状和组织不稳定而发生变形、翘曲以致开裂。此外,内应力的存在还会降低金属的耐蚀性。故金属在塑性变形后,通常都要进行退火处理,来消除或降低内应力。

6.3 回复与再结晶

金属经塑性变形后,组织结构和性能发生很大的变化。金属材料在冷变形加工以后,为了消除残余应力或恢复其某些性能(如提高塑性、韧性,降低硬度等),一般要对金属材料进行加热处理。而加工硬化虽然使塑性变形比较均匀,但是给进一步的冷成型加工(例如深冲)带来困难,所以常常需要将金属加热进行退火处理,以使其性能向塑性变形前的状态转化。对冷变形金属加热可使原子扩散能力增加,随着加热温度的提高,金属将依次发生回复、再结晶和晶粒长大,其组织变化过程如图 6-12 所示。

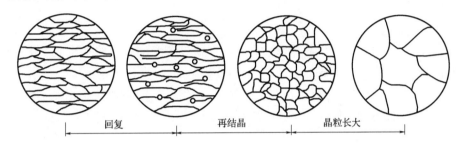

图 6-12 冷塑性变形金属的组织随温度变化过程

伴随着回复、再结晶和晶粒长大过程的进行,冷变形金属的组织发生了变化,金属的性能也会发生相应的变化。图 6-13 为冷塑性变形金属的性能随温度变化过程。

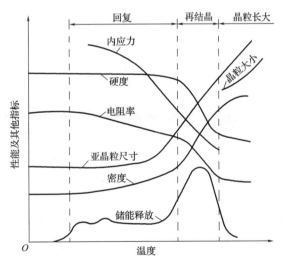

图 6-13 冷塑性变形金属的性能随温度变化过程

6.3.1 回 复

回复是指冷变形金属在加热温度较低时,由于金属中点缺陷及位错的近距离迁移而引起的某些晶内变化。例如空位与其他缺陷合并、同一滑移面上的异号位错相遇从而使缺陷数量减少等。在回复过程中,金属的晶粒形貌仍保持原来的长条状或纤维状,力学性能变化很小,电阻率有明显变化。除了第三类内应力外,其余两类内应力大部分可以消除。生产中常用回复处理来消除冷变形工作中的内应力,而保留其强化的机械性能,这种处理称为去应力退火。例如,用冷拉钢丝卷制弹簧,在卷成之后要进行一次 250～300 ℃的低温加热退火,以消除内应力,使其定型。

6.3.2 再结晶

再结晶是指冷变形金属加热到一定温度时,通过形成新的等轴晶粒并逐步取代变形晶粒的过程。与前述回复过程的主要区别是:再结晶是一个光学显微组织完全改变的过程,随着保温时间的延长,新等轴晶粒数量及尺寸不断增加,直至原变形晶粒全部消失为止,再结晶过程就结束了。与此相对应,在性能方面也发生了显著的变化。因此,我们掌握再结晶过程的有关规律就显得非常重要。

1.再结晶过程

再结晶是一种形核和晶核(晶粒)长大过程,即通过在变形组织的基体上产生新的无畸变再结晶晶核,并逐渐长大形成等轴晶粒,从而取代全部变形组织的过程。

再结晶的驱动力是变形金属经回复后未被释放的储存能(相当于变形总储能的 90%)通过再结晶退火可以消除冷加工的影响,故在实际生产中起着重要作用。

2.再结晶温度

再结晶可以根据相关条件不同,在一定温度范围内发生。为便于比较不同材料的再结晶情况,一般工业上所说的再结晶温度是指经较大冷变形量($>70\%$)的金属,在 1 h 内完成再结晶的体积分数达 95%所对应的温度。

实验表明,对许多工业纯金属而言,在上述条件下,再结晶温度 T_R 与其熔点 T_m 间的关系为

$$T_R = (0.35 \sim 0.45) T_m \tag{6-1}$$

影响再结晶温度的因素有:

(1)变形程度

金属的变形程度越大,其储存的能量亦越高,再结晶的驱动力也越大,因此不仅再结晶温度随着变形量增加而降低,而且等温再结晶退火时的再结晶速度也越快。不过当变形量达到一定程度后,再结晶温度就基本不变了。

(2)原始晶粒尺寸

原始晶粒越小,则由于晶界较多,其变形抗力越大,形变后的储存能越高,因此再结晶温度越低。

(3)微量溶质原子

微量溶质原子的存在一般会显著提高金属的再结晶温度,主要原因可能是溶质原子与位错及晶界间存在交互作用,倾向于在位错和晶界附近偏聚,从而对再结晶过程中位错和晶界的迁移起着牵制的作用,不利于再结晶的形核和晶核长大,阻碍再结晶过程的进行。

(4)第二相颗粒

当合金中溶质质量分数超过其固溶度后,就会形成第二相。多数情况下,这些第二相为硬脆的化合物,在冷变形过程中,一般不考虑其变形,所以合金的再结晶也主要发生在基体

上,这些第二相颗粒对基体再结晶的影响主要由第二相颗粒的尺寸和分布决定。

当第二相颗粒较大时,变形时位错会绕过它,并在其周围留下位错环,或塞积在其附近,从而造成第二相颗粒周围畸变严重,因此会促进再结晶,降低再结晶温度。

当第二相颗粒细小且分布均匀时,不会使位错发生明显聚集,因此对再结晶形核作用不大。相反,其对再结晶晶核长大过程中的位错运动和晶界迁移具有阻碍作用,因此使得再结晶过程更加困难,从而提高了再结晶温度。

3. 再结晶后的晶粒长大

冷塑性变形的金属发生再结晶后,一般都得到细小均匀的等轴晶粒。若继续升高加热温度或延长加热时间,将发生晶粒长大,这是一个自发的过程。因为通过晶粒的长大可减少晶界的面积,使表面能降低。只要温度足够高,使原子具有足够的活动能力,晶粒便会迅速长大。晶粒长大实际上是通过晶界迁移进行的,是大晶粒吞并小晶粒的过程。

晶界移动的驱动力通常来自总的界面能的降低。

晶粒长大按其特点可分为两类:正常晶粒长大和异常晶粒长大(二次再结晶)。

(1)正常晶粒长大

大多数晶粒几乎同时逐渐、均匀地长大。再结晶完成后,新等轴晶粒已完全接触,形变储存能已完全释放,但在继续保温或升高温度情况下,仍然可以继续长大,这种长大是依靠大角度晶界的移动并吞食其他晶粒实现的。晶粒长大的过程实际上就是一个晶界迁移的过程,对于系统来说,晶粒长大的驱动力是界面能的降低。对于个别晶粒而言,不同曲率是造成晶界迁移的直接原因,晶面是向着曲率中心的方向移动的。

图 6-14 所示为晶粒长大过程。晶粒长大是通过晶界迁移实现的,所以影响晶界迁移的因素都会影响晶粒长大,具体包括:

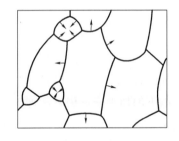

图 6-14　晶粒长大过程(箭头为晶界移动方向)

①温度　温度越高,晶界越容易迁移,晶粒越容易粗化。

②分散相粒子　阻碍晶界迁移,降低晶粒长大速率。当晶界能所提供的晶界移动驱动力正好等于分散相粒子对晶界移动所施加的约束力时,正常晶粒长大停止,此时晶粒的平均直径称为极限的晶粒平均直径 d,第二相质点半径为 r、分散相粒子所占体积分数为 φ,可以证明它们之间的关系为 $d = 4r/(3\varphi)$。由此可知,第二相粒子越细小,数量越多,阻碍晶粒长大的能力越强。

③杂质与合金元素　杂质与合金元素渗入基体后能阻碍晶界移动,特别是晶界偏聚显著的元素。一般认为杂质原子被吸附在晶界可使晶界能下降,从而降低了界面移动的驱动力,使晶界不易移动。

④晶粒位向差　小角度晶界的晶界能低,故界面移动的驱动力小,晶界移动速度低。晶界能高的大角度晶界可移动性高。

(2)异常晶粒长大(二次再结晶)

冷变形金属在初次再结晶刚完成时,晶粒是比较细小的。如果继续保温或提高加热温度,晶粒将渐渐长大,这种长大是大多数晶粒几乎同时长大的过程。除了这种正常的晶粒长大以外,当将再结晶完成后的金属继续加热至超过某一温度时,则会有少量晶粒突然长大,它们的尺寸可能达到几厘米,而其他晶粒仍很细小。最后,小晶粒被大晶粒吞并,整个金属中的晶粒都变得十分粗大。这种晶粒长大称为异常晶粒长大或二次再结晶。图 6-15 所示为 Mg3Al0.8Zn 合金经形变并加热到退火后的组织,它是在二次再结晶的初期阶段得到的结果,从图 6-15 中可以看出大小悬殊的晶粒组织。由于细晶粒组织的力学性能要优于粗晶粒组织,所以在生产中应尽量避免晶粒过分长大,特别是应当防止二次再结晶的发生。

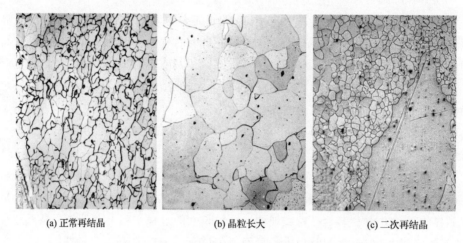

| (a) 正常再结晶 | (b) 晶粒长大 | (c) 二次再结晶 |

图 6-15　Mg3Al0.8Zn 合金退火组织

6.4　热加工对金属组织与性能的影响

在金属中,冷、热加工的界限是以再结晶温度来划分的。低于再结晶温度的加工称为冷加工,而高于再结晶温度的加工称为热加工。例如,Fe 的再结晶温度为 450 ℃,其在 400 ℃以下的加工变形仍属冷加工。而 Pb 的再结晶温度为 −33 ℃,则其在室温下的加工变形属于热加工。因热加工产生的加工硬化很快被再结晶产生的软化抵消,故热加工不会带来加工硬化的效果。

热加工不仅改变了材料的形状,而且由于其对材料组织和微观结构的影响,也使材料性能发生改变,主要体现在以下几个方面:

1. 改善铸态组织,减少缺陷

热变形可焊合铸态组织中的气孔和疏松等缺陷,增加组织致密性,通过反复形变和再结晶破碎粗大的铸态组织,减小偏析,改善材料的机械性能。

2. 形成流线和带状组织,使材料具有各向异性

热加工后,材料中的偏析、夹杂、第二相、晶界等将沿金属变形方向呈断续、链状(脆性夹杂)或带状(塑性夹杂)延伸,形成流动状的纤维组织,称为流线,如图 6-16 所示。一般情况下,沿流线方向比垂直于流线方向具有较高的机械性能。此外,在共析钢中,热加工可使铁素体和珠光体沿变形方向呈带状或层状分布,称为带状组织,图 6-17 所示为热轧低碳钢的带状组织。有时,在层、带间还伴随着夹杂或偏析元素的流线,使材料表现出较强的各向异

性,横向的塑性、韧性显著降低,切削性能也变差。在制定加工工艺时,应使流线分布合理,尽量与拉应力方向一致。如图 6-18(a)所示的锻造曲轴流线分布合理,而图 6-18(b)中所示的曲轴是由锻钢切削加工而成的,其流线分布不合理,易在轴肩处发生断裂。

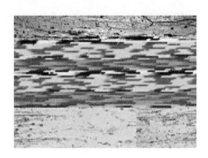

图 6-16　低碳钢热加工后的流线

图 6-17　热轧低碳钢的带状组织

(a) 锻造曲轴

(b) 切削加工曲轴

图 6-18　曲轴流线分布

　　热加工时动态再结晶的晶粒大小主要取决于变形时的流变应力。流变应力越大,晶粒越细小。因此要想在热加工后获得细小的晶粒,必须控制变形量、变形的终止温度和后续冷却速度。此外,添加微量的合金元素抑制热加工后的静态再结晶也是很好的方法。热加工后的细晶材料具有较高的强韧性。

思　考　题

6-1　用学过的知识解释下列现象:

(1)反复弯曲铁丝,越弯越硬,最后铁丝会断裂。

(2)喷丸处理轧辊表面能显著提高轧辊的疲劳强度。

(3)晶体滑移所需的临界切应力实测值比理论值小得多。

6-2　从以下制造齿轮的方法中选择较为理想的方法并说明理由。

(1)用厚钢板切出圆饼再加工成齿轮。

(2)从粗钢棒上切下圆饼再加工成齿轮。

(3)由圆钢棒热锻成圆饼再加工成齿轮。

(4)由钢液浇注成圆饼再加工成齿轮。

6-3 用一根冷拉钢丝绳吊装一个大型工件入炉,并随工件一起加热至 1 000 ℃,当出炉后再次吊装工件时,钢丝绳发生断裂,试分析其原因。

6-4 钨在 1 100 ℃下和锡在室温下的变形加工分别属于冷加工还是热加工? 为什么?

6-5 用冷拔高碳钢丝缠绕螺旋弹簧,最后要进行何种热处理? 为什么?

6-6 简述回复再结晶退火时材料组织和性能变化的规律,并说明在实际生产中常需要再结晶退火的原因。

浅谈钢的
热处理

第7章

钢的热处理

热处理是指将固态金属或合金在一定介质中加热、保温和冷却,以获得所需要的组织结构与性能的工艺方法。热处理不仅可以改善钢的加工工艺性能,而且能充分发挥钢的潜力,提高工件的使用性能和使用寿命。因此,它在机械工业中占有十分重要的地位。机床、汽车、拖拉机等产品中 $60\% \sim 80\%$ 的零件需要进行热处理,而轴承、弹簧、模具则 100% 需要热处理。

热处理方法虽然很多,但工艺过程都包含加热、保温、冷却三个阶段,如图 7-1 所示。

热处理与其他加工工艺(如铸造、压力加工等)相比,其特点是通过改变金属组织来改变工件的性能,但不改变工件的形状。通常,热处理只适用于固态下发生相变的材料,不发生固态相变的材料不能用热处理来强化。

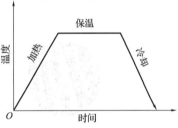

图 7-1　热处理工艺曲线

热处理时钢种组织转变的规律称为热处理原理。根据热处理原理制定的温度、时间、介质等参数称为热处理工艺。根据加热、冷却方式的不同,常用的热处理工艺大致分类如下:

(1)普通热处理:退火、正火、淬火和回火。

(2)表面热处理:感应加热表面淬火、火焰加热表面淬火等。

(3)化学热处理:渗碳、渗氮、碳氮共渗及渗其他非金属等。

(4)其他热处理:真空热处理、形变热处理、控制气氛热处理、激光热处理等。

7.1　钢在加热时的转变

在 $Fe\text{-}Fe_3C$ 相图中,A_1,A_3,A_{cm} 是不同成分的钢在平衡条件下的相变点,这些相变点是在极其缓慢的加热或冷却条件下测得的。而实际加热或冷却时,总存在过冷或过热现象,因此钢的实际相变点都会偏离平衡相变点,即加热时在平衡相变点以上,冷却时在平衡相变点以下。为了区别于平衡相变点,加热时在"A"后加注"c",相变点标注为 Ac_1,Ac_3,Ac_{cm};冷却时在"A"后加注"r",相变点标注为 Ar_1,Ar_3,Ar_{cm}。如图 7-2 所示。

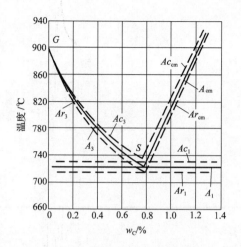

图 7-2 加热和冷却对临界转变温度的影响

加热是热处理的首道工序。任何成分的钢加热到 Ac_1 点以上时,都会发生珠光体向奥氏体的转变;加热到 Ac_3 和 Ac_{cm} 以上时,则全部转变为奥氏体。这一转变过程称为钢的奥氏体化。

7.1.1 奥氏体的形成

钢在加热时奥氏体的形成遵循一般的结晶规律,即通过形核和晶核长大两个过程来实现。以共析钢为例,奥氏体的形成可分为四个阶段,如图 7-3 所示。

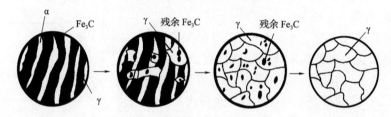

图 7-3 共析钢奥氏体化过程

1. 奥氏体形核

钢加热到 Ac_1 以上时,珠光体变得不稳定,在铁素体与渗碳体相界处的成分和结构对形核有利,奥氏体晶核首先在相界处形成。

2. 奥氏体晶核长大

奥氏体晶核形成后,通过碳原子的扩散向铁素体和渗碳体方向长大。

3. 残余渗碳体溶解

由于铁素体的碳质量分数和结构与奥氏体相近,铁素体转变为奥氏体的速度远比渗碳体向奥氏体中的溶解速度快,因而先于渗碳体消失,而残余渗碳体则随保温时间延长不断溶解直至消失。

4. 奥氏体成分均匀化

当渗碳体全部溶解后,奥氏体的碳质量分数是不均匀的,原先是渗碳体的部位碳质量分数比其他部位高,需要保温一定时间,通过碳原子充分扩散,使奥氏体中的碳质量分数逐渐趋于均匀。

亚共析钢和过共析钢的奥氏体化过程与共析钢基本相同。但亚共析钢需加热到 Ac_3 以上,过共析钢需加热到 Ac_{cm} 以上,并保温适当时间,才能得到化学成分均匀单一的奥氏体。

7.1.2 奥氏体晶粒的大小及控制

钢中奥氏体晶粒的大小直接影响到冷却后的组织和性能。加热时获得的奥氏体晶粒越细小,冷却转变产物的晶粒也越细小,性能就越好。因此,奥氏体晶粒的大小是评定热处理加热质量的主要指标之一。

1.奥氏体的晶粒度

奥氏体化刚完成时的奥氏体晶粒非常细小均匀,称为起始晶粒度。随着温度的进一步升高,保温时间继续延长,会出现奥氏体晶粒长大的现象。晶粒长大以大晶粒吞并小晶粒和晶界迁移的方式进行。在给定温度下奥氏体的晶粒度称为实际晶粒度,它直接影响钢热处理后的组织与性能。

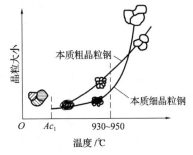

图 7-4 钢的本质晶粒度示意图

钢在加热时奥氏体晶粒的长大倾向称为本质晶粒度。它表示钢在规定条件下奥氏体晶粒长大的倾向,并不表示实际晶粒大小。实践表明,不同成分的钢在加热时奥氏体晶粒长大的倾向不同。工业上,通常将钢加热到 $(940\pm10)\,℃$,保温 $3\sim8$ h后,设法把奥氏体晶粒保留到室温来判断钢的本质晶粒度,如图 7-4 所示。晶粒度为 $1\sim4$ 级的是本质粗晶粒钢,$5\sim8$ 级的是本质细晶粒钢。前者晶粒长大倾向大,后者晶粒长大倾向小。

2.影响奥氏体晶粒大小的因素

(1)加热温度和保温时间

奥氏体刚形成时晶粒很细小,随着加热温度的升高和保温时间的延长,晶粒将逐渐长大。加热温度越高,保温时间越长,奥氏体晶粒越粗大,特别是加热温度对其影响更大。

(2)加热速度

当加热温度确定后,加热速度越快,形核率越高,晶粒越细小。

(3)钢的成分

奥氏体中碳质量分数增加时,奥氏体晶粒长大倾向变大。若碳以残余渗碳体的形式存在,则它有阻碍晶粒长大的作用。钢中加入碳化物形成元素(如钛、钒、铌、钽、锆、钨、钼、铬等)和渗氮物、氧化物形成元素(如铝等),都能阻碍奥氏体晶粒长大。锰、磷是促进奥氏体晶粒长大的元素。

(4)原始组织

一般原始组织越细,加热后的起始晶粒度也越细。

奥氏体晶粒粗大,冷却后的组织也粗大,从而使钢的常温力学性能降低,尤其是塑性。因此,加热得到细而均匀的奥氏体晶粒是热处理的关键问题之一。

7.2 钢在冷却时的转变

钢的奥氏体化不是热处理的最终目的,它是为后续冷却转变做准备的。钢的常温性能最终取决于冷却转变后的组织,因此研究钢在冷却时的转变是热处理的关键。

实际生产中,热处理冷却的方式通常有两种:

(1)等温冷却

将奥氏体化的钢迅速冷却至 Ar_1 以下某一温度并保温,使奥氏体在恒温下发生组织转变,然后再冷却到室温,如图 7-5 中的曲线 1 所示。

(2)连续冷却

将奥氏体化的钢以不同的冷却速度连续冷却至室温,使奥氏体在温度连续下降的过程中发生组织转变,如图 7-5 中的曲线 2 所示。

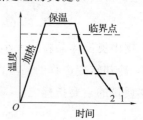

图 7-5 两种冷却方式

7.2.1 过冷奥氏体的等温转变

奥氏体在相变温度 A_1 以下时,处于不稳定状态,将要发生相变却还没有发生,这种暂时存在的非稳定奥氏体称为过冷奥氏体。过冷奥氏体在不同温度下发生等温转变,所生成产物的组织与性能完全不同,其转变规律用等温转变曲线描述,表示奥氏体在不同温度下的保温过程中,转变产物与时间之间的关系。它是利用过冷奥氏体在不同温度下发生等温转变时,所引起的物理、化学、力学等一系列性能变化,用热分析法、膨胀法、磁性法、金相硬度法等测定等温转变的过程。

1. 过冷奥氏体等温转变曲线

(1)过冷奥氏体等温转变曲线的建立

过冷奥氏体等温转变曲线又称为等温转变图。现以共析钢为例来说明其建立过程。

首先准备几组共析钢薄片小试样,将其加热至奥氏体化;然后把各组试样分别迅速放入 A_1 以下的不同温度(如 720 ℃,700 ℃,680 ℃,650 ℃,600 ℃,550 ℃,500 ℃,450 ℃,300 ℃……)的恒温盐浴中保温,使过冷奥氏体等温转变;之后每隔一定时间从恒温槽中取出一片试样水冷后观察金相试样的组织,白色代表未转变的奥氏体(奥氏体水冷变成与它成分相同的马氏体),暗色代表奥氏体已经转变成的其他产物。记录各个等温温度下的转变开始时间和转变终了时间,并画在"温度-时间(对数)"坐标系中,将各转变开始点和转变终了点用光滑曲线连接起来,即可得到过冷奥氏体等温转变曲线。该曲线形状像字母 C,所以又称 C 曲线,也称 TTT 曲线,如图 7-6(a)所示。

(2)过冷奥氏体等温转变曲线的分析

①C 曲线中各线的分析 图 7-6(b)中,左边的 C 曲线为过冷奥氏体转变开始线;右边的 C 曲线为过冷奥氏体转变终了线;C 曲线上部的水平线 A_1 表示奥氏体向珠光体转变的临界温度线;C 曲线下面的两条水平线 M_s 和 M_f 分别表示马氏体转变开始线和马氏体转变终了线。

②C 曲线中各区的分析 A_1 线以上为奥氏体稳定区;A_1 线以下、转变开始线以左为过冷奥氏体区,也称为过冷奥氏体孕育区。A_1 线以下、转变终了线以右为转变产物区;两条 C 曲线之间为过冷奥氏体和转变产物共存区;下面的两条水平线之间为马氏体和过冷奥氏体的共存区。

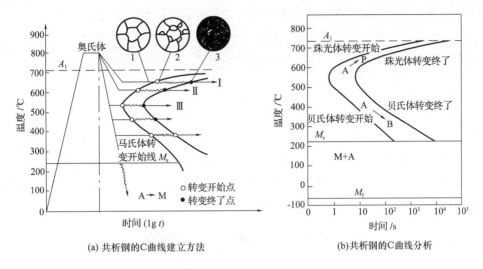

(a) 共析钢的C曲线建立方法　　　　(b)共析钢的C曲线分析

图 7-6　共析钢的 C 曲线

③孕育期　过冷奥氏体在转变开始线以左,处于尚未转变而准备转变阶段,这段时间称为孕育期(转变开始线与纵坐标之间的水平距离)。孕育期越长,过冷奥氏体越稳定;反之,越不稳定。共析钢在 550 ℃左右(C 曲线的"鼻尖")孕育期最短,过冷奥氏体最不稳定,转变速度最快。在高于或低于 550 ℃时,孕育期由短变长,即过冷奥氏体稳定性增加,转变速度变慢。

2.过冷奥氏体等温转变产物的组织与性能

在 A_1 线以下不同温度区间,共析钢过冷奥氏体会发生三种不同的转变,即珠光体型转变、贝氏体型转变和马氏体型转变。

(1)珠光体型转变——高温转变

共析钢过冷奥氏体在 $A_1 \sim 550$ ℃将转变为珠光体型组织,它是铁素体与渗碳体片层相间的机械混合物。转变温度越低,层间距越小。按层间距离的大小,珠光体组织可分为珠光体(P)、索氏体(S)和托氏体(T)。它们并无本质区别,也没有严格界限,只是形态上不同。珠光体较粗,索氏体较细,托氏体最细,如图 7-7 所示。

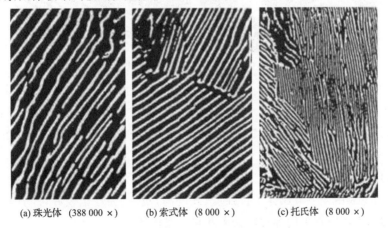

(a) 珠光体 (388 000 ×)　　(b) 索式体 (8 000 ×)　　(c) 托氏体 (8 000 ×)

图 7-7　过冷奥氏体高温转变产物的组织

珠光体组织中的层间距越小,相界面越多,强度和硬度越高。同时,渗碳体变薄,使得塑性和韧性也有所改善。过冷奥氏体高温转变产物的形成温度和性能见表7-1。

表 7-1　　　　　　　　　　　过冷奥氏体高温转变产物的形成温度和性能

组织名称	表示符号	形成温度范围/℃	硬度[HB(HRC)]	放大倍数/×
珠光体	P	$A_1\sim650$	170～200(0～20)	＜500
索氏体	S	650～600	230～320(25～35)	＞1 000
托氏体	T	600～550	330～400(35～40)	＞2 000

珠光体型转变是一种扩散型转变,其转变过程是一个形核和长大过程。渗碳体晶核首先在奥氏体晶界上形成,在长大过程中,其两侧奥氏体碳质量分数下降,促进了铁素体形核,两者相间形核并长大,形成一个珠光体团。此过程反复进行,奥氏体就逐渐转变为铁素体和渗碳体片层相间的珠光体组织,如图7-8所示。

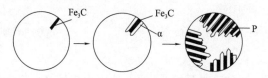

图 7-8　珠光体型转变过程

(2)贝氏体型转变——中温转变

共析钢过冷奥氏体在550 ℃～M_s将转变为贝氏体型组织,用符号B表示。贝氏体是由含过饱和碳的铁素体和碳化物组成的非层状两相混合物。根据其组织形态不同,可分为上贝氏体($B_上$)和下贝氏体($B_下$)两种。

上贝氏体的形成温度为550～350 ℃,在光学显微镜下呈羽毛状,在电子显微镜下会看到平行生长的铁素体条由奥氏体晶界伸向晶内,其间分布着粒状或短棒状的渗碳体,如图7-9所示。

(a) 光学显微照片 (500 ×)　　　　　　　　(b) 电子显微照片 (5 000 ×)

图 7-9　上贝氏体组织

下贝氏体的形成温度为350 ℃～M_s(230 ℃),在光学显微镜下呈黑色针叶状,在电子显微镜下会看到过饱和的细小针片状铁素体,其上分布着极细小颗粒状或细片状的碳化物,如图7-10所示。

贝氏体的力学性能与其形态有关。上贝氏体的强度和塑性都较低,而且脆性大,无实用价值,生产上很少采用。下贝氏体不仅强度、硬度高,塑性、韧性也较好,即具有良好的综合力学性能。实际生产中常采用等温淬火来获得下贝氏体。

贝氏体型转变是一种半扩散型转变,即只有碳原子扩散而铁原子不扩散,其转变过程也

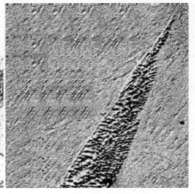

(a) 光学显微照片 (500 ×)　　　　　(b) 电子显微照片 (12 000 ×)

图 7-10　下贝氏体组织

是形核和晶核长大的过程。当转变温度较高(550～350 ℃)时,首先在奥氏体中的贫碳区形成铁素体晶核,然后从奥氏体晶界向晶内沿一定方向成排长大,铁素体片长大时,它能扩散到周围的奥氏体中,使其富碳;最后在铁素体条间析出 Fe₃C 短棒,形成上贝氏体,如图 7-11所示。当转变温度较低(350～230 ℃)时,首先在奥氏体晶界或晶内某些晶面上生成铁素体晶核,然后沿奥氏体的一定晶向呈针状长大。铁素体片长大时,由于碳原子扩散能力低,不能长距离扩散,所以只能在一定晶面上以断续碳化物粒子的形式析出,形成下贝氏体,如图7-12 所示。

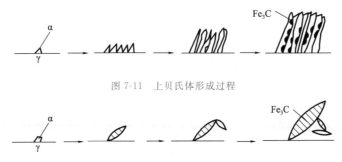

图 7-11　上贝氏体形成过程

图 7-12　下贝氏体形成过程

(3)马氏体型转变

共析钢过冷奥氏体被快速冷却到 M_s 点以下时将转变为马氏体型组织,用符号 M 表示。马氏体是碳在 α-Fe 中的过饱和间隙固溶体。根据其组织形态不同,可分为板条状马氏体和针状马氏体两大类,如图 7-13 所示。

马氏体的形态主要取决于奥氏体碳质量分数。如图 7-14 所示,当碳质量分数小于0.2%时,转变后的组织几乎全部是板条状马氏体;而当碳质量分数大于1.0% 时,则几乎全部是针状马氏体;当碳质量分数为 0.2%～1.0%时,则为板条状与针状马氏体的混合组织。

马氏体的硬度主要取决于其碳质量分数,如图 7-15 所示。随着碳质量分数的增加,马氏体的硬度升高,当碳质量分数超过 0.6%后,硬度的提高趋于平缓。合金元素对马氏体硬度的影响不大。马氏体的塑性和韧性也与其碳质量分数有关。针状马氏体脆性大,而板条状马氏体具有较好的塑性和韧性。

(a) 板条状马氏体 (600 ×)　　　　　　　　(b) 针状马氏体 (400 ×)

图 7-13　马氏体的显微组织

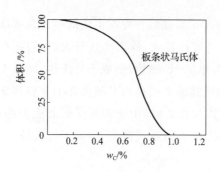 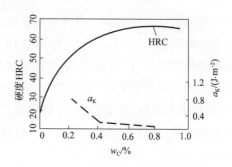

图 7-14　马氏体形态与碳质量分数的关系　　　　图 7-15　碳质量分数对马氏体力学性能的影响

马氏体型转变是一种非扩散型转变。由于转变温度很低，碳原子和铁原子的动能很小，都不能扩散，所以转变是通过铁原子的移动来完成 γ-Fe 向 α-Fe 的晶格改组的。

马氏体的形成速度极快。过冷奥氏体冷却到 M_s 点以下时，即瞬时（无孕育期）转变为马氏体。随着温度的下降，马氏体转变量增加，降温停止，马氏体型转变也停止。

马氏体型转变是不彻底的，总要残留少量的奥氏体，称为残余奥氏体。残余奥氏体量与奥氏体碳质量分数有关，奥氏体碳质量分数越高，残余奥氏体量越多。当碳质量分数小于 0.5% 时，残余奥氏体可忽略。

3. 影响 C 曲线的因素

影响 C 曲线位置和形状的主要因素是奥氏体的成分与奥氏体化条件。

(1) 含碳量

在正常热处理条件下，亚共析钢的 C 曲线随奥氏体碳质量分数的增加右移，过共析钢的 C 曲线随着奥氏体碳质量分数的增加左移。共析钢的过冷奥氏体最稳定，C 曲线最靠右。M_s 与 M_f 点则随着碳质量分数的增加而下降。与共析钢相比，亚共析钢和过共析钢 C 曲线的上部还各多出了一条先共析相的析出线，如图 7-16 所示。它表示在发生珠光体转变之前，亚共析钢中要先析出铁素体，过共析钢中要先析出渗碳体。

(2) 合金元素

除钴以外，所有合金元素溶入奥氏体后都能使 C 曲线右移。而且形成碳化物的元素如铬、钼、钨、钒、钛等，不仅使 C 曲线右移，还能使曲线的形状发生变化。除钴和铝外，所有合金元素都能使 M_s 与 M_f 点下降。如图 7-17 所示。

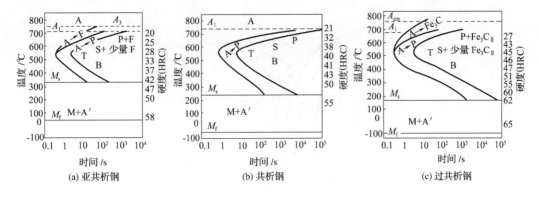

图 7-16 碳钢的 C 曲线比较

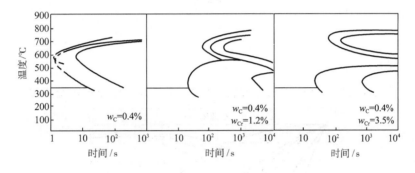

图 7-17 铬对 C 曲线的影响

(3)加热温度和保温时间

奥氏体化温度越高,保温时间越长,碳化物溶解越完全,奥氏体成分越均匀,这些都不利于过冷奥氏体的转变,从而增加了它的稳定性,使 C 曲线右移。

7.2.2 过冷奥氏体的连续冷却转变

在实际生产中,奥氏体的转变大多采用连续冷却方法,所以钢的连续冷却转变曲线(又称 CCT 曲线)对于确定热处理工艺及选材更具有实际意义。

1.过冷奥氏体的连续冷却转变曲线

(1)过冷奥氏体的连续冷却转变曲线的建立

首先将钢加热到奥氏体状态,然后以不同速度冷却,记录奥氏体转变开始点和转变终了点的温度和时间,并画在"温度-时间(对数)"坐标系中,并将各转变开始点和转变终了点用光滑曲线连接起来,即可得到如图 7-18 所示的连续冷却转变曲线。

(2)过冷奥氏体的连续冷却转变曲线的分析

图 7-18 中 P_s 线为过冷奥氏体向珠光体转变开始线,P_f 线为过冷奥氏体向珠光体转变终了线,两线之间为转变的过渡区。KK' 线为过冷奥氏体向珠光体转变中止线,它表示当冷却到达此线时,过冷奥氏体中止向珠光体转变,残余奥氏体一直保持到 M_s 点温度以下转变为马氏体。v_K 为上临界冷却速度,它是获得全部马氏体组织的最小冷却速度。v_K 越小,钢在淬火时越容易获得马氏体组织。v'_K 为下临界冷却速度,它是保证奥氏体全部转变为珠光体的最大冷却速度。v'_K 越小,退火所需的时间越长。

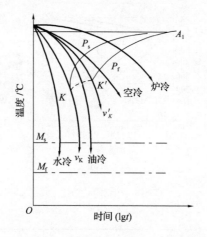

图 7-18 共析钢过冷奥氏体连续冷却转变曲线

2.连续冷却转变曲线和等温转变曲线的比较

如图 7-19 所示,实线为共析钢的等温转变曲线,虚线为连续冷却转变曲线。

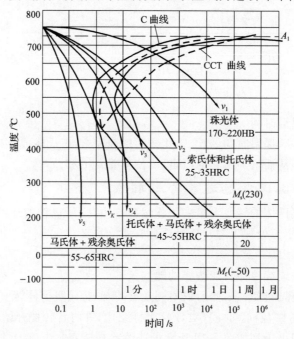

图 7-19 共析钢 CCT 曲线和 C 曲线比较

由图 7-19 可知:

(1)连续冷却转变曲线位于等温转变曲线的右下侧,且只有等温转变曲线的上半部分,没有下半部分,表明连续冷却转变时,得不到贝氏体组织。

(2)过冷奥氏体连续冷却转变产物不完全是单一、均匀的组织。

3.连续冷却转变曲线和等温转变曲线的应用

由于连续冷却转变曲线的测定比较困难,所以常用等温转变曲线定性、近似地分析过冷奥氏体连续冷却时的组织转变。以共析钢为例,将冷却速度线绘制在等温转变曲线上,根据它与等温转变曲线交点的位置来说明连续冷却转变的产物,如图 7-19 所示。v_1 相当于随炉冷却的速度(退火),与等温转变曲线相交在 700~650 ℃ 范围内,转变产物为珠光体;v_2 和 v_3 相当于不同的空冷速度(正火),与等温转变曲线相交于 650~600 ℃,转变产物为细珠光体(索氏体和托氏体);相当于油冷的速度(油中淬火),在达到 550 ℃ 以前与等温转变曲线的转变开始线相交并通过 M_s 线,转变产物为托氏体、马氏体和残余奥氏体;相当于水冷的速度(水中淬火),不与等温转变曲线相交,直接通过 M_s 线冷却至室温,转变产物为马氏体和残余奥氏体。

7.3　钢的退火与正火

钢的退火与正火是常用的两种热处理工艺,主要作为预备热处理,用来处理工件毛坯,为后续切削加工和最终热处理做组织准备。对一些性能要求不高的机械零件或工程构件,退火和正火亦可作为最终热处理。

7.3.1　退　火

退火是指将钢加热到适当温度,保温一定时间后缓慢冷却(一般为随炉冷却),从而获得接近平衡组织的热处理工艺。

1. 退火目的

(1)调整硬度以便于切削加工。工件经铸造或锻造等热加工后,硬度常偏高或偏低,切削加工性能很差,经适当退火后,硬度可调整为 170~250HBS,这是最适于切削加工的硬度范围。

(2)消除残余内应力,稳定工件尺寸,防止后续加工中的变形和开裂。

(3)改善工件的化学成分及组织的不均匀性,以提高工艺性能和使用性能。

(4)细化晶粒,提高力学性能,为最终热处理(淬火、回火)作组织准备。

2. 退火工艺及应用

退火的种类很多,常用的有完全退火、等温退火、球化退火、均匀化退火、去应力退火及再结晶退火等。各种退火及正火的加热温度范围及热处理工艺曲线如图 7-20 所示。

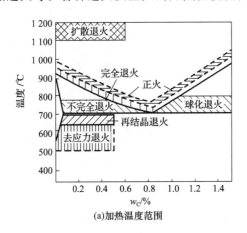

(a)加热温度范围

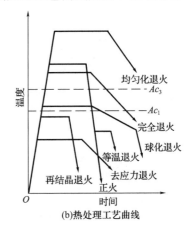

(b)热处理工艺曲线

图 7-20　各种退火及正火的加热温度范围及热处理工艺曲线

(1)完全退火

完全退火是指将钢件加热到 Ac_3 以上 30～50 ℃,保温一定时间后缓慢冷却(随炉或埋入石灰和砂中冷却),以获得接近于平衡组织的一种热处理工艺。

完全退火主要用于亚共析钢,一般是中、高碳钢及低、中碳合金结构钢的铸件、锻件及热轧件,有时也用于它们的焊接构件。目的是细化晶粒、均匀组织、消除内应力、降低硬度以利于切削加工。低碳钢完全退火后硬度偏低,不利于切削加工,所以不适于完全退火;过共析钢完全退火后,会有网状二次渗碳体沿奥氏体晶界析出,使钢的强度和韧性显著降低,脆性加大,也不适宜完全退火。

(2)等温退火

等温退火是指将钢件加热到高于 Ac_3 以上 30～50 ℃(亚共析钢)或 Ac_1 以上 10～20 ℃(共析钢、过共析钢),保持适当时间后较快地冷却到珠光体转变区的某一温度,保温一定时间,使奥氏体转变为珠光体,然后在空气中冷却的热处理工艺。

等温退火的目的与完全退火相同,但转变容易控制,所用时间比完全退火大大缩短,能有效提高生产率,并且能获得均匀的组织与性能,如图 7-21 所示。

(3)球化退火

球化退火是指将钢件加热到 Ac_1 以上 10～20 ℃,保温一定时间后随炉缓慢冷却至室温,或者快速冷却到 Ac_1 以下 20 ℃左右进行长期保温,使珠光体中的渗碳体球状化,然后出炉空冷的热处理工艺。球化退火主要用于共析钢和过共析钢,例如工具钢、滚珠轴承钢等。目的是使珠光体中的层状渗碳体和钢中的网状二次渗碳体球状(粒状)化,以降低硬度,改善切削加工性能,并为后续热处理做组织准备。

对于含有大量网状二次渗碳体的过共析钢,在球化退火前应先进行正火,以消除网状碳化物。球化退火后的组织是由铁素体基体和细小均匀的球状渗碳体组成的球状珠光体,如图 7-22 所示。

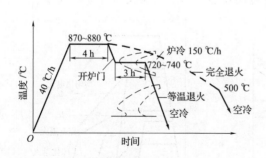

图 7-21　高速钢等温退火与完全退火的比较

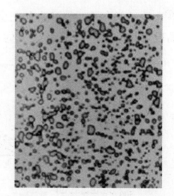

图 7-22　球状珠光体显微组织

(4)均匀化退火

均匀化退火又称扩散退火,是指将钢锭、铸钢件或锻坯加热到固相线温度以下 100～200 ℃,长时间保温(一般为 10～15 h),然后缓慢冷却,以获得化学成分和组织均匀化的热处理工艺。均匀化退火主要用于质量要求高的优质高合金钢的铸锭和铸件,目的是消除铸造过程中产生的枝晶偏析现象。

均匀化退火后钢的晶粒非常粗大,需要再次进行完全退火或正火处理。均匀化退火生产周期长、能量消耗大、生产成本高,一般很少采用。

(5)去应力退火

去应力退火又称低温退火,它是指将钢件加热到 Ac_1 以下某一温度(一般为 $500\sim650\ ℃$),保温一定时间,然后随炉冷却的热处理工艺。

去应力退火主要用于消除钢件在冷加工以及铸造、锻造和焊接过程中产生的残余内应力,提高其尺寸稳定性,防止后续加工或使用中的变形和开裂。钢件在去应力退火的加热及冷却过程中无相变发生。去应力退火并不能将内应力完全去除,只是部分去除,从而消除它的有害作用。

(6)再结晶退火

再结晶退火是指用于经过冷变形加工的金属及合金的一种退火方法。目的是使金属内部组织变为细小的等轴晶粒,消除形变硬化,恢复金属或合金的塑性和形变能力(回复和再结晶)。

7.3.2　正　火

正火是指将钢件加热到 Ac_3(亚共析钢)或 Ac_{cm}(过共析钢)以上 $30\sim50\ ℃$,保温适当时间,在空气中冷却的热处理工艺。加热到 Ac_1 以上 $100\sim150\ ℃$ 的正火称为高温正火。

1. 正火的目的

(1)作为最终热处理

正火可以细化奥氏体晶粒,均匀组织,提高钢的力学性能,对使用性能要求不高的普通结构零件或某些形状复杂、大型的零件,正火可作为最终热处理。

(2)改善切削加工性能

低碳钢或低碳合金钢退火后硬度太低,在切削加工时易产生"黏刀"现象,切削加工性能差。正火可提高其硬度,改善切削加工性能。

(3)作为预先热处理

对于过共析钢,正火可消除网状渗碳体,为球化退火做好组织准备;对于由中碳结构钢制作的重要零件,正火可消除组织缺陷,为最终热处理做组织准备。

2. 退火与正火的选用

正火冷却速度比退火快,得到的是索氏体组织,比退火组织(珠光体)细薄,所以强度和硬度稍高一些。

(1)从改善钢的切削加工性能方面考虑

一般认为,钢的硬度为 $170\sim250\mathrm{HBS}$ 时具有良好的切削加工性能。低碳钢宜采用正火;中碳钢既可采用正火,也可采用退火;碳质量分数为 $0.45\%\sim0.77\%$ 的中高碳钢则必须采用完全退火;过共析钢采用正火消除网状渗碳体后再用球化退火。

(2)从经济性方面考虑

由于正火比退火生产周期短、工艺简便、生产成本低,所以在满足各种性能的前提下,应优先考虑正火。

7.4 钢的淬火

淬火是指将钢加热到临界温度（Ac_3 或 Ac_1 以上），保温使钢奥氏体化后，快速冷却以获得马氏体组织的热处理工艺。淬火的目的是获得马氏体组织，提高钢的硬度和强度。淬火是钢的主要的强化方法之一。

7.4.1 淬火工艺

1.淬火温度

淬火温度即钢的奥氏体化温度。为了防止奥氏体晶粒粗化，淬火温度不能过高。非合金钢的淬火温度可利用铁-碳相图来确定。

（1）亚共析钢

亚共析钢的淬火温度为 Ac_3 以上 30～50 ℃，如图 7-23 所示。

亚共析钢淬火后的组织为细小均匀的马氏体。加热温度过低（Ac_1～Ac_3），淬火后的组织为马氏体＋铁素体，使钢的强度、硬度降低；加热温度过高，造成奥氏体晶粒长大，淬火后得到粗大的马氏体，使钢的性能下降。

（2）共析钢和过共析钢

共析钢和过共析钢的淬火温度为 Ac_1 以上 30～50 ℃，如图 7-23 所示。

共析钢淬火后的组织为细小的马氏体和少量残余奥氏体；过共析钢淬火后的组织为细小的马氏体＋颗粒状渗碳体＋少量残余奥氏体。渗碳体比马氏体硬，有利于改善钢的硬度和耐磨性。加热温度过低，淬火后得到非马氏体组织，钢的硬度达不到要求；加热温度过高（Ac_{cm} 以上），奥氏体晶粒粗大，渗碳体溶解过多，淬火后马氏体晶粒也粗大，且淬火钢中残余奥氏体量增多，使钢的硬度、耐磨性下降，变形开裂倾向增加。

（3）合金钢

大多数合金元素有阻碍奥氏体晶粒长大的作用，为了使合金元素完全溶于奥氏体中，淬火温度可以比非合金钢高一些，为临界温度以上 50～100 ℃。

2.加热时间

一般将淬火加热升温与保温所需的时间综合起来考虑，统称为加热时间。升温时间是指钢件装炉后炉温达到淬火温度所需的时间，保温时间是指钢件从达到淬火温度到烧透并完成奥氏体化所需的时间。

加热时间与钢件成分、尺寸和形状、加热介质及装炉方式等因素有关，可根据热处理手册中的经验公式来估算，也可由试验来确定。

3.冷却介质

冷却是决定淬火质量最关键的工序，它必须保证工件获得马氏体组织，同时又不造成变形和开裂。符合这一要求的理想冷却速度应是如图 7-24 所示的"慢—快—慢"，即不需要在整个冷却过程中都进行快速冷却，在 C 曲线"鼻尖"附近，即 650～400 ℃ 的温度范围内要快速冷却，以保证全部奥氏体不会转变成其他组织；在 650 ℃ 以上及 400 ℃ 以下，过冷奥氏体较稳定，需要缓慢冷却，以减小因形成马氏体而产生的内应力。实际生产中，还没有找到一种淬火冷却介质能符合理想冷却速度的要求。

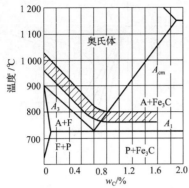

图 7-23　非合金钢的淬火温度范围

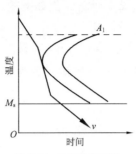

图 7-24　理想冷却速度

生产中常用的冷却介质是水和油。

（1）水

水是冷却能力较强且很经济的冷却介质。水的缺点是在 650～400 ℃范围内冷却能力不够强，而在 300～200 ℃范围内冷却能力又太强（表 7-2），易造成工件的变形和开裂。升高水的温度会降低其冷却能力。水中加入某些物质如 NaCl，NaOH，Na₂CO₃ 和聚乙烯醇等，能改变其冷却能力以适应一定淬火用途的要求。

（2）油

常用的油类冷却介质有各种矿物油（如机油、变压器油等）。油在 300～200 ℃范围内冷却能力弱（表 7-2），有利于减少工件的变形和开裂。但它在 650～550 ℃范围内冷却能力也非常弱，不利于工件的淬硬。油一般用于合金钢或小尺寸非合金钢工件的淬火，使用时油温不能太高。

熔融的碱和盐也常作为淬火介质，称为碱浴或盐浴。它们的冷却能力介于水和油之间，使用温度范围多为 150～500 ℃。这类介质只适用于形状复杂和变形要求严格的小型件的分级淬火和等温淬火。

表 7-2　　　　　　　　　　　　常用的淬火冷却介质

名　称	最大冷却速度时		平均冷却速度/(℃·s⁻¹)	
	所在温度/℃	冷却速度/(℃·s⁻¹)	650～550 ℃	300～200 ℃
10％NaCl 溶液	580	2 000	1 900	1 000
10％NaOH 溶液	580	2 830	2 750	775
20 ℃静止水	340	775	135	450
40 ℃静止水	285	545	110	410
60 ℃静止水	220	275	80	185
20 ℃ 10♯机油	430	230	80	85
80 ℃ 10♯机油	430	230	70	55
20 ℃ 3♯锭子机油	500	120	100	50

4. 淬火方法

尽管我们在不断探索新型淬火冷却介质，但到目前为止还没有一种理想的冷却介质能完全满足要求，所以需要从淬火方法上来保证淬火质量。常用的淬火方法有以下四种：

（1）单介质淬火

工件奥氏体化后，在一种介质中连续冷却到室温，如图 7-25 中的曲线 1 所示。例如非合金钢在水中淬火，合金钢在油中淬火。

单介质淬火操作简单，容易实现机械化，但不符合理想冷却速度的要求，水淬易变形和开裂，油淬易淬不硬。单介质淬火主要用于形状简单的工件。

（2）双介质淬火

工件奥氏体化后，先浸入冷却能力较强的介质中冷却到 300 ℃ 左右，立即转入另一种冷却能力较弱的介质中发生马氏体转变，如图 7-25 中的曲线 2 所示。例如将工件先水淬后油冷，或先油淬后空冷等。双介质淬火产生的内应力小，工件不易变形开裂，且容易淬硬，但是操作复杂，要求技术熟练。双介质淬火主要用于形状复杂的非合金钢工件和较大尺寸的合金钢工件。

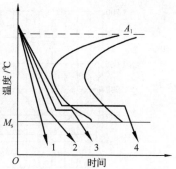

图 7-25　常用的淬火冷却方法

（3）分级淬火

工件奥氏体化后，迅速浸入温度稍高于 M_s 点的盐浴或碱浴中，保温适当时间，待钢件内、外层都达到介质温度后出炉空冷，如图 7-25 中的曲线 3 所示。

分级淬火操作简单，产生的热应力和相变应力小，工件不易变形和开裂，但是盐浴或碱浴的冷却能力较小。分级淬火主要用于尺寸比较小且形状复杂的工件。

（4）等温淬火

工件奥氏体化后，浸入温度稍高于 M_s 点的盐浴或碱浴中，保温足够长的时间，使奥氏体完全转变为下贝氏体，然后出炉空冷，如图 7-25 中的曲线 4 所示。

等温淬火产生的内应力小，工件不易变形和开裂，但生产周期较长，生产效率低。等温淬火主要用于形状复杂且要求有较高强韧性的小型模具及弹簧。

7.4.2　钢的淬透性

淬透性是钢的主要热处理性能，是机械零件选材和制定热处理工艺的重要依据之一。

1. 淬透性的概念

淬透性是指钢在淬火时获得马氏体的能力。若工件从表面到心部都能得到马氏体，则说明工件已淬透。但大的工件表面冷却速度大于 v_K，得到的是马氏体组织，而越往心部冷却速度越小，得到的是非马氏体组织，说明工件未淬透，如图 7-26 所示。

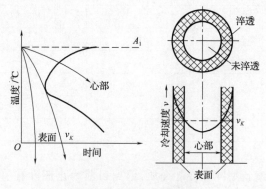

图 7-26　钢的淬透性示意图

淬透性的大小用规定条件下的淬硬层深度表示。理论上,淬硬层深度应是工件整个截面全部淬成马氏体的深度。实际上,当钢的淬火组织中有少量非马氏体组织时,硬度变化不明显。当淬火组织中非马氏体达到一半时,硬度发生显著变化,因此淬硬层深度为工件表面至半马氏体区(马氏体与非马氏体组织各占一半处)的深度。不同的钢在同样条件下淬硬层深度不同,说明它们的淬透性不同,淬硬层越深,钢的淬透性越好。

淬透性是钢的一种固有属性,与工件尺寸和冷却介质无关,但淬硬层深度与工件的尺寸和冷却介质有关。工件尺寸越小、介质冷却能力越强,淬硬层越深。

钢的淬透性和淬硬性是两个不同的概念。淬硬性是指钢淬火后所能达到的最高硬度,即硬化能力。钢的淬硬性主要决定于其马氏体中碳质量分数。淬透性和淬硬性并无必然联系,淬透性好,淬硬性不一定好;同理,淬硬性好,淬透性亦不一定好。例如过共析非合金钢的淬硬性高,但淬透性低;而低碳合金钢的淬硬性虽然不高,但淬透性很好。

2. 影响淬透性的因素

影响淬透性的主要因素是 C 曲线的位置。C 曲线右移,淬火临界冷却速度减小,淬透性提高。具体影响因素如下:

(1)含碳量

对于碳钢,钢中碳质量分数越接近共析成分,其 C 曲线越靠右,临界冷却速度越小,则淬透性越好。共析钢的临界冷却速度最小,其淬透性在非合金钢中最好。

(2)合金元素

除 Co 以外,所有合金元素都能使 C 曲线右移,使钢的淬透性增加,因此合金钢的淬透性比非合金钢好。

(3)奥氏体化条件

提高奥氏体化温度、延长保温时间,可使奥氏体晶粒长大、成分均匀,从而降低了过冷奥氏体转变的形核率,增加了奥氏体的稳定性,使钢的淬透性提高。

3. 淬透性的实际意义

力学性能是机械设计中选材的主要依据,而钢的淬透性又直接影响其热处理后的力学性能。淬透性不同的钢材,淬火后沿截面的组织和机械性能差别很大。图 7-27 所示为淬透性不同的钢制成直径相同的轴,经调质后机械性能的对比。图 7-27(a)所示为钢全部淬透,力学性能均匀,强度高,韧性好;图 7-27(b)所示为仅表面淬透,尽管硬度比较高,但强度和冲击韧性都较低。

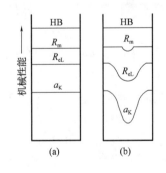

图 7-27　钢的淬透性与力学性能的关系

对于截面尺寸较大、形状复杂的重要零件以及要求截面力学性能均匀的零件,例如螺栓、连杆、锻模、锤杆等,应选用高淬透性的钢制造,并要求全部淬透。对于承受弯曲和扭转的零件,例如轴类、齿轮,其应力在截面上的分布是不均匀的,其外层受力较大,心部受力较小,可选用淬透性较低的钢种,不必全部淬透。

7.5 钢的回火

回火是指将淬火钢重新加热到 A_1 以下的某一温度,保温一定时间,然后冷却到室温的热处理工艺。

7.5.1 回火目的

1. 减小或消除淬火内应力

工件淬火后存在很大内应力,为防止工件变形甚至开裂,淬火后必须回火。

2. 稳定工件尺寸

工件淬火后获得的马氏体和残余奥氏体都是不稳定的组织,有自发向平衡组织转变的倾向,将导致工件的尺寸形状改变,精密零件是不允许出现这种现象的。回火可使淬火组织转变为平衡组织,保证工件不再发生形状和尺寸的变化。

3. 获得工艺所要求的力学性能

淬火钢一般硬度高、脆性大,通过适当的回火可获得所要求的强度、硬度和韧性,以满足各种工件的不同使用要求。

钢未经淬火而直接回火是没有意义的。钢淬火后不回火不能直接使用,所以钢淬火后必须及时回火。

7.5.2 回火转变

1. 组织转变

淬火钢中的马氏体及残余奥氏体都是不稳定的组织,具有自发地向稳定组织转变的倾向。随着回火温度的升高,钢的组织将发生以下转变:

(1)马氏体分解(200 ℃以下)

在 200 ℃以下加热时,马氏体开始分解,析出极细微的 ε-碳化物,使马氏体中碳的过饱和度降低。这一阶段的回火组织为过饱和度较低的马氏体和 ε-碳化物组成的混合组织,称为回火马氏体,如图 7-28(a)所示,用 $M_{回}$ 表示。此阶段内应力有所减小。

(2)残余奥氏体分解(200~300 ℃)

当温度升至 200~300 ℃时,马氏体继续分解。马氏体的分解降低了残余奥氏体的压力,使其转变为下贝氏体。这一阶段的回火组织为下贝氏体和回火马氏体,亦称为回火马氏体。此阶段内应力进一步降低,但硬度并未明显降低。

(3)碳化物转变(250~400 ℃)

随着温度的继续升高,碳原子的扩散能力增大,过饱和固溶体很快转变成 F,形态仍保留着原马氏体的针状;同时亚稳定的 ε-碳化物也逐渐转变成极细的稳定的渗碳体。这一阶段的回火组织为针状铁素体和极细小粒状渗碳体的混合组织,称为回火托氏体,如图 7-28(b)所示,用 $T_{回}$ 表示。此阶段内应力基本消除,硬度有所下降,塑性、韧性得到提高。

(4)渗碳体的聚集长大和铁素体的再结晶(400 ℃以上)

当回火温度高于 400 ℃时,极细小的渗碳体逐渐聚集长大,形成较大的粒状渗碳体。当温度高于 450 ℃时,针状铁素体再结晶为多边形铁素体,这一阶段的回火组织为多边形铁素体基体上分布着粗粒状渗碳体,称为回火索氏体,如图 7-28(c)所示,用 $S_{回}$ 表示。此阶段内

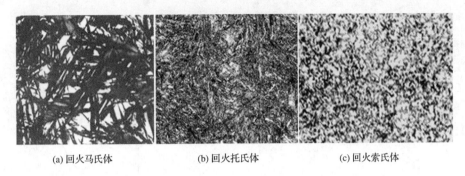

　　　(a) 回火马氏体　　　　　　　(b) 回火托氏体　　　　　　　(c) 回火索氏体

图 7-28　回火显微组织

应力和晶格畸变完全消除。

　2.性能变化

　　淬火钢回火时的组织变化必然导致性能的变化。随着回火温度的升高,钢的强度、硬度降低,塑性、韧性提高,如图 7-29 所示。

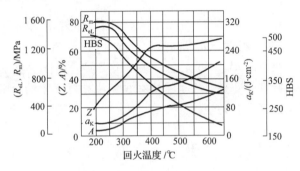

图 7-29　35 钢力学性能与回火温度的关系

7.5.3　回火的种类及应用

　　淬火钢回火后的组织和性能决定于回火温度。根据工件的不同性能要求,按其回火温度范围,可将回火分为以下三种:

　1.低温回火(150~250 ℃)

　　低温回火后的组织为回火马氏体,其目的是降低淬火内应力和脆性,保持淬火组织的高硬度和高耐磨性,主要用于高碳钢、合金工具钢制造的刀具、量具、冷作模具、滚动轴承及渗碳件、表面淬火件等。低温回火后硬度可达 58~64HRC。

　2.中温回火(350~500 ℃)

　　回火后的组织为回火托氏体,其目的是大幅度降低淬火内应力,提高工件的弹性极限和屈服强度,并使其具有一定的塑性和韧性,主要用于各种弹簧及锻模等。中温回火后硬度可达 35~50HRC。

　3.高温回火(500~650 ℃)

　　回火后的组织为回火索氏体,其目的是使工件获得强度、硬度、塑性和韧性都较好的综合力学性能。通常把淬火加高温回火的热处理工艺称为调质处理,主要用于各种重要的结构零件,例如轴、连杆、螺栓及齿轮等。高温回火后硬度可达 25~35HRC。

　　调质处理可作为最终热处理。由于调质处理后钢的硬度不高,便于切削加工,并能得到较好的表面质量,故也可作为表面淬火和化学热处理的预备热处理。

7.5.4　回火脆性

钢回火时，随着温度的升高，通常强度、硬度下降，塑性、韧性提高，但钢的韧性并不总随着回火温度的升高而提高，在某些温度范围内，反而出现冲击韧性下降的现象，称为回火脆性。钢的冲击韧性变化规律如图 7-30 所示。

根据回火脆性出现的温度范围，可将其分为以下两类：

1. 低温回火脆性（第一类回火脆性）

低温回火脆性发生在 250～400 ℃，几乎所有的钢都存在这类脆性，它是不可逆的。只要在该温度范围内回火就会出现脆性。有效的防止办法是避免在此温度范围内回火。

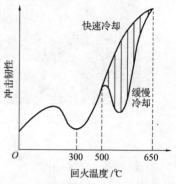

图 7-30　钢的冲击韧性与回火温度的关系

2. 高温回火脆性（第二类回火脆性）

高温回火脆性发生在 450～650 ℃，它具有可逆性，与加热、冷却条件有关。如果回火后快速冷却，则不出现高温回火脆性。如果高温回火脆性已经发生，只要将工件再加热到原来的回火温度重新回火并快速冷却，则可完全消除。这类回火脆性主要发生在含 Cr，Mn，Ni 等合金元素的结构钢。有效的防止办法是尽量减少钢中杂质元素的含量，或者加入 W，Mo 等能抑制杂质在晶界偏聚的合金元素。

7.6　钢的表面热处理和化学热处理

在实际生产中，有些零件，例如齿轮、套筒、凸轮、活塞销等，是在扭转和弯曲等交变载荷及冲击载荷作用下工作的，它们的表面承受着比心部更高的应力，在有摩擦的场合，表面层还不断被磨损。因此，要求这类零件表面要具有高的强度、硬度、耐磨性和疲劳极限，而心部仍保持足够的塑性和韧性来抵抗冲击载荷，即要"外硬内韧"。要达到上述要求，仅通过选材及普通热处理很难解决，通常采取的方法是对零件进行表面热处理和化学热处理。

7.6.1　表面热处理

表面热处理又称表面淬火，是指仅对工件表层进行淬火以改变表层组织和性能的热处理工艺。具体原理为将工件表面快速加热到淬火温度，在心部尚处于较低温度时就迅速予以冷却，使表面被淬硬成为马氏体，而心部仍保持未淬火状态的组织，即原来塑性、韧性较好的退火、正火或调质状态的组织。

1. 表面淬火的方法

表面淬火的方法很多，有感应加热表面淬火、火焰加热表面淬火、激光加热表面淬火、电接触加热表面淬火及电解液加热表面淬火等，最常用的是前两种。

（1）感应加热表面淬火

感应加热表面淬火的工作原理如图 7-31 所示。感应线圈中通以一定频率的交变电流，在其内部和周围产生交变磁场。置于感应线圈内的工件中就会产生一定频率的感应电流（涡流）。这种感应电流在工件中的分布是不均匀的，表面电流密度大，心部电流几乎为零。

通入感应线圈的电流频率越高,电流集中的表面层越薄,这种现象称为集肤效应。感应电流的集肤效应使工件表层被快速加热至奥氏体化,随后快速冷却,在工件表面就可获得一定深度的淬硬层。

根据电流频率不同,感应加热表面淬火又可分为三类:

①高频感应加热表面淬火 常用电流频率为 $250 \sim 300$ kHz,淬硬层深度为 $0.5 \sim 2.0$ mm,适用于中小模数的齿轮和中小尺寸的轴类等。

②中频感应加热表面淬火 常用电流频率为 $2\,500 \sim 8\,000$ Hz,淬硬层深度为 $2 \sim 10$ mm,适用于大中模数的齿轮和直径较大的轴类等。

③工频感应加热表面淬火 电流频率为 50 Hz,淬硬层深度可达 $10 \sim 15$ mm,适用于较大直径零件或大直径零件的穿透加热。

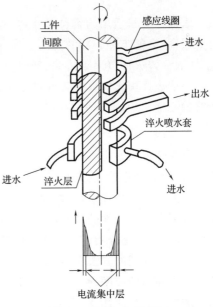

图 7-31 感应加热表面淬火

感应加热表面淬火的特点是:

①加热速度快(一般只需几秒~几十秒),加热温度高(高频感应加热表面淬火为 Ac_3 以上 $100 \sim 200$ ℃)。

②淬火后组织为细的隐晶马氏体,硬度比普通淬火提高 $2 \sim 3$HRC,且脆性较低。

③淬火时马氏体体积膨胀,在工件表面造成较大的残余压应力,具有较高的疲劳强度。

④加热时间短,工件不易氧化和脱碳,工件变形小。

⑤加热温度和淬硬层厚度容易控制,便于实现机械化和自动化。

上述特点使感应加热表面淬火在生产中得到了广泛的应用,但其设备较昂贵,维修、调整比较困难。此外,形状复杂零件的感应器不易制造,所以感应加热表面淬火不适用于单件生产,仅适用于大批量生产。

(2)火焰加热表面淬火

如图 7-32 所示,火焰加热表面淬火是利用乙炔-氧或煤气-氧的混合气体燃烧的高温火焰喷射在工件表面上,使工件快速加热到淬火温度,然后立即喷水冷却的热处理工艺。其淬硬层深度一般为 $2 \sim 8$ mm。

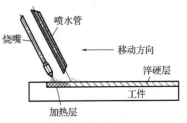

图 7-32 火焰加热表面淬火

火焰加热表面淬火方法简便,设备简单,成本低,灵活性大,但工件表面易过热,淬火质量不稳定,生产率低,限制了它在机械制造业中的广泛应用。火焰加热表面淬火主要用于单件小批生产型件的表面淬火。

2.表面淬火后的热处理

工件表面淬火后必须进行低温回火方能使用。回火的目的是降低内应力,并保持表面淬火后的高硬度和高耐磨性。经表面淬火加低温回火后,工件的表层组织为回火马氏体,心部组织不变,依然为预备热处理后的组织。

3. 表面淬火用钢

表面淬火最适用的钢种是中碳钢和中碳合金钢,如 40,45,40Cr,40MnB 钢等,碳质量分数过高,会使工件心部的韧性下降;碳质量分数过低,会使工件表面的硬度、耐磨性降低。此外,表面淬火还可用于铸铁、低合金工具钢、高碳工具钢等。

一般表面淬火前应对工件进行正火或调质处理,目的是为表面淬火做组织准备,并获得最终的心部组织,以保证心部有良好的塑性和韧性。

7.6.2 化学热处理

化学热处理是指将工件置于适当的活性介质中加热、保温,使一种或多种元素渗入其表面,以改变表层化学成分、组织和性能的热处理工艺。

任何化学热处理中,活性原子渗入工件表层都要经历以下三个基本过程:分解,活性介质中分解出渗入元素的活性原子;吸收,活性原子被工件表面吸收,进入铁的晶格中形成固溶体,甚至形成化合物;扩散,渗入的活性原子由表面向内部扩散,形成一定厚度的扩散层。

化学热处理的方法很多,渗入元素不同,工件表面具有不同的性能。其中:渗碳及碳氮共渗可提高钢的硬度、耐磨性及疲劳强度;渗氮、渗硼及渗铬可使工件表面特别硬,可显著提高耐磨性和耐腐蚀性;渗铝可提高耐热性、抗氧化性;渗硫可提高耐磨性;渗硅可提高耐酸性等。在机械工业中,最常用的是渗碳、渗氮和碳氮共渗等。

1. 渗碳

渗碳是指将工件放入渗碳介质中,加热到 900～950 ℃并保温,使其表面层渗入碳原子的化学热处理工艺。

(1) 渗碳的目的及渗碳用钢

渗碳的目的是提高工件表层碳质量分数,使低碳($w_C = 0.10\% \sim 0.25\%$)工件表面得到高碳($w_C = 1.0\% \sim 1.2\%$)。工件经过渗碳及随后的淬火和回火处理后,可提高表面的硬度、耐磨性和疲劳强度,而心部仍保持良好的塑性和韧性。因此渗碳主要用于同时受严重磨损和较大冲击载荷的零件,例如各种齿轮、活塞销、套筒等。

渗碳用钢一般都是碳质量分数为 0.10%～0.25% 的低碳钢和低碳合金钢,如 15,20,20Cr,20CrMnTi 钢等。因此低碳钢又称为渗碳钢,低碳合金钢又称为合金渗碳钢。

(2) 渗碳方法

根据渗碳剂的状态不同,渗碳方法可分为固体渗碳、气体渗碳和液体渗碳三种。目前气体渗碳应用最广泛,液体渗碳极少采用。

① 固体渗碳 如图 7-33 所示,将工件和固体渗碳剂装入渗碳箱中,加盖并用耐火泥密封,然后送入炉中加热至 900～950 ℃,产生的活性碳原子被工件表面吸收,形成一定深度的渗碳层。常用的固体渗碳剂是一定粒度的木炭与碳酸盐($BaCO_3$ 或 Na_2CO_3)的混合物,木炭提供所需活性碳原子,碳酸盐起催化作用。固体渗碳设备简单,容易实现,成本低,但劳动条件差,生产率低,质量不易控制。目前应用不多,主要用于单件、小批量生产。

② 气体渗碳 如图 7-34 所示,将工件装入密闭的炉膛内,向炉内通入渗碳气体(如煤气、天然气等)或滴入易于热分解和汽化的液体(如煤油、苯、甲醇等),加热到 900～950 ℃,在高温下这些气体或液体分解生成活性碳原子,随后活性碳原子被工件表面吸收并形成一定深度的渗碳层。

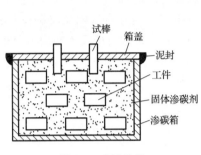

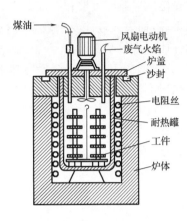

图 7-33　固体渗碳

图 7-34　气体渗碳

气体渗碳生产率高,劳动条件较好,渗碳过程可以控制,渗碳层的质量好,但设备成本高,不适用于单件、小批量生产,主要用于大批量生产。

(3)渗碳温度和渗碳后的组织

渗碳温度一般为 900～950 ℃。由 Fe-Fe₃C 相图可知,奥氏体的溶碳能力较强,因此渗碳温度必须在 Ac_3 以上。温度越高,渗碳速度越快,渗碳层越厚,生产率也越高。但温度过高,容易引起奥氏体晶粒显著长大,且易使工件在渗碳后的冷却过程中变形。

工件渗碳后表层的碳质量分数通常为 0.85%～1.05%,并从表层到中心碳质量分数逐渐降低,中心为原低碳钢的碳质量分数。渗碳后缓冷到室温的组织从表层到心部依次是过共析组织(珠光体和二次渗碳体)、共析组织(珠光体)、过渡组织(珠光体和铁素体),心部为原低碳钢组织(珠光体和铁素体),如图 7-35 所示。

图 7-35　低碳钢渗碳缓冷组织

一般规定,从表面到过渡层的一半处为渗碳层深度。渗碳层深度取决于工件尺寸和工作条件,一般为 0.5～2.5 mm。

(4)渗碳后热处理

为了充分发挥渗碳层的作用,使渗碳件表面获得高硬度和高耐磨性,心部保持一定强度和较高的韧性,工件在渗碳后必须进行热处理,常用的热处理方法有以下三种:

①直接淬火　工件渗碳后直接淬火或预冷到 830～850 ℃后淬火,预冷是为了减少淬火变形,如图 7-36(a)所示。直接淬火具有工艺简单、成本低、生产效率高、可减少工件变形及氧化脱碳等优点。但由于渗碳温度高、时间长,所以容易发生奥氏体晶粒长大,进而导致粗大的淬火组织及表层残余奥氏体量较多,影响工件的韧性和耐磨性。因此,直接淬火只适用于本质细晶粒钢或性能要求较低的零件。

②一次淬火　工件渗碳缓慢冷却之后,重新加热到淬火温度进行淬火,如图 7-36(b)所

示。加热温度应兼顾表层和心部要求,心部性能要求较高时,加热温度略高于 Ac_3;心部性能要求不高,而表面性能要求较高时,加热温度可选择 $Ac_1 \sim Ac_3$,使表层晶粒细化,而心部组织和性能无大的改变。

③二次淬火　工件渗碳缓慢冷却之后,进行两次加热淬火,如图 7-36(c) 所示。第一次淬火加热温度为 Ac_3 以上 $30 \sim 50$ ℃,目的是改善心部组织并消除表层网状渗碳体;第二次淬火加热温度为 Ac_1 以上 $30 \sim 50$ ℃,目的是细化表层组织,获得细马氏体和均匀分布的粒状二次渗碳体。二次淬火工艺复杂,生产率低,成本高,且会增大工件的变形及氧化与脱碳,因此现在生产上很少应用。

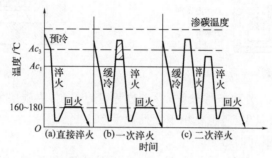

图 7-36　渗碳后的热处理

不论采用哪种淬火方法,渗碳件在最终淬火后均需经 $180 \sim 200$ ℃ 的低温回火,时间不少于 1.5 h,目的是改善钢的强韧性和稳定工件尺寸。渗碳钢经淬火和低温回火后,表层硬度可达 $58 \sim 64$HRC,耐磨性好,疲劳强度高。心部性能取决于钢的淬透性:低碳钢的淬透性较低,心部淬不透,组织为珠光体和铁素体,硬度较低,塑性、韧性较好;低碳合金钢淬透性较高,心部可淬透,组织为低碳马氏体或马氏体和托氏体,硬度较高,具有较高的强度和韧性。

2. 渗氮

渗氮是指向工件表面渗入氮元素的热处理工艺。

(1)渗氮目的及渗氮用钢

渗氮的目的在于提高工件表面的硬度、耐磨性、疲劳强度及耐腐蚀性。

常用的渗氮用钢是指含有 Al,Cr,Mo,V,Ti 等合金元素的合金钢,如 35CrAlA,38CrMoAlA,38CrWVAlA 钢等,这些合金元素在渗氮过程中能形成高硬度的稳定氮化物,弥散分布在渗氮层中,使工件表面获得极高的硬度和耐磨性。

(2)渗氮方法

目前常用的渗氮方法有气体渗氮和离子渗氮两种。

①气体渗氮　将氨气通入装有工件的密封炉内加热,使其分解出活性氮原子,被工件表面吸收而形成固溶体和氮化物。氮原子逐渐向工件内部扩散,形成一定的渗氮层。气体渗氮温度不高,通常为 $500 \sim 570$ ℃,低于调质的回火温度,因此渗氮件的变形很小,但渗氮所需的时间很长。要获得 $0.4 \sim 0.6$ mm 厚的渗氮层,一般需要 $40 \sim 70$ h。

②离子渗氮　在真空容器内使氨气电离出氮离子,氮离子高速冲击工件并渗入工件表面,并逐渐向工件内部扩散,形成一定的渗氮层。离子渗氮速度快,生产周期短,仅为气体氮化的 $1/4 \sim 1/3$,工件变形小,渗氮层质量高,对材料的适应性强,在生产上有广泛的应用。

（3）渗氮后的热处理

工件经渗氮后表层具有高硬度和高耐磨性，所以无须再进行热处理。为了保证工件心部的综合力学性能，在渗氮前应进行调质处理。对于形状复杂或精度要求高的零件，在渗氮前、精加工后还要进行消除内应力的退火，以减少氮化时的变形。

（4）渗氮的特点及应用

渗氮的特点是渗氮件的表面硬度和耐磨性比渗碳件高，同时渗氮层体积增大，在工件表层形成较大的残余压应力，疲劳强度大大提高，表层形成的氮化物薄膜具有良好的耐蚀性，渗氮需要的温度低，一般为 $500\sim600$ ℃，且渗氮后不需要淬火，因此工件变形小，通常无须再加工。渗氮的缺点是工艺复杂，生产周期长，成本高，氮化层薄，因而主要用于耐磨性及精度均要求很高的零件，或要求耐热、耐磨及耐蚀的零件。例如精密机床丝杠、镗床主轴、汽轮机阀门和阀杆、精密传动齿轮和轴、发动机汽缸和排气阀以及热作模具等。

3. 碳氮共渗

碳氮共渗是指向工件表面同时渗入碳原子和氮原子的化学热处理工艺，也称氰化。主要有液体碳氮共渗和气体碳氮共渗两种。目前应用较广泛的是低温气体碳氮共渗和中温气体碳氮共渗。

低温气体碳氮共渗以渗氮为主，又称为软氮化，一般加热到 $500\sim570$ ℃的共渗温度，其目的在于提高钢的耐磨性和抗咬合性，但共渗层硬度提高不多。

中温气体碳氮共渗以渗碳为主。工艺过程为将工件放入密封炉内，加热到共渗温度（$830\sim850$ ℃），向炉内滴入煤油，同时通以氨气，经保温后工件表面形成一定深度的共渗层。其目的在于提高钢的硬度、耐磨性和疲劳强度。中温气体碳氮共渗后的工件需进行淬火加低温回火。淬火后得到含氮马氏体，硬度较高，其耐磨性比渗碳件好。共渗层比渗碳层有更高的压应力，其耐疲劳性能和耐腐蚀性更为优越。

碳氮共渗不仅适用于渗碳钢，也可用于中碳钢和中碳合金钢。与渗碳相比，碳氮共渗具有时间短、变形小、表面硬度高、生产效率高等优点。但共渗层较薄，主要用于形状复杂、变形要求小、受力不大的小型耐磨零件。表 7-3 为几种表面热处理工艺的比较。

表 7-3　　　　　　　　　　　　几种表面热处理工艺的比较

处理方法	表面淬火	渗 碳	渗 氮	碳氮共渗
处理工艺	表面加热淬火＋低温回火	渗碳＋淬火＋低温回火	氮化	碳氮共渗＋淬火＋低温回火
生产周期	很短，几秒到几分钟	长，$3\sim9$ h	很长，$20\sim50$ h	短，$1\sim2$ h
表层深度/mm	$0.5\sim7$	$0.5\sim2$	$0.3\sim0.5$	$0.2\sim0.5$
硬度（HRC）	$58\sim63$	$58\sim63$	$65\sim70$	$58\sim63$
耐磨性	较好	良好	最好	良好
疲劳强度	良好	较好	最好	良好
耐腐蚀性	一般	一般	最好	较好
热处理后变形	较小	较大	最小	较小
应用示例	机床齿轮、曲轴	汽车齿轮、爪型离合器	油泵齿轮、制动器凸轮	精密机床主轴、丝杠

7.7 钢的热处理新技术与表面处理新技术

为了提高零件的机械性能和表面质量,降低成本,提高经济效益,减少或防止环境污染等,发展了许多热处理新技术及表面处理新技术,这里分别介绍其中的几种。

7.7.1 热处理新技术

1. 可控气氛热处理

为了达到特定目的,向热处理炉内通入某种经过制备的气体介质,这些气体介质总称为可控气氛。工件在可控气氛中进行的热处理,称为可控气氛热处理。常用的可控气氛主要由一氧化碳、氢、氮、微量的二氧化碳、甲烷等气体组成。按其所起的作用不同可分为渗碳性气氛、还原性气氛和中性气氛等。可控气氛热处理的主要目的是:减少和防止工件加热时的氧化和脱碳;提高工件的尺寸精度和表面质量,节约钢材;控制渗碳时渗层中碳质量分数,而且可使脱碳工件重新复碳。

根据气体制备的特点,可控气氛可分为以下几种类型:

(1)吸热式气氛

燃气(天然气、城市煤气、丙烷、丁烷)按一定比例与空气混合后,通入发生器进行加热,在触媒的作用下,经吸热而制成的气体称为吸热式气氛,吸热式气氛主要作为渗碳气氛和高碳钢的保护气氛。

(2)放热式气氛

燃气(天然气、乙烷、丙烷等)按一定比例与空气混合后,靠自身的燃烧反应而制成的气体,由于反应时放出大量的热,故称为放热式气氛。它是所有可控气氛中最经济的一种,主要用于防止加热时的氧化,例如低碳钢的光亮退火、中碳钢小件的光亮淬火等。

(3)放热-吸热式气氛

放热-吸热式气氛用放热和吸热两种方式综合制成。第一步,先将燃气(如天然气等)和空气混合,在燃烧室中进行放热式燃烧;第二步,将燃烧室中的燃烧产物再次与少量燃气混合,在装有催化剂的反应罐内进行吸热反应,产生的气体经冷却即成为放热-吸热式气氛。它可用于吸热式和放热式气氛原来使用的各个方面,也可作为渗碳和碳氮共渗的载流气体。这种气氛氮质量分数低,因而可减轻氢脆倾向。

(4)滴注式气氛

用液体有机化合物(如甲醇、乙醇、丙酮、甲酰胺、三乙醇胺等)混合滴入或与空气混合后喷入热处理炉内所得到的气氛称为滴注式气氛。它主要用于渗碳、碳氮共渗、软氮化、保护气氛淬火和退火等。

2. 真空热处理

这里的真空是指压强远低于一个大气压的气态空间。在真空中进行的热处理称为真空热处理,它包括真空淬火、真空退火、真空回火和真空化学热处理等。真空热处理具有以下特点:

(1)热处理变形小。因真空加热缓慢而且均匀,故热处理变形小。

(2)减少和防止氧化。真空中氧的分压很低,金属表面氧化很轻,几乎难于察觉。

(3)净化表面。在真空中,表面的氧化物发生分解,工件可得到光亮的表面。洁净光亮的表面不仅美观,而且可提高工件表面力学性能,延长工件使用寿命。

(4)节省能源,减少污染,劳动条件好。

(5)真空热处理设备造价较高,目前多用于模具、精密零件的热处理。

3. 形变热处理

形变热处理是指将塑性变形和热处理有机结合起来,以获得形变强化和相变强化的综合热处理工艺,这种工艺既可提高钢的强度,又可改善钢的塑性和韧性。因为在金属同时受到形变和相变时,奥氏体晶粒细化,位错密度增大,晶界发生畸变,碳化物弥散效果增强,从而可获得单一强化方法不可能达到的综合强韧化效果。钢件形变热处理后一般都可提高强度 10%~30%,提高塑性 40%~50%,提高冲击韧性 1~2 倍,并使钢件具有高的抗脆断能力。该工艺广泛用于结构钢、工具钢工件,适用于锻后余热淬火、热轧淬火等工艺。

7.7.2　表面处理新技术

1. 热喷涂技术

将金属或非金属固体材料加热至熔化或半熔软化状态,然后将它们高速喷射到工件表面上,形成牢固涂层的表面加工方法称为热喷涂技术。

(1)热喷涂技术的分类

根据热源不同,热喷涂技术可分为火焰喷涂、等离子喷涂、电弧喷涂、激光喷涂等。

(2)热喷涂技术的主要特点

①涂层和基体材料广泛,其基体可以是金属和非金属,喷涂材料可以是金属、硬质合金、塑料及陶瓷等。

②热喷涂工艺灵活方便,不受工件形状限制,喷涂层、喷焊层的厚度可以在较大范围内变化。

③热喷涂时基体受热程度低,一般不会影响基体材料的组织和性能。

④涂层性能多种多样,可以形成耐磨、耐腐蚀、隔热、抗氧化、绝缘、导电、防辐射等具有各种特殊功能的喷涂层。

⑤热喷涂有着较高的生产效率,成本低,效益显著。

(3)应用

热喷涂可用于各种材料的表面保护、强化及修复,可以在设备维修中修旧利废,使报废的零部件"起死回生",也可以在新产品制造中进行强化和预保护,使其"益寿延年"。

2. 气相沉积技术

气相沉积技术是指在真空下用各种方法获得的气相原子或分子在基体材料表面沉积以获得薄膜的技术。它既适于制备超硬、耐腐蚀、耐热、抗氧化的薄膜,又适于制备磁记录、信息存储、光敏、热敏、超导、光电转换等功能薄膜,还可用于制备装饰性镀膜。气相沉积技术可分为化学气相沉积(CVD)和物理气相沉积(PVD)两大类。

化学气相沉积是指使挥发性化合物气体发生分解或化学反应,并在工件上沉积成膜的方法。利用多种化学反应,可得到不同的金属、非金属或化合物镀层。

物理气相沉积包括真空蒸发、溅射、离子镀三种方法。因为它们都是在真空条件下进行的,因此也称为真空镀膜法。

气相沉积镀层的特点是附着力强、均匀、快速、质量好、公害小、选材广,可以得到全包覆的镀层。在满足现代技术提出的越来越高的要求方面,这种方法比常规方法有许多优越性。

它能制备各种耐磨膜（如 TiN，W_2C，Al_2O_3 等）、耐腐蚀膜（如 Al，Cr，Ni 及某些多层金属等）、润滑膜（如 MoS_2，WS_2，CaF_2，石墨等）、磁性膜、光学膜以及其他功能性薄膜。因此，在机械制造、航天、原子能、电气、轻工等领域得到了广泛的应用。

3. 激光表面改性

激光表面改性是指将激光束照射到工件的表面，以改变材料表面性能的加工方法。激光束能量密度高（1×10^6 W/cm²），可在短时间内将工件表面快速加热或融化，而心部温度基本不变。当激光辐射停止后，由于散热速度快，所以会产生"自激冷"。

（1）激光表面改性的特点

①高功率密度　激光能量集中，与工件表面作用时间短，适于局部表面处理，对工件整体热影响小，因此热变形很小。

②工艺性能好　工艺操作灵活简便，柔性大，改性层有足够厚度，可满足工程要求。

③结合良好　改性层内部、改性层和基体间呈冶金结合，不易剥落。

（2）激光表面改性的应用

激光表面改性主要应用于以下几个方面：

①激光表面淬火（激光相变硬化）　利用激光辐照使铁-碳合金材料表层迅速升温并奥氏体化，而基体仍保持冷却状态。激光束移走后，由于热传导的作用，该局部区域内的热量迅速传递到工件其他部位，冷却速度可达 1×10^5 ℃/s 以上，使该局部区域在瞬间进行自冷淬火，从而达到表面硬化的目的。激光表面淬火件硬度高（比普通淬火件高 15%～20%）、耐磨、耐疲劳、变形极小、表面光亮，已广泛用于发动机缸套、滚动轴承圈、机床导轨及冷作模具等。

②激光表面合金化　激光表面合金化是指在高能激光束作用下，将一种或多种合金元素与基材表面快速熔凝，使材料表层获得具有预定的高合金特性的技术。该方法还具有层深、层宽可精密控制，合金用量少，对基体影响小，可将高熔点合金涂敷到低熔点合金表面等优点，已成功用于发动机阀座和活塞环、涡轮叶片等零件的性能的改善和寿命的提高。

③激光表面熔覆　激光表面熔覆是指利用激光加热基材表面以形成一个较浅的熔池，同时送入预定成分的合金粉末一起熔化后迅速凝固，或者将预先涂敷在基材表面的涂层与基材一起熔化后迅速凝固，以得到一层新的熔覆层。

4. 离子注入技术

离子注入技术是指将几万到几十万电子伏的高能束流离子注入固体材料表面，从而改变材料表面的物理、化学和机械性能的新型原子冶金方法。

离子注入技术与其他表面强化技术相比，具有以下显著优点：

（1）注入离子后的零件能很好地保持原有的尺寸精度和表面粗糙度，不需要再进行其他表面加工处理，很适于作为航空轴承等精密零件生产的最后一道工序。

（2）可注入任何元素，不受固溶度和热平衡的限制，对基体材料的选择也可以适当放宽要求，从而可节省贵重的高合金钢材和其他贵重金属材料。

（3）注入层与基体材料结合牢固可靠、无明显界面。

（4）离子注入是一个非高温过程，可以在较低的温度下完成，零件不会发生回火变形和表面氧化。

（5）可同时注入多种元素，也可获得两层或两层以上性能不同的复合层。

采用离子注入技术可提高材料的耐磨性、耐腐蚀性、抗疲劳性、抗氧化性及电、光等特性。目前,离子注入技术在微电子技术、生物工程、宇航及医疗等高技术领域获得了比较广泛的应用,尤其在工具和模具制造工业的应用效果更为突出。

思　考　题

7-1　说明共析钢 C 曲线各个区域、各条线的物理意义,并指出影响 C 曲线形状和位置的主要因素。

7-2　将 $\phi5$ mm 的 T8 钢加热至 760 ℃并保温足够时间,请问采用什么样的冷却工艺可得到如下组织:珠光体、索氏体、托氏体、上贝氏体、下贝氏体、托氏体＋马氏体、马氏体＋少量残余奥氏体? 在 C 曲线上绘出工艺曲线。

7-3　判断下列说法是否正确,并说明原因:

(1)共析钢加热转变为奥氏体,冷却时得到的组织主要取决于钢的加热温度。

(2)对于低碳钢或高碳钢,为便于进行机械加工,可预先进行球化退火。

(3)钢的实际晶粒度主要取决于钢在加热后的冷却速度。

(4)过冷奥氏体的冷却速度越快,钢冷却后的硬度越高。

(5)同一种钢材在相同的加热条件下,水淬比油淬的淬透性好,小件比大件的淬透性好。

7-4　常用的淬火方法有哪几种? 说明它们的主要特点及其应用范围。

7-5　说明 45 钢试样($\phi10$ mm)经下列温度加热、保温并在水中冷却得到的室温组织:700 ℃,760 ℃,840 ℃,1 100 ℃。

7-6　指出下列工件的淬火及回火温度,并说明其回火后获得的组织和大致的硬度:45 钢小轴(要求综合机械性能)、60 钢弹簧、T12 钢锉刀。

7-7　淬透性与淬硬层深度有何联系和区别? 影响钢淬透性的因素有哪些? 影响钢制零件淬硬层深度的因素有哪些?

7-8　表面淬火的目的是什么? 常用的表面淬火方法有哪几种? 比较它们的优缺点及应用范围。

7-9　化学热处理包括哪几个基本过程? 常用的化学热处理方法有哪几种?

第8章

浅谈钢的
合金化

钢的合金化

非合金钢是一种非常重要的工程材料,占钢材总用量的 80% 以上。其价格低廉,便于冶炼,容易加工,且可通过选择不同的碳质量分数和适当的热处理来满足许多工业生产的要求。但是,随着现代科学技术的发展,对钢铁材料的性能提出了越来越高的要求,即使采用各种强化途径,例如热处理、塑性变形等,非合金钢的性能在很多方面仍然不能满足对金属材料的更高要求,特别是不适用于要求高强度、高硬度、高耐磨性、耐热性和耐腐蚀性的场合。

在非合金钢的基础上有目的地加入一种或几种合金元素,使其使用性能和工艺性能得以提高的方法称为钢的合金化,经合金化的钢称为合金钢。

8.1 常存元素和杂质对钢性能的影响

钢中常存的杂质元素主要是指锰、硅、硫、磷及氮、氧、氢等元素。这些杂质元素在冶炼时或者由原料、燃料及耐火材料等带入钢中,或者由大气进入钢中,或者在脱氧时残留于钢中,它们的存在都会对钢的性能产生影响。

8.1.1 硅和锰的影响

硅和锰在钢中是一种有益的元素。在室温下,硅和锰均能溶于铁素体,对钢有一定的强化作用。锰还能溶于渗碳体中,形成合金渗碳体。硅和锰作为常存元素少量存在(一般情况下 $w_{Mn} < 1\%$,$w_{Si} < 0.5\%$)时对钢的性能影响不显著。

8.1.2 硫和磷的影响

硫和磷在钢中是有害元素。

硫在 α-Fe 中的溶解度很小,主要以 FeS 的形式存在。由于 FeS 的塑性差,所以含硫量较多的钢脆性较大。更严重的是,FeS 和 Fe 易在晶界上形成低熔点(985 ℃)的共晶体,当钢在 1 000~1 200 ℃进行热加工时,由于共晶体的熔化而导致钢材脆性开裂的现象称为热脆性。为了消除硫的有害作用,必须增加钢中的含锰量。锰和硫先形成高熔点(1 620 ℃)的 MnS,并呈粒状分布在晶粒内,它在高温下具有一定的塑性,从而避免了热脆性。

在一般情况下,磷能全部溶于铁素体中,磷有强烈的固溶强化作用,使钢的强度、硬度增加,但塑性、韧性则显著降低。这种脆化现象在低温时更为严重,故称为冷脆性。磷在结晶过程中,容易产生晶内偏析,使局部含磷量偏高,导致韧脆转变温度升高,从而产生冷脆。冷脆对在高寒地带和其他低温条件下工作的结构件具有严重的危害性。此外,磷的偏析还使钢材在热轧后形成带状组织。

总之,硫、磷在通常情况下对钢的质量影响严重,对钢中的磷、硫含量要严格加以控制。

8.1.3　氮、氧、氢等的影响

室温下铁素体溶解氮的能力很低。当溶有过饱和氮的钢在放置较长一段时间后或在 $200\sim300\ ℃$ 加热时,氮会以氮化物的形式析出,可使钢的硬度、强度提高,塑性下降,发生时效脆化。向钢液中加入 Al,Ti 或 V 进行固氮处理,使氮固定在 AlN,TiN 或 VN 中,可消除时效脆化倾向。

氧在钢中主要以氧化物夹杂的形式存在。氧化物夹杂与基体的结合力弱,不容易变形,易形成疲劳裂纹源。

常温下氢在钢中的溶解度很低。当氢在钢中以原子态溶解时,可降低韧性,引起氢脆。当氢在缺陷处以分子态析出时,会产生很高的内压,形成微裂纹,其内壁为白色,称为白点或发裂。

8.1.4　非金属夹杂物的影响

在炼钢过程中,少量的炉渣、耐火材料及冶炼中的反应物可能进入钢液,形成非金属夹杂物,例如氧化物、硫化物、硅酸盐和氮化物等。它们都会降低钢的力学性能,特别是降低塑性、韧性及疲劳强度。严重时,还会使钢在热加工和热处理时产生裂纹,或使用时突然脆断。非金属夹杂物也促使钢形成热加工纤维组织与带状组织,使材料具有各向异性。严重时,横向塑性仅为纵向塑性的一半,并使冲击韧性大为降低。因此,对重要用途的钢(如滚动轴承钢、弹簧钢等)要检查非金属夹杂物的数量、形状、大小与分布等情况,并应按相应的等级标准进行评级检查。

8.2　合金元素在钢中的作用

为了使钢获得预期性能而有目的地加入钢中的化学元素称为合金元素。在非合金钢中加入合金元素后可以改善钢的使用性能和工艺性能,使合金钢得到许多非合金钢所不具备的优良或特殊的性质。例如,合金钢具有高的强度与韧性,良好的耐腐蚀性,在高温下具有较高的硬度和强度以及良好的工艺性能(如冷变形性、淬透性、耐回火性和焊接性能)等。合金钢之所以具备这些优异的性能,主要是合金元素与铁、碳以及合金元素之间的相互作用,改变了钢的相变过程和组织的缘故。

8.2.1　合金元素在钢中的分布

在钢中经常加入的合金元素有 Si,Mn,Cr,Ni,Mo,W,V,Ti,Nb,Zr,Al,Co,B,Re(稀土元素)等,在某种情况下 P,S,N 等也起着合金元素的作用。这些元素加入钢中以什么状态存在呢? 一般来说,它们或者溶于非合金钢原有的相(如铁素体、奥氏体、渗碳体等)中,或者形成非合金钢中原来没有的新相。

1.形成合金铁素体

几乎所有合金元素都可或多或少地溶入铁素体中,形成合金铁素体。其中原子直径很小的合金元素(如氮、硼等)与铁形成间隙固溶体;原子直径较大的合金元素(如锰、镍、钴等)与铁形成置换固溶体。

当合金元素溶入铁素体形成合金铁素体时必然有固溶强化作用。其强化原因是合金元素的溶入,使晶格扭曲产生畸变,降低了位错的易动性,从而提高了变形抗力,产生强化效果。不同合金元素产生的强化效果主要决定于合金元素原子的大小和晶体结构。与基体铁元素相差越大,强化效果越显著,如图 8-1 所示。

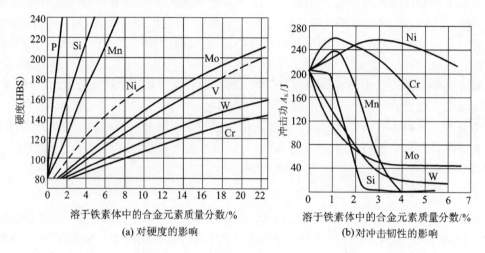

(a)对硬度的影响   (b)对冲击韧性的影响

图 8-1　合金元素对铁素体性能的影响(退火状态)

2.形成合金碳化物

渗碳体在非合金钢中虽然是少数相,但它是钢中不可缺少的组成相,其数量、大小、形状和分布状态对钢的性能起着重要作用。

加入钢中的合金元素除了能溶入铁素体外,还能进入渗碳体中,形成合金渗碳体,如铬进入渗碳体中形成 $(Fe,Cr)_3C$。当碳化物元素超过一定量后,将形成这些元素自己的碳化物。

按其与碳的亲和力大小,可将合金元素分为非碳化物形成元素和碳化物形成元素两大类,在钢中主要以固溶体和化合物的形式存在。

(1)非碳化物形成元素

非碳化物形成元素包括 Ni,Co,Cu,Si,Al,N,B 等,它们在钢中不与碳化合,大多溶入铁素体、奥氏体或马氏体中,产生固溶强化。有的与钢中的氧、氮、硫等可形成其他化合物,例如 Al_2O_3,AlN,SiO_2,TiN,FeO,Ni_3Al 等。

(2)碳化物形成元素

按形成碳化物的倾向由弱到强的顺序,碳化物形成元素有 Mn,Cr,Mo,W,V,Nb,Zr,Ti 等。

弱碳化物形成元素可溶入渗碳体中形成合金渗碳体,如 $(Fe,Mn)_3C$,$(Fe,Cr)_3C$ 等。它们是低合金钢中存在的主要碳化物,比渗碳体的硬度高且稳定。

强碳化物形成元素与碳形成特殊碳化物,如 TiC,NbC,VC,MoC,WC 等。它们具有高熔点、高硬度、高耐磨性、稳定性好等优点,主要存在于高碳高合金钢中,可产生弥散强化,能提高钢的强度、硬度和耐磨性。

8.2.2　合金元素对铁-碳合金相图的影响

合金元素不仅对钢中的基本相有影响,而且对钢中相平衡关系也有很大的影响。加入合金元素的作用主要表现在使铁-碳相图发生变化,特别是 γ 相区范围、S 点和 E 点位置的变化。

1.对奥氏体和铁素体存在范围的影响

扩大 γ 相区的元素有 Ni,Co,Mn,N 等,这些元素使 GS 线向左下方移动,使 A_1,A_3 点温度下降。当钢中这些元素的含量足够高时,在室温下钢可以得到单相奥氏体组织,如 1Cr18Ni9 奥氏体不锈钢和 ZGMn13 耐磨钢等。

缩小 γ 相区的元素有 Cr,Mo,Si,Ti,W,Al 等,这些元素使 GS 线向左上方移动,使 A_1,A_3 点温度升高。当钢中的这些元素含量足够高时,奥氏体相区消失,室温下为单相铁素体组织,称为铁素体钢,如 1Cr17Ti 铁素体不锈钢,如图 8-2 所示。

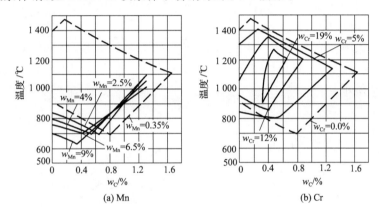

图 8-2　Mn 和 Cr 对 Fe-Fe₃C 相图的影响

2.对 S 点和 E 点位置的影响

几乎所有合金元素都使 E 点和 S 点左移,即这两点的碳质量分数下降,使合金钢的平衡组织发生变化(不能完全用铁-碳相图来分析)。由于 S 点的左移,使碳质量分数低于 0.77% 的合金钢出现过共析组织(如 4Cr13 钢),在退火状态下,相同碳质量分数的合金钢组织中的珠光体量比非合金钢多,从而使合金钢的强度和硬度提高。同样,由于 E 点的左移,使碳质量分数低于 2.11% 的合金钢出现共晶组织,成为莱氏体钢,如 W18Cr4V 钢(碳质量分数为 0.7%～0.8%)。

3.合金元素对钢中相变过程的影响

钢在加热、冷却时所发生的相变大多是扩散型相变,其过程与原子扩散速度有关。合金元素对扩散速度的影响是:形成碳化物的合金元素使碳的扩散速度减慢,碳化物不易析出,析出后也较难聚集长大;非碳化物形成元素(除硅外)增加铁原子间结合力,使铁的自扩散速度下降;合金元素自身在固溶体中的扩散速度比碳的扩散速度低得多。

因此,在其他条件相同时,合金钢扩散型相变过程比非合金钢缓慢,因此,合金钢在热处理时具有许多特点。

(1)合金元素对加热时组织转变的影响

①对奥氏体形成速度的影响　Cr,Mo,W,V 等强碳化物形成元素与碳的亲和力大,形

成难溶于奥氏体的合金碳化物,显著阻碍碳的扩散,大大减慢奥氏体形成速度。为了加速碳化物的溶解和奥氏体成分的均匀化,必须提高加热温度并延长保温时间。

Co,Ni 等部分非碳化物形成元素,因增大碳的扩散速度,故使奥氏体的形成速度加快。

Al,Si,Mn 等合金元素对奥氏体形成速度影响不大。

②对奥氏体晶粒长大倾向的影响 碳化物、氮化物形成元素阻碍奥氏体晶粒长大。合金元素与碳和氮的亲和力越大,阻碍奥氏体晶粒长大的作用也越强烈,因而强碳化物和氮化物形成元素具有细化晶粒的作用。而 Mn 和 P 对奥氏体晶粒的长大起促进作用,因此含锰钢加热时应严格控制加热温度和保温时间。

(2)合金元素对过冷奥氏体转变过程的影响

除 Co 外,几乎所有合金元素都增大过冷奥氏体的稳定性,推迟珠光体型转变,使 C 曲线右移,即提高钢的淬透性。淬透性的提高可使钢的淬火冷却速度降低,这有利于减少零件淬火变形和开裂倾向。合金元素对钢淬透性的影响取决于该元素的作用强度和溶解量,钢中常用的提高淬透性的元素有 Mn,Si,Cr,Ni,B 等。如果采用多元少量的合金化原则,对提高钢的淬透性将会更为有效。

中强和强碳化物形成元素溶入奥氏体后,不仅使 C 曲线右移,而且使 C 曲线的形状发生改变,使珠光体型转变与贝氏体型转变明显被分为两个独立的区域。合金元素对 C 曲线的影响如图 8-3 所示。

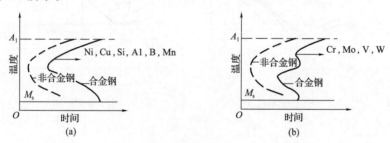

图 8-3　合金元素对 C 曲线的影响

除 Co,Al 外,多数合金元素都使 M_s 和 M_f 点下降。其作用从大到小的次序是:Mn,Cr,Ni,Mo,W,Si。其中 Mn 的作用最强,Si 实际上无明显影响。M_s 和 M_f 点的下降,使淬火后钢中残余奥氏体量增多。许多高碳高合金钢中的残余奥氏体的体积分数可达 30%～40%。残余奥氏体量过多时,钢的硬度和疲劳抗力下降。

(3)合金元素对淬火钢回火转变的影响

合金元素对淬火钢的回火转变一般起阻碍作用,其主要影响包括:

①提高淬火钢的耐回火性 淬火钢在回火过程中抵抗硬度下降的能力称为耐回火性。由于合金元素溶入马氏体中使原子扩散速度减慢,因而在回火过程中阻碍马氏体分解和碳化物聚集长大。因此,当回火硬度相同时,合金钢的回火温度比相同碳质量分数的非合金钢高,这对于消除内应力是有利的,而当回火温度相同时,合金钢的强度、硬度要比非合金钢高。

②回火时产生二次硬化 钢在回火时出现硬度回升的现象,称为二次硬化。

合金钢在回火时产生二次硬化的主要原因为:首先含有高 W,Mo,Cr,V 等元素的钢在淬火后回火加热过程中,会从马氏体中析出这些元素的碳化物,这些碳化物细小弥散地分布在马氏体基体上,并与马氏体保持共格关系,阻碍位错运动,反而使钢的硬度有所提高;此外,在某些高合金钢的淬火组织中,残留奥氏体较多,且十分稳定,当加热到回火温度时仍不分解,仅析出一些特殊碳化物。特殊碳化物的析出使残余奥氏体中碳及合金元素质量分数降低,提高了 M_s 点,故在随后冷却时就会有部分残余奥氏体转变为马氏体,使钢的硬度提高。二次硬化使钢具有热硬性,这对于工具钢是非常重要的。

③防止第二类回火脆性　如第 7 章所述,在钢中加入 W,Mo 可防止第二类回火脆性,这对于需调质处理后使用的大型件有着重要意义。

思　考　题

8-1　钢的质量为什么以磷、硫的含量来划分?

8-2　加入钢中的合金元素有哪些作用? 请举例说明。

第3篇
常用机械工程材料

随着科学技术发展的突飞猛进,对材料的要求越来越苛刻。工程上应用的材料向着高强度、高刚度、高韧性、耐高温、耐腐蚀、抗辐射和多功能的方向发展。因此,新材料层出不穷,而且使用量也在不断增加。本教材中介绍的工程材料是指机械、船舶、建筑、化工、交通运输、航空航天等工程中用于制造工程构件和机械零件的各类材料,主要包括金属材料和非金属材料两大类。

非合金钢与
合金钢

第9章

非合金钢与合金钢

工业用钢占据工程材料的主导地位,其中碳素钢应用最广。但由于工业生产中对材料的性能要求越来越高,通过向碳素钢中加入某些合金元素形成合金钢,由此提高钢的力学性能,改善其工艺性能,或者能得到某些特殊物理、化学及其他性能等。另外,工业用钢的种类很多,使用性能和工艺性能也不同,用途亦有所差异。因此,通过本章节的学习,可以为正确选用材料并制订合理的加工及处理工艺打下基础。

9.1 钢的分类及牌号

9.1.1 钢的分类

为了便于生产、使用和管理,可采用不同方法对工业用钢进行分类。在某些情况下,还可以混合使用几种分类方法。以下介绍工业用钢的分类方法:

1.按照钢的化学成分:可分为碳素钢和合金钢。碳素钢根据碳质量分数分为低碳钢($w_C < 0.25\%$)、中碳钢($w_C = 0.25\% \sim 0.6\%$)、高碳钢($w_C > 0.6\%$)。合金钢根据合金元素总量分为低合金钢($w_{Me} \leqslant 5\%$)、中合金钢($w_{Me} = 5\% \sim 10\%$)、高合金钢($w_{Me} > 10\%$)。

2.按照钢的质量:根据钢中磷、硫的含量可将钢分为普通质量钢、优质钢、高级优质钢和特级优质钢。

3.按照钢的用途:可分为结构钢、工具钢和特殊性能钢。

4.按钢的金相组织:根据退火组织可将钢分为亚共析钢、共析钢和过共析钢;根据正火组织可将钢分为珠光体钢、贝氏体钢、马氏体钢、奥氏体钢、莱氏体钢等。

5.按钢的冶炼方法:根据冶炼所用炼钢炉不同,可将钢分为平炉钢、转炉钢、电炉钢;根据冶炼钢时的脱氧方法和脱氧程度不同,可分为沸腾钢、镇静钢和半镇静钢。

6.按钢的合金元素种类:可分为锰钢、铬钢、硼钢、硅锰钢、铬镍钢等。

7.按钢的最终加工方法:可分为热轧材和冷轧材、拔材、锻材、挤压材、铸件等。

8.按钢的轧制成品和最终产品形式:可分为长材(盘条、钢丝、热成形棒材、热轧棒)、圆钢、方钢、铁道用钢、钢板桩、扁平产品(无涂层扁平产品、电工钢、包装用镀锡和相关产品、热轧和冷轧扁平镀层产品、压型钢板、复合产品)、钢管、中空棒材及经过表面处理的扁平成品、复合产品等。

9.1.2 钢的牌号

钢的牌号简称钢号,是对每一种具体钢产品所取的名称,是人们了解钢的一种共同语言。钢号编制的原则主要有两条:一是根据钢号可以大致看出该钢的成分;二是根据钢号可大致看出该钢的用途。

我国钢的牌号的表示方法,根据《钢铁产品牌号表示方法》(GB/T 221—2008)规定,采用汉语拼音字母、化学元素符号和阿拉伯数字相结合的方法表示。

(1)钢号中化学元素采用国际化学符号表示,例如 Si,Mn,Cr 等,混合稀土元素用"RE"(或"Xt")表示。

(2)产品名称、用途、冶炼和浇注方法等,一般采用汉语拼音缩写字母表示。

(3)钢中主要化学元素质量分数(%)采用阿拉伯数字表示。

常用的钢产品名称、用途、特性和工艺方法表示符号见表 9-1。

表 9-1　　　　常用钢产品的名称、用途、特性和工艺方法表示符号

名称	符号	位置	名称	符号	位置
碳素结构钢	Q	头	桥梁用钢	q	尾
低合金高强度钢	Q	头	锅炉用钢	g	尾
易切削钢	Y	头	焊接气瓶用钢	HP	尾
碳素工具钢	T	头	车辆车轴用钢	LZ	头
(滚珠)轴承钢	G	头	机车车轴用钢	JZ	头
焊接用钢	H	头	沸腾钢	F	尾
铆螺钢	ML	头	半镇静钢	b	尾
船用钢	国际符号		镇静钢	Z	尾
汽车大梁用钢	L	尾	特殊镇静钢	TZ	尾
压力容器用钢	R	尾	质量等级	A、B、C、D、E	尾

钢的分类方式众多,导致牌号命名规则有所差异。本章按照用途分类方式进行讲授,主要包括结构钢、工具钢和特殊性能钢。

9.2　结构钢

结构钢按用途可分为工程结构用钢和机械结构用钢两大类。工程结构用钢包括碳素结构钢和低合金高强度结构钢,这类钢冶炼简便、成本低、用量大,一般不进行热处理;机械用钢大多采用优质碳素结构钢和合金结构钢,它们一般都要经过热处理以后才能使用。

9.2.1 工程结构用钢

工程结构用钢大多数要进行焊接施工、变形加工等,所以其碳质量分数均属于低碳(w_C <0.25%)。工程结构用钢使用时一般不进行热处理,大多是在热轧状态下或热轧后正火状态下使用。供货形态多为型钢、钢带、钢板、钢管等。这类钢常用于建造锅炉、高压电线塔、车辆构架、起重机械构架、各种压力容器、船舶、桥梁、建筑用屋架与钢筋、地质石油钻探、铺设石油输气管线、铁道钢轨等。

1. 碳素结构钢

碳质量分数 $w_C = 0.06\% \sim 0.38\%$,用于建筑及其他工程结构的铁碳合金称为碳素结构钢。这类钢冶炼简单、价格低廉,能够满足一般工程结构与普通机械结构零件的性能要求,用量很大。碳素结构钢对化学成分要求不严格,钢的磷、硫质量分数较高($w_P \leqslant 0.045\%$,$w_S \leqslant 0.055\%$),但必须保证其力学性能。此类钢通常以各种规格(圆钢、方钢、工字钢、钢筋等)在热轧空冷状态下供货,一般不进行热处理。表 9-2 列出了碳素结构钢的牌号、成分及力学性能。

碳素结构钢的应用举例:

(1)Q195,Q215:用于制造地脚螺栓、烟筒以及轻载荷的焊接结构件。

(2)Q235:用于制造钢筋、钢板、不重要的农业机械零件。

(3)Q275:用于建筑、桥梁工程要求高的焊接件。

常用碳素结构钢的牌号、力学性能和用途见表 9-2。

表 9-2　　　　　常用碳素结构钢的牌号、力学性能和用途(GB/T 222—2006)

牌　号	等　级	力学性能			特性及应用
		R_{eL}/MPa	R_m/MPa	$A/\%$	
Q195	—	195	315~390	33	具有高的塑性、韧性和良好的焊接性,但强度较低。用于承受载荷不大的金属结构件,也在机械制造中用作铆钉、螺钉、垫圈、地脚螺栓、冲压件及焊接件等
Q215	A	215	335~410	31	
	B				
Q235	A	235	375~460	26	具有一定的强度、良好的塑性、韧性和焊接性,广泛用于一般要求的金属结构件,如桥梁、吊钩。也可制作受力不大的转轴、心轴、拉杆、摇杆、螺栓等。Q235C,Q235D 钢也用于制造重要的焊接结构件
	B				
	C				
	D				
Q255	A	255	410~550	24	用于制造强度要求不太高的零件,如螺栓、销、转轴等和钢结构用各种型钢
	B				
Q275	A	275	490~610	20	用于强度要求较高的零件,如轴、链轮、轧辊等承受中等载荷的零件
	B				
	C				
	D				

2. 低合金高强度结构钢

低合金高强度结构钢是在碳素结构钢的基础上,加入总质量分数小于 5% 的合金元素后,用于承载大、自重轻、高强度的工程结构用的低合金钢。主要用于房屋构架、桥梁、船舶、车辆、铁道、高压容器、石油天然气管线、矿用等工程结构件。一般均经过塑性变形与焊接加工，并长期暴露在一定的腐蚀介质中。常用低合金高强度结构钢的牌号及成分列于表 9-3 中。

表 9-3　常用低合金高强度钢的牌号、成分、性能与用途（GB/T 1591—2018）

钢号	化学成分（质量分数）/%							机械性能			应用举例
	C	Mn	Si	V	Nb	Ti	其他	R_{eL}/Mpa	R_m/Mpa	A/%	
Q355	≤0.24	≤1.60	≤0.55	—	—	—	Cr≤0.30 Ni≤0.30	≥355	470～630	20～22	桥梁，车辆，船舶，压力容器，建筑结构
Q390	≤0.20	≤1.70	≤0.55	≤0.13	≤0.05	≤0.05	Cr≤0.30 Ni≤0.50	≥390	490～650	21—～22	桥梁，船舶，起重设备，压力容器
Q420	≤0.20	≤1.70	≤0.55	≤0.13	≤0.05	≤0.05	Cr≤0.30 Ni≤0.80	≥420	520～680	19	桥梁，高压容器，大型船舶，电站设备，管道
Q460	≤0.20	≤1.80	≤0.55	≤0.13	≤0.05	≤0.05	Cr≤0.30 Ni≤0.80	≥460	550～720	17	中温高压容器，化工、石油高压厚壁容器

（1）性能特点：具有良好的塑形、韧性、冷冲压性能及焊接性能，可抵抗大气腐蚀。

（2）成分特点：碳质量分数 w_C≤0.2%，主要是为了获得良好的塑性、韧性、焊接性和冷成形性能；主加元素为 Mn，可起到强化铁素体的作用。同时加入一些细化晶粒和第二相强化的元素，如 V、Ti、Nb 等。为了提高耐大气腐蚀性，相应地加入一些如 Cu，P，Al，Cr，Ni 等合金元素。为了改善性能，在高级别屈服强度的低合金钢中加入一些 Mo 与稀土等合金元素，该类钢的 S，P 含量有五个等级（A，B，C，D，E）。

（3）热处理特点：该类钢在一般情况下不进行热处理，以热轧、空冷状态供货。

3.低合金耐候钢

低合金耐候钢是在碳素结构钢的基础上加入少量的 Cu，Cr，Ni，Mo，P 等合金元素，使其在钢表面形成一层连续致密的保护膜，耐大气腐蚀。

我国的低合金耐候钢有两类：

（1）高耐候性结构钢：如 Q295GNH（w_C≤0.12%，w_{Si}＝0.10%～0.40%，w_{Mn}＝0.20%～0.50%，w_P＝0.07%～0.12%，w_S≤0.020%，w_{Cu}＝0.25%～0.45%，w_{Cr}＝0.30%～0.65%，w_N＝0.25%～0.50%），主要用于车辆、建筑、塔架及其他耐候性要求高的工程结构件。

（2）焊接结构用耐候钢：如 Q295NH（w_C≤0.15%，w_{Si}＝0.16%～0.50%，w_{Mn}＝0.30%～1.00%，w_S，w_P≤0.030%，w_{Cu}＝0.25%～0.55%，w_{Cr}＝0.40%～0.85%，w_{Ni}≤0.65%），主要用于桥梁、建筑及有耐候要求的焊接结构件。

4.其他低合金专业用结构钢

为了满足某些专业特定工作条件的需要，国家对低合金结构钢的成分及工艺进行了调整和补充，发展了门类众多、专业范围较广、使用工业部门较多的低合金工程结构钢，许多钢号已纳入国家标准。例如，各种压力容器、低温压力容器、锅炉、船舶、桥梁、汽车、自行车、农机、矿山、石油天然气管线、铁道、建筑用钢筋等低合金工程结构钢均有标准。用户可根据构件或零件的工作条件和使用性能、工艺要求来选择合适的低合金结构钢牌号。另外还有多种低合金高强度结构钢,它们具有很高的强度,正在不断研发中。

(1)微合金化钢:这类钢加入 Ti,V,Nb,N 等微量合金元素,可明显细化晶粒,实现沉淀硬化、强化低碳钢,以形成低合金高强度钢。如加入质量分数为 $0.1\%\sim0.2\%$ 的 Ti 可使钢的屈服强度超过 540 MPa。

(2)贝氏体钢:这类钢要求在热轧状态下获得 $450\sim900$ MPa 的屈服强度。贝氏体是一种较为理想的组织,其要求钢的成分具有碳含量低、奥氏体晶粒细小和奥氏体在冷却时容易转变成贝氏体等特征。为此,可通过加入 Mo,B 等合金元素,使等温转变图(铁素体—珠光体)尽可能右移。贝氏体部分尽可能保留在等温转变图左侧,从而有利于在热轧后冷却时形成贝氏体组织。典型的钢种:$w_C=0.03\%$,$w_{Mn}=1.9\%$,$w_{Nb}=0.04\%$,$w_{Ti}=0.01\%$,$w_B=0.001\%$,屈服强度为 500 MPa 的贝氏体钢。

(3)双相钢:主要是指许多压力加工用钢,这类钢不仅要求高强度,而且还要求高冷成形性。双相钢,即由多边形铁素体加马氏体(包括奥氏体)组成的低合金钢。双相钢可在相变温度下退火和用热轧控制冷却速度的方法获得。例如,将某一成分的低合金钢加热到奥氏体和铁素体的双相区,奥氏体量控制在 $10\%\sim30\%$,这种高合金化的奥氏体在淬火时将变成由细小的马氏体和多边形铁素体组成的双相钢。

5. 工程用铸造碳素钢

在机械制造业中,用锻造方法有时难以生产力学性能要求较高的材料,使用铸铁有时亦难以达到性能要求的复杂形状零件,因此常用铸造碳素钢来进行机械制造。它广泛用于制造重型机械、矿山机械、冶金机械、机车车辆的某些零件、构件。但铸钢的铸造性能与铸铁相比较差,特别是流动性差,凝固收缩率大,易偏析。工程用铸造碳素钢是用废钢等有关原料配料后经三相电弧炉或感应电炉(工频或中频)熔炼,然后浇注而成的。

9.2.2 机械结构钢

机械结构钢是指适用于制造机器和机械零件或构件的钢。这类钢均属于优质的、特殊质量的结构钢,一般经热处理后才可使用,主要包括调质结构钢、表面硬化钢、弹簧钢、冷塑成形钢等,它们多以钢棒、钢管、钢板、钢带、钢丝等规格供货。

1. 渗碳钢

渗碳钢主要用于制作承受交变载荷、很大的接触应力,并在冲击和严重磨损条件下工作的零件,如汽车、重型机床齿轮、活塞销以及内燃机的凸轮轴等。这些零件要求表面硬度高且耐磨,心部则具有较高的韧性和足够的强度以承受冲击。一般渗碳件表面渗碳层淬火后硬度≥58HRC,心部硬度为 $35\sim45$HRC。这类钢的碳质量分数为 $0.15\%\sim0.25\%$,从而可以保证心部塑韧性;为了强化基体,提高淬透性,保证心部强韧性而加入 Cr,Ni,Mn,B 等元素;为了防止渗碳时过热,细化晶粒,提高耐磨性而加入 V,Ti,W,Mo 等微量元素。

渗碳钢的常用牌号有:15,20,20Cr,20CrMnTi,20MnTiB 等。通常尺寸小、受力小的零件,采用低碳钢;而尺寸大的、受力大的则采用低碳合金钢。常用的渗碳钢的化学成分及牌号列于表 9-4。

表 9-4 常用渗碳钢的牌号、成分（GB/T 3077—2015）

钢　号	化学成分（质量分数）/%							
	C	Si	Mn	P	S	Cr	Ni	其他
15	0.12～0.18		0.35～0.65			≤0.25	≤0.25	
20	0.17～0.23		0.35～0.65			≤0.25	≤0.25	
20Mn2	0.17～0.24		1.40～1.80			≤0.35	≤0.35	
20MnV	0.17～0.24		1.30～1.60			≤0.35	≤0.35	
15Cr	0.12～0.17		0.40～0.70			0.70～1.00	≤0.35	
20Cr	0.18～0.24	0.17～0.37	0.50～0.80	≤0.035	≤0.035	0.70～1.00	≤0.35	
12CrNi3	0.10～0.17		0.30～0.60			0.60～0.90	2.75～3.15	
20CrMnTi	0.17～0.23		0.80～1.10			1.00～1.30	≤0.35	Ti0.04～0.10
20MnVB	0.17～0.23		1.20～1.60			≤0.35	≤0.35	V0.07～0.12 B0.0008～0.0035
20CrMnMo	0.17～0.23		0.90～1.20			1.10～1.40	≤0.35	Mo0.20～0.30
12Cr2Ni4	0.10～0.16		0.30～0.60			1.25～1.65	3.25～3.65	
20Cr2Ni4	0.17～0.23		0.30～0.60			1.25～1.65	3.25～3.65	
18Cr2Ni4W	0.13～0.19		0.30～0.60			1.35～1.65	4.00～4.50	W0.80～1.20

根据淬透性的不同，可将渗碳钢分为以下三类。

（1）低淬透性渗碳钢　典型钢种为 20,20Cr 钢，其水淬临界直径为 20～35 mm，渗碳淬火后，心部强韧性较低，只适于制造受冲击载荷较小的耐磨零件，如活塞销、凸轮、滑块、小齿轮等。

（2）中淬透性渗碳钢　典型钢种为 20CrMnTi 钢，其油淬临界直径为 25～60 mm，主要用于制造承受中等载荷、要求足够冲击韧性和耐磨性的汽车、拖拉机齿轮等零件。

（3）高淬透性渗碳钢　典型钢种为 18Cr2Ni4WA、20Cr2Ni4A 钢，其油淬临界直径应大于 100 mm，主要用于制造大截面、高载荷的重要耐磨件，如飞机、坦克中的曲轴、大模数齿轮等。

渗碳钢的加工工艺路线如下：

下料→锻造→正火→粗机加工→渗碳→预冷淬火＋低温回火→精机加工

渗碳钢在热处理时为了调整硬度，改善组织和切削加工性能，通常先进行预备热处理，一般采用正火,组织为珠光体和铁素体;再进行最终热处理,一般在渗碳后直接淬火加低温回火。热处理后的组织:表面组织为高碳回火马氏体加颗粒细小的碳化物及少量残余奥氏体(硬度达到 58～62HRC);心部组织根据钢的淬透性及工件尺寸而定,淬透时为低碳回火马氏体,未淬透时为低碳铁素体加托氏体。常用渗碳钢的热处理工艺规范及机械性能指标见表 9-5。

表 9-5　常用渗碳钢(900～950 ℃渗碳)的热处理工艺规范、机械性能指标(GB/T 699—2015)

钢号	毛坯尺寸/mm	热处理					机械性能				
		淬火温度/℃		冷却介质	回火温度/℃	冷却介质	R_m/MPa	R_{eL}/MPa	A/%	Z/%	KU_2/J
		第一次	第二次				不小于				
15	25	920		空气			375	225	27	55	
20	25	900		空气			41	245	25	55	
20Mn2	15	850		水,油	200	水,空气	785	590	10	40	47
15Cr	15	880	770～820	水,油	180	水,空气	685	490	12	45	55
20Cr	15	880	770～820	水,油	200	水,空气	835	540	10	40	47
20MnV	15	880		水,油	200	水,空气	785	590	10	40	55
20CrMnTi	15	850	870	油	200	水,空气	1080	853	10	45	55
12CrNi3	15	860	780	油	200	水,空气	930	685	11	50	71
20CrMnMo	15	850		油	200	水,空气	1175	885	10	45	55
20MnVB	15	860		油	200	水,空气	1080	885	10	45	55
12Cr2Ni4	15	860	780	油	200	水,空气	1080	835	10	50	71
20CrNi4	15	880	780	油	200	水,空气	1175	1080	10	45	63
18Cr2Ni4W	15	950	850	空气	200	水,空气	1175	835	10	45	78

2.调质钢

调质钢是指经淬火＋高温回火后使用的优质非合金结构钢和合金结构钢,统称为调质钢。主要应用于受力较复杂的重要结构零件,如机床主轴、火车发动机曲轴、汽车后桥半轴等轴类零件以及连杆、螺栓、齿轮等。调质钢要求具有良好的综合力学性能,即高的强度、良好的塑性和韧性。

(1)调质钢的碳含量

调质钢的碳质量分数为 0.25%～0.50%,可以保证热处理后具有足够的强度、良好的塑性和韧性。碳质量分数太低,强度硬度不足;碳质量分数太高,则塑性、韧性降低。为达到两者兼顾,取中碳质量分数范围。一般非合金结构钢的淬透性低,碳质量分数偏上限;合金结构钢淬透性好,随着合金元素的增加,碳质量分数趋于下限。如 30CrMnSi,38CrMoAl 钢。

调质钢中的主加合金元素为 Cr,Ni,Mn,Si,Al 等,其主要作用是提高淬透性,调质处理后有良好的综合力学性能。辅加 W,Mo 元素,防止高温回火脆性,细化晶粒,提高回火稳定性。常用调质钢的钢号及成分示例见表 9-6。

表 9-6　　常用调质钢钢号及成分举例（GB/T 3077—2015 和 GB/T 699—2015）

钢 号	化学成分（质量分数）/%								
	C	Si	Mn	P	S	Cr	Ni	Mo	其 他
40	0.37~0.44	0.17~0.37	0.50~0.80	≤0.035	≤0.035	≤0.25	≤0.30	—	—
45	0.42~0.50	0.17~0.37	0.50~0.80	≤0.035	≤0.035	≤0.25	≤0.30	—	—
20MnV	0.17~0.24	0.17~0.37	1.30~1.60	≤0.035	≤0.035	≤0.35	≤0.35	—	V0.07~0.12
40MnVB	0.37~0.44	0.17~0.37	1.10~1.40	≤0.035	≤0.035	≤0.35	≤0.35	—	B0.001~0.004 V0.05~0.10
40Cr	0.37~0.44	0.17~0.37	0.50~0.80	≤0.035	≤0.035	0.80~1.10	≤0.35	—	—
40CrMn	0.37~0.45	0.17~0.37	0.90~1.20	≤0.035	≤0.035	0.90~1.20	≤0.35	—	—
42CrMo	0.38~0.45	0.17~0.37	0.50~0.80	≤0.035	≤0.035	0.90~1.20	≤0.35	0.15~0.25	—
40CrNi	0.37~0.44	0.17~0.37	0.50~0.80	≤0.035	≤0.035	0.45~0.75	1.00~1.40	—	—
30CrMnSi	0.28~0.34	0.90~1.20	0.80~1.10	≤0.035	≤0.035	0.80~1.10	≤0.35	—	—
35CrMo	0.32~0.40	0.17~0.40	0.40~0.70	≤0.035	≤0.035	0.80~1.10	≤0.35	0.15~0.25	—
37CrNi3	0.34~0.41	0.17~0.37	0.30~0.60	≤0.035	≤0.035	1.20~1.60	3.00~3.50	—	—
40CrNiMo	0.37~0.44	0.17~0.37	0.50~0.80	≤0.035	≤0.035	0.60~0.90	1.25~1.65	0.15~0.25	—
40CrMnMo	0.37~0.45	0.17~0.37	0.90~1.20	≤0.035	≤0.035	0.90~1.20	≤0.35	0.20~0.30	—

（2）调质钢的分类及典型牌号

按淬透性的高低，调质钢大致可以分为三类：

①低淬透性调质钢　典型钢种为 45,40Cr 钢，这类钢的油淬临界直径为 30~40 mm，广泛用于制造一般尺寸的重要零件，如轴、齿轮、连杆螺栓等。35SiMn,40MnB 钢是为了节约铬而发展的代用钢种。

②中淬透性调质钢　典型钢种为 40CrNi 钢，这类钢的油淬临界直径为 40~60 mm，含有较多的合金元素，用于制造截面较大、承受较重载荷的零件，如曲轴、连杆等。

③高淬透性调质钢　典型钢种为 40CrNiMoA 钢，这类钢的油淬临界直径为 60~100 mm，大部分为铬镍钢。铬、镍的适当配合，可大大提高淬透性，并能获得比较优良的综合机械性能。用于制造大截面、承受重负荷的重要零件，如汽轮机主轴、压力机曲轴、航空发动机曲轴等。

（3）调质钢的热处理工艺特点

预备热处理采用完全退火或正火（高淬透性的调质钢正火后应再高温回火），其目的是细化晶粒，改善组织，调整硬度，改善切削加工性能。预备热处理后的组织为珠光体加铁素体。最终热处理为调质处理（淬火加高温回火），调质处理后的组织为回火索氏体，具有良好的综合机械性能。当调质件还要求具有高耐磨性和高耐疲劳性能时，可在调质处理后进行表面淬火或氮化处理,表面淬火多采用感应加热表面淬火。这样在得到表面高耐磨性硬化层要求的同时,心部仍保持综合力学性能高的调质组织(回火索氏体)。表 9-7 为常用合金结构钢的调质处理工艺及力学性能指标。

表 9-7　常用合金结构钢的调质处理工艺及力学性能指标(GB/T 3077—2015)和(GB/T 699—2015)

钢号	热处理				机械性能				
	淬火温度/℃	冷却介质	回火温度/℃	冷却介质	σ_m/MPa	R_{eL}/MPa	A/%	Z/%	KU_2/J
					不小于				
40Mn2	840	水,油	550	水	685	735	10	45	47
40Cr	850	油	520	水,油	980	785	9	45	47
35SiMn	900	水	570	水,油	885	735	15	45	47
42SiMn	880	水	590	水,油	885	735	15	40	47
40MnB	850	油	500	水,油	980	785	10	45	47
40CrV	880	油	650	水,油	885	735	10	50	71
40CrMn	840	油	550	水,油	980	835	9	45	47
40CrNi	820	油	500	水,油	980	785	10	45	55
42CrMo	850	油	560	水,油	1080	930	12	45	63
30CrMnSi	880	油	520	水,油	1080	885	10	45	39
38CrMoAlA	940	水,油	640	水,油	980	835	12	45	63
37CrNi3	820	油	500	水,油	1130	980	10	50	47
40CrNiMoA	850	油	600	水,油	980	835	12	55	78
25Cr2Ni4WA	850	油	550	水,油	1080	930	11	45	71
40CrMnMo	850	水	600	水,油	980	785	10	45	63

由表 9-7 可知,所列钢中以 42CrMo,37CrNi3 钢的综合力学性能较好,尤其是强度较高,比相同碳质量分数的非合金结构钢高 30% 左右,其主要原因是这两种钢中合金元素对铁素体的强化效果较为显著。

以下通过实例分析热处理工艺规范:

①用 40Cr 钢制作拖拉机上的连杆、螺栓的工艺路线为:

下料→锻造→退火或正火→粗机加工→调质→精机加工→装配

在上述工艺路线中,预备热处理采用退火(或正火),其目的是改善锻造组织,细化晶粒,调整硬度,便于切削加工,为淬火做好组织准备。调质工艺采用 830 ℃加热、油淬、得到马氏体组织;然后在 525 ℃回火水冷,水冷是为了防止第二类回火脆性。最终使用状态下的组织为回火索氏体,具有良好的综合机械性能。

②用 45 钢或 40Cr 钢制造机床主轴或齿轮的生产工艺流程一般为:

下料→锻造→正火→机加工→调质处理→精加工→局部表面淬火+低温回火→磨削

图 9-1 所示为 40Cr 钢在不同温度回火后的力学性能。

3. 弹簧钢

弹簧钢是指用于制造汽车、拖拉机和火车的板弹簧或螺旋弹簧的结构件。该类结构件要求具有高的弹性极限和屈强比、高的疲劳强度以及足够的塑性和韧性。

弹簧钢的碳质量分数为 0.45%～0.70%,多为 0.60% 左右,一般为中、高碳钢。碳质量分数过高,塑性和韧性降低,疲劳极限也下降。为了提高淬透性,提高强度及屈强比,常常在弹簧钢中加入 Mn,Si。为了进一步提高淬透性,细化晶粒,提高回火稳定性和耐热性,一般还加入 W,Mo,V 等元素。

弹簧钢根据弹簧的加工成型方法不同,分为热成型弹簧和冷成型弹簧。一般,截面尺寸

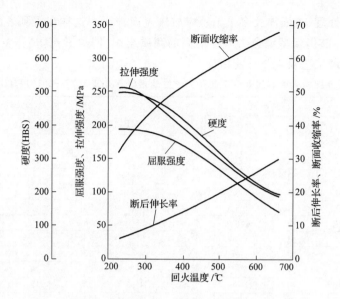

图 9-1　40Cr 钢在不同温度回火后的力学性能

$\phi > 10$ mm 的弹簧采用热成形方法；截面尺寸 $\phi < 10$ mm 的弹簧采用冷成形方法。

①热成形弹簧　这类弹簧主要通过淬火加中温回火得到回火托氏体组织。这类弹簧多用热轧钢丝或钢板制成。

以 60Si2Mn 钢制造的汽车板簧的工艺路线是：

下料→加热压弯成型→淬火＋中温回火→喷丸处理→装配

成型后采用淬火＋中温（350～500 ℃）回火，组织为回火托氏体，硬度为 39～52HRC，具有高的弹性极限、屈强比和足够的韧性。喷丸处理可进一步提高疲劳强度。例如，板簧经喷丸处理后使用寿命可提高 5～6 倍。表 9-8 为热成形弹簧钢的化学成分、热处理及力学性能。

表 9-8　　常用弹簧钢的化学成分、热处理及力学性能（GB/T 1222—2016）

类别	钢号	化学成分（质量分数）/%				热 处 理			机 械 性 能				
		C	Si	Mn	其 他	淬火温度/℃	淬火介质	回火温度/℃	R_m/MPa	R_{eL}/MPa	A/%	$A_{11.3}$/%	Z/%
									不 小 于				
非合金	65	0.62～0.70	0.17～0.37	0.50～0.80	—	840	油	500	1 000	800	—	9	35
	85	0.82～0.90	0.17～0.37	0.50～0.80	—	820	油	480	1 150	1 000	—	6	30
	65Mn	0.62～0.70	0.17～0.37	0.90～1.20	—	830	油	540	1 000	800	—	8	30
合金	55SiMnVB	0.52～0.60	0.70～1.00	1.00～1.30	Cr≤0.35 V0.08～0.16 B0.000 5～0.003 5	860	油	460	1 375	1 225	—	5	30
	60Si2Mn	0.56～0.64	1.50～2.00	0.70～1.00	—	870	油	480	1 300	1 200	—	5	25
	50CrVA	0.46～0.54	0.17～0.37	0.50～0.80	Cr0.80～1.10 V0.10～0.20	850	油	500	1 300	1 150	10	—	40
	60Si2CrVA	0.56～0.64	1.40～1.80	0.40～0.70	Cr0.90～1.20 V0.10～0.20	850	油	410	1 900	1 700	6	—	20
	30W4Cr2VA	0.26～0.34	0.17～0.37	≤0.40	Cr2.00～2.50 V0.50～0.80 W4～4.5	150～1 000	油	600	1 500	1 350	7	—	40

②冷成形弹簧　这类弹簧用冷拉钢丝或油淬回火钢丝冷圈成形。成形后不必淬火处

理,只需进行一次去应力退火处理(250~300 ℃保温 1 h),目的是消除内应力,稳定尺寸。冷拉过程中产生加工硬化,使强度大大提高。

4.滚动轴承钢

滚动轴承钢是指用于制作各类滚动轴承的内、外套圈及滚动体的专用钢种,分为高铬轴承钢、不锈轴承钢、渗碳轴承钢和高温轴承钢四类,这里只介绍高铬轴承钢。

高铬轴承钢的主要牌号有 GCr15,GCr15SiMn。高铬轴承钢的碳质量分数为 $0.95\%\sim1.15\%$,以保证形成碳化物强化相,提高强度、硬度及耐磨性。高铬轴承钢主加合金元素为 Cr,其目的是提高淬透性、接触疲劳抗力和细化晶粒。对大尺寸轴承,加入 Si,Mn 元素以进一步提高淬透性。从化学成分看,滚动轴承钢属于工具钢范畴,所以这类钢也经常用于制造各种精密量具、冷冲模具、丝杠、冷轧辊和高精度的轴类等耐磨零件。

高铬轴承钢的热处理主要是球化退火、淬火和低温回火。采用球化退火进行预备热处理,其目的是获得球状珠光体、改善组织、降低硬度(<210HBS)、便于切削加工。最终热处理时加热到 840 ℃,在油中淬火,并在淬火后低温(150~180 ℃)回火,得到回火马氏体加细小粒状碳化物颗粒及少量的残余奥氏体,回火后的硬度为 61~65HRC。低温回火可以保持淬火后的高硬度和高耐磨性,消除淬火应力。对于精密轴承零件,为了将残余奥氏体量降低到最低程度,提高尺寸稳定性,常采用淬火后冷处理并时效处理。冷处理后,恢复到室温,立即低温回火。

5.耐磨钢

耐磨钢主要是指在冲击载荷作用下,发生冲击硬化的铸造高锰钢,共包括 5 个牌号:ZGMn13-1,ZGMn13-2,ZGMn13-3,ZGMn13-4 和 ZGMn13-5。高锰钢主要用于既承受严重磨损又承受强烈冲击的零件,如拖拉机、坦克的履带板、破碎机的颚板、挖掘机的铲齿和铁路的道岔等。因此,高耐磨性和韧性是对高锰钢的主要性能要求。

耐磨钢的成分主要为高碳和高锰。其碳质量分数为 $0.75\%\sim1.45\%$,以保证高的耐磨性。锰质量分数为 $11\%\sim14\%$,保证形成单相奥氏体组织,以获得良好的韧性。

高锰钢的铸态组织为奥氏体加碳化物,性能硬而脆。为此,需对其进行"水韧处理",即把钢加热到 1 100 ℃,使碳化物完全溶入奥氏体,并进行水淬,从而获得均匀的过饱和单相奥氏体。这时其强度、硬度并不高(硬度为 180~200HB),但是塑性韧性却很好。若想高锰钢具有高耐磨性,其使用工况需满足强烈的冲击或强大的压力。其原因在于冲击或压力作用下,表面奥氏体迅速加工硬化,同时形成马氏体并析出碳化物,使表面硬度提高到 500~550HB,获得高耐磨性。而心部仍为奥氏体组织,具有高耐冲击能力。当表面磨损后,新露出的表面又可在冲击或压力作用下获得新的硬化层。

因高锰钢加热到 250 ℃以上时有碳化物析出,会使其脆性增加,因此该钢水冷后不能再受热。这种钢由于具有很高的加工硬化能力,很难切削加工。但采用硬质合金、含钴高速钢等切削工具,并采取适当的刀角及切削条件,仍然可加工。

9.3　工具钢

工具钢是指用来制造刃具、模具、量具和其他耐磨工具的钢。按用途可分为刃具钢、模具钢和量具钢。

9.3.1 刃具钢

刃具钢用于切削加工的工具,例如车刀、刨刀、钻头等的钢种。切削刃具钢的种类繁多,工况条件各有特点,性能要求也各有不同。以车刀为例,车刀的刀刃与工件之间会发生剧烈的摩擦,造成严重的磨损,刀刃部分温度高(高速切削时,温度达 600 ℃);进刀时容易发生冲击与振动,失效形式为磨损、崩刃、刀具折断等。因此对其性能要求为:具有较高的硬度、较高的耐磨性、较高的热硬性、较高的抗弯强度和足够的韧性。热硬性又称红硬性,是指刃具钢在高温下保持高硬度的能力,是衡量刃具钢使用寿命的重要指标。

常用的刃具钢有三类:碳素工具钢、低合金工具钢和高速工具钢。

1. 碳素工具钢

碳素工具钢为高碳钢,其碳质量分数为 0.65%~1.35%。其一般以退火状态供应,使用时再进行适当的热处理。各种碳素工具钢淬火后的硬度相近,但随着含碳量的增加,未溶渗碳体增多,钢的耐磨性增加,而韧性降低。因此,T7,T8 钢适于制造承受一定冲击而韧性要求较高的工具,如大锤、冲头、凿子、木工工具、剪刀等;T9,T10,T11 钢用于制造冲击较小而要求高硬度和较高耐磨性的工具,如丝锥、板牙、小钻头、冷冲模、手工锯条等;T12,T13 钢的硬度和耐磨性很高,但韧性较差,用于制造不受冲击的工具,如锉刀、刮刀、剃刀、量具等。

碳素工具钢的化学成分、性能和用途见表 9-9。

表 9-9　碳素工具钢的牌号、化学成分、力学性能及用途(GB/T 1298—2008)

牌　号	化学成分(质量分数)/%			退火状态硬度(HBS)不小于	试样淬火硬度(HRC)不小于	用途举例
	C	Si	Mn			
T7 T7A	0.65~0.74	≤0.35	≤0.40	187	62(800~820 ℃ 水淬)	承受冲击、韧性较好、硬度适当的工具,如扁铲、手钳、大锤、改锥、木工工具
T8 T8A	0.75~0.84	≤0.35	≤0.40	187	62(700~800 ℃ 水淬)	承受冲击,较高硬度的工具,如冲头、压缩空气工具、木工工具
T8Mn T8MnA	0.80~0.90	≤0.35	0.40~0.60	187		同上,但淬透性较大,可制造截面较大的工具
T9 T9A	0.85~0.94	≤0.35	≤0.40	192	62(760~780 ℃ 水淬)	韧性中等、硬度高的工具,如冲头、木工工具、凿岩工具
T10 T10A	0.95~1.04	≤0.35	≤0.40	197		不受剧烈冲击,高硬度耐磨的工具,如车刀、刨刀、冲头、丝锥、钻头、手锯条
T11 T11A	1.05~1.14	≤0.35	≤0.40	207		不受剧烈冲击,高硬度耐磨的工具,如车刀、刨刀、冲头、丝锥、钻头
T12 T12A	1.15~1.24	≤0.35	≤0.40	207		不受冲击,要求高硬度耐磨工具,如锉刀、精车刀、丝锥、量具
T13 T13A	1.25~1.35	≤0.35	≤0.40	217		同 T12,要求更耐磨的工具,如刮刀、剃刀

2. 低合金工具钢

为了克服非合金工具钢热硬性差,淬透性低,易变形开裂等缺点,在非合金工具钢的基础上加入少量的合金元素,一般质量分数不超过 3%~5%,称为低合金工具钢。

低合金工具钢碳质量分数为 $0.75\%\sim1.50\%$，其目的是保证高硬度，并形成足够的合金碳化物，提高耐磨性。低合金工具钢中主加合金元素为硅、锰、铬，其目的是达到固溶强化要求，提高硬度和淬透性。辅加元素为钼、钨、矾，其目的是细化晶粒，形成特殊碳化物，提高硬度和耐磨性。

常用的低合金工具钢有 9SiCr，9Mn2V，CrWMn 钢等，其化学成分、热处理及用途举例见表 9-10。

表 9-10　　常用低合金刃具钢的牌号、化学成分、热处理及用途（GB/T 1299—2014）

牌号	化学成分（质量分数）/%					淬火			回火		用途举例
	C	Mn	Si	Cr	其他	温度/℃	介质	硬度（HRC）	温度/℃	硬度（HRC）	
9SiCr	0.85~0.95	0.30~0.60	1.20~1.60	0.95~1.25		820~860	油	≥62	190~200	60~63	板牙、丝锥、绞刀、搓丝板、冷冲模等
CrWMn	0.90~1.05	0.80~1.10	0.15~0.35	0.90~1.20	W1.20~1.60	820~840			140~160	62~65	长丝锥、长绞刀、板牙、拉刀、量具、冷冲模等
CrMn	1.30~1.50	0.45~0.75	≤0.40	1.30~1.60		840~860			130~140	62~65	长丝锥、拉刀、量具等
9Mn2V	0.85~0.95	1.70~2.00	≤0.40	—	V0.01~0.25	780~820			150~200	58~63	丝锥、板牙、样板、量规、磨床主轴、中小型模具、精密丝杠等

3. 高速工具钢

高速工具钢（简称高速钢）是高速切削用钢的代名词，是随着工业技术的不断发展，为适应高速切削的要求而发展起来的钢种。高速钢具有高的硬度、耐磨性和热硬性。工作温度可达 600 ℃，硬度仍保持在 60HRC 以上，这是高速钢区别于其他钢种的主要特性。

我国最常用的高速钢是 W18Cr4V，W6Mo5Cr4V2 钢。其中 W18Cr4V 为国际钢种，但由于我国的 W 元素储备相对于国外较少，我国材料工作者遵循社会责任和职业道德，经过刻苦钻研，开发出同等力学性能水平的 W6Mo5Cr4V2 钢。该钢种的研制实现我国资源的合理利用和可持续发展，并且提高经济效益。W18Cr4V 高速钢的过热敏感性小，磨削性好，但由于热塑性差，通常适于制造一般高速切削刀具，如车刀、铣刀、绞刀等；W6Mo5Cr4V2 高速钢具有较好的耐磨性、韧性和热塑性，适于制造耐磨性和韧性需良好配合的高速刀具，如丝锥、齿轮铣刀、插齿刀等。由于该钢种切削金属材料很锋利，又称为"锋钢"。因其淬透性好，在空气中即可实现淬火，又称"风钢"，W6Mo5Cr4V2 是刃具材料中最重要的钢种。

高速钢碳质量分数为 $0.70\%\sim1.65\%$，属于高碳钢，其目的是保证高硬度，并与 W，V 等形成特殊碳化物或合金渗碳体，具有高的耐磨性和良好的热硬性。高速钢含有大量合金元素，主要是 Cr，W，Mo，V 等。高的 W 质量分数使钢保持红硬性，提高回火抗力和淬透性。在 $500\sim600$ ℃回火时产生细小而弥散分布的 W_2C 颗粒。Cr 元素可提高淬透性和回火抗力，增加抗氧化、抗脱碳、抗腐蚀能力。V 元素的加入可提高硬度和红硬性，细化晶粒。Mo 元素的作用主要是提高红硬性。

下面以 W18Cr4V 钢制造盘形齿轮铣刀为例，分析高速钢制作刀具的工艺路线及热处理工艺的制定。其工艺路线和热处理工艺为：

下料→锻造(反复镦粗、镦拔结合)→等温球化退火→机加工→淬火(1 280 ℃)

图 9-2 所示为 W18Cr4V 钢的淬火、回火工艺曲线。

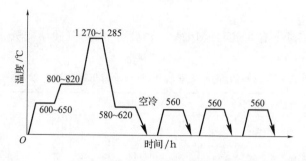

图 9-2　W18Cr4V 钢的淬火、回火工艺曲线

(1)锻造

高速钢是莱氏体钢,其铸态组织为亚共晶组织,由鱼骨状的粗大莱氏体及树枝状的马氏体和托氏体组成,如图 9-3 所示。粗大碳化物的出现使铸态高速钢的脆性变大,且难以用热处理消除,必须经过反复锻造来敲碎,使其均匀地分布于基体中。

(2)球化退火

高速钢的球化退火在锻造后机加工前进行,属于预备热处理,在 860～880 ℃加热保温,然后冷却到 720～750 ℃发生等温珠光体转变,炉冷至 550 ℃以下出炉。其目的是降低硬度,便于切削加工,其硬度为 207～225HBS,组织为索氏体加细小碳化物颗粒,如图 9-4 所示。

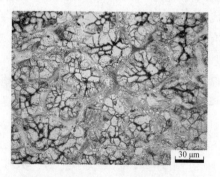

图 9-3　W18Cr4V 钢的铸态组织

图 9-4　W18Cr4V 钢的退火组织

(3)淬火、回火

高速钢优异的性能必须经正确的淬火、回火才能发挥出来。高速钢的导热性能差,为防止变形和开裂,淬火加热时应预热两次。高速钢的淬火温度高达 1 280 ℃,以使更多的合金元素溶入奥氏体中,达到淬火后获得的马氏体含合金元素的量较大的目的。但是,淬火温度也不宜过高,否则易引起晶粒粗大。淬火冷却多采用盐浴分级淬火或油冷,以减少变形和开裂倾向。其淬火组织为隐针马氏体加颗粒状碳化物和较多的残余奥氏体(约为 30%),如图 9-5 所示。

高速钢在淬火后及时回火。常用的回火工艺是 560 ℃左右保温 1 h,重复 3 次。这是由于高速钢淬火组织中残余奥氏体量多,一次回火不能转变完全,3 次回火后才能基本完成转变,并且产生二次硬化。回火后的组织为回火马氏体加颗粒状碳化物及少量残余奥氏体,如图 9-6 所示,其硬度为 66～63HRC。

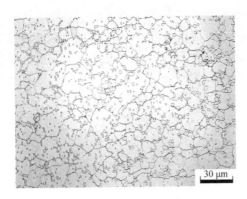

图 9-5 W18Cr4V 钢的淬火组织

图 9-6 W18Cr4V 钢的回火组织

图 9-7 所示为回火温度对 W18Cr4V 钢硬度的影响。在 560 ℃左右时产生二次硬化,出现了硬度峰值,因此回火温度确定在 560 ℃左右。硬度峰值的出现,是因为回火时 Mo,W,V 等碳化物的弥散析出以及每次回火冷却时发生残余奥氏体转变成马氏体的二次淬火现象。为减少回火次数,使高速钢中的残余奥氏体量减少到最低限度,往往还需进行冷处理。与其他钢种的淬火、回火工艺相比较,高速钢的淬火、回火可归纳为"两高一多",即淬火温度高(1 250～1 300 ℃),回火温度高(560 ℃)、回火次数多(3 次)。

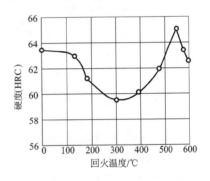

图 9-7 W18Cr4V 钢硬度与回火温度的关系

9.3.2 模具钢

用于制造各类模具的钢称为模具钢。和刃具钢相比,其工作条件不同,因而对模具钢性能要求也有所区别。模具钢可分为冷作模具钢、热作模具钢和塑料模具钢。

1. 冷作模具钢

冷作模具钢包括拉延模钢、拔丝模钢或压弯模钢、冲裁模钢、冷镦模钢和冷挤压模钢等,均属于在室温冷态下对金属进行变形加工的模具钢,也称为冷变形模具钢。在冷态下冲制螺钉、螺帽、硅钢片、面盆等,被加工的金属在模具中产生很大的塑性变形,模具的工作部分承受很大的压力和强烈的摩擦,要求有高的硬度和耐磨性,通常要求硬度为 58～62HRC,以保证模具的几何尺寸和使用寿命。冷作模具在工作时,承受很大的冲击和负荷,甚至有较大的应力集中,因此要求其工作部分有较高的强度和韧性,以保证尺寸的精度并防止崩刃。同时要求良好的工艺性能,例如淬透性,热处理变形小。

冷作模具钢有非合金工具钢和低合金工具钢两类。其中对于尺寸小、形状简单、工作负荷不大的模具采用非合金工具钢。钢种有 T8A,T10A,T12A,Cr2,9Mn2V,9SiCr,CrWMn,Cr6WV 钢等。其价格便宜,加工性能好,基本上能满足模具的工作要求,但是非合金工具钢的淬透性较差,热处理变形大;耐磨性较差,使用寿命较低。而低合金工具钢含有少量的合金元素,其淬透性提高,通过油淬可使晶粒细小,变形减小,例如 9SiCr,Cr2 钢可用来制造滚丝模等。

2. 热作模具钢

热作模具钢包括热锻模钢、热镦模钢、热挤压模钢、精密锻造模钢、高速锻模钢等,均属于在受热状态下对金属进行变形加工的模具钢,也称为热变形模具钢。由于热作模具是在非常苛刻的条件下工作的,不但承受压应力、张应力、弯曲应力及冲击应力,还经常受到强烈的摩擦,因此必须具有高的强度以及良好的韧性配合,同时还要有足够的硬度和耐磨性。热作模具钢在工作时经常与炽热的金属接触,型腔表面温度高达 $400\sim600$ ℃,因此必须具有高的回火稳定性。工作中反复受到炽热金属的加热和冷却介质的冷却,极易引起"龟裂"现象,即所谓"热疲劳",因此还必须具有抗热疲劳能力。此外,由于热作模具一般尺寸较大,因而还要求热作模具钢具有高的淬透性和导热性。

热作模具钢碳质量分数为 $0.30\%\sim0.60\%$,如果碳质量分数过高,塑性、韧性及导热性差;如果碳质量分数过低,硬度及耐磨性则不高。为了提高其淬透性、回火稳定性及耐磨性而常加入的合金元素有 Cr,Mn,Si,Mo,W,V。其中,Mo,W 元素还抑制第二类回火脆性,Cr,Si,W 提高热疲劳性能。

热作模具钢的热处理工艺主要有预备热处理和最终热处理。预备热处理安排在反复锻造(目的是使碳化物均匀分布)之后、机加工成型之前进行,一般可采用完全退火或等温退火。退火后的组织属于亚共析钢,需加热到 Ac_3 以上完全奥氏体化。其目的是消除锻造应力,细化晶粒,降低硬度(197~241HBS),以便于切削加工。最终热处理一般采用淬火加低温回火,最终的组织为回火索氏体,硬度要求一般为 39~54HRC。根据用途不同,热锻模淬火后采用模面中温回火、模尾高温回火;压铸模淬火后在略高于二次硬化峰值的温度多次回火,提高热硬性。

热作模具钢的典型钢种主要有 5CrMnMo,5CrNiMo 和 3Cr2W8V 钢。其中 5CrNiMo 钢的综合性能好,主要用于制造形状复杂、冲击载荷大的大型热锻模。5CrMnMo 钢中以 Mn 替代 Ni 既保证了强度,价格又低,但塑性、韧性及淬透性不如 5CrNiMo 钢,所以一般用于中小型(边长在 400 mm 以下)热锻模的制造。3Cr2W8V 钢具有高的回火稳定性,广泛用于压铸模及热挤压模的制造。

3. 塑料模具钢

工业和生活中,塑料制品的发展对模具材料的要求趋向多样化。适合用于制作塑料制品的模具钢种称为塑料模具钢。由于塑料模的工作特点,要求其具有非常洁净和高光洁的表面,且耐磨、耐蚀,同时具有一定的表面硬化层、足够的强度与韧性。塑料模具钢可分为以下几种:

(1)中、小型且形状不复杂的塑料模具可采用 T7A,T10A,9Mn2V,CrWMn,Cr2 等钢种,大型复杂的塑料模具则采用 4Cr5MoSiV,Cr12MoV 等钢种。

(2)复杂精密的塑料模具常采用 20CrMnTi,12CrNi3A 等渗碳钢,也可采用预硬钢种。

(3)应用于腐蚀环境下的塑料模具则采用耐蚀的马氏体不锈钢如 20Cr13,30Cr13 等钢种。

9.3.3 量具钢

量具钢是指用于制造量具,例如卡尺、千分尺、块规、塞尺等的钢种。量具在使用过程中主要是受到磨损,因此量具钢要求有很高的硬度和耐磨性,以防止在使用过程中因磨损而失效;要求组织稳定性高;在使用过程中尺寸不变,以保证高的尺寸精度;具有良好的磨削加工性。

最常用的量具钢为非合金工具钢和低合金工具钢。其中非合金工具钢由于其淬透性低,因此常用于制作尺寸小,形状简单,精度要求低的量具。而低合金工具钢(包括 GCr15

钢等),淬透性较高,采用油淬,变形小。合金元素在钢中形成的合金碳化物,可提高耐磨性。其中,GCr15 钢的耐磨性和尺寸稳定性都较好,因此得到广泛应用。

量具钢通过适当的热处理可减少变形并提高组织稳定性。在淬火前进行调质处理,得到回火索氏体。回火后进行冷处理,降低奥氏体量,降低内应力。长时间的低温回火,使马氏体趋于稳定,进一步降低内应力。

9.4 特殊性能钢

特殊性能钢是指具有特殊物理、化学性能的钢。本书主要介绍不锈钢和耐热钢。

9.4.1 不锈钢

通常所说的不锈钢是不锈钢和耐酸钢的总称。不锈钢是指能抵抗大气腐蚀的钢;耐酸钢是指能抵抗化学介质腐蚀的钢。"不锈"只是说腐蚀的速度相对较慢,没有绝对不受腐蚀的钢种。因此,"不锈"是相对的,"腐蚀"是绝对的。

常用的不锈钢根据其组织特点,可分为马氏体型不锈钢、铁素体型不锈钢和奥氏体型不锈钢三种类型。

1. 马氏体型不锈钢

马氏体型不锈钢主要是 Cr13 型不锈钢。其典型的钢种主要有 1Cr13,2Cr13,3Cr13,4Cr13 钢等,碳质量分数为 $0.1\%\sim1.0\%$,铬质量分数为 $12\%\sim18\%$。随着碳质量分数的提高,钢的强度、硬度、耐磨性及切削性能显著提高,但是耐腐蚀性下降。马氏体型不锈钢的淬透性好。

1Cr13 和 2Cr13 钢都是在调质状态下使用的,回火索氏体组织具有良好的综合力学性能,其基体(铁素体)铬质量分数大于 11.7%,具有良好的耐腐蚀性。1Cr13,2Cr13 钢常用来制造汽轮机叶片、水压机阀、结构架、螺栓、螺帽等零件,但 2Cr13 钢的强度稍高,而耐腐蚀性差些。3Cr13 钢常用于制造弹性要求较好的夹持器械,例如各种手术钳及医用镊子等;而 4Cr13 钢碳质量分数稍高,适于制造硬度和耐磨性要求较高的外科手术用具,例如手术剪、手术刀等。4Cr13 钢在淬火和低温回火后使用,其组织为回火马氏体。4Cr13 钢碳质量分数高些,具有较高的强度和硬度(50HRC),耐腐蚀性相对差些,因此常作为工具钢使用,制造医疗器械、刃具、热油泵轴等。

2. 铁素体型不锈钢

铁素体型不锈钢碳质量分数很低,为 0.15% 以下,铬质量分数有相应地提高,为 $12\%\sim30\%$。其耐腐蚀性、塑性、焊接性均优于马氏体型不锈钢。这类不锈钢组织为单相铁素体(加热或冷却时无相变发生,因此不能热处理强化)。可通过加入钛、铌等元素形成碳化物或经冷塑性变形及再结晶来细化晶粒。铁素体型不锈钢的性能特点是耐酸蚀、抗氧化性能强、塑性好,但有脆化倾向。这类钢的常用牌号有 0Cr13,1Cr17 和 1Cr28,主要用于化工容器管道(对力学性能要求不高,对耐腐蚀性要求高),例如硝酸的吸收塔和热交换器、承受醋酸蒸气的附件等。

3. 奥氏体型不锈钢

奥氏体型不锈钢是指铬镍不锈钢(简称 18-8 型不锈钢),是工业上应用最广泛的不锈钢。18-8 型不锈钢碳质量分数很低,属于超低碳范围,碳质量分数小于 0.12%。这类钢具有良好的耐腐蚀性、塑性和韧性，同时具有优良的抗氧化能力及力学性能。钢中铬质量分数约为18%，主要作用是产生钝化，提高阳极电极电位，增加耐腐蚀性。镍质量分数约为9%，主要作用是扩大奥氏体区，降低钢的 M_s 点（降低至室温以下），使钢在室温下具有单相奥氏体组织。铬和镍在奥氏体中的共同作用，进一步改善了钢的耐腐蚀性；钛的主要作用是抑制在晶界上析出 $(Cr,Fe)_{23}C_6$，消除钢的晶间腐蚀倾向，钛质量分数一般不大于0.8%，过多时会使钢出现铁素体和产生 TiN 夹杂，会降低钢的耐腐蚀性。为了提高奥氏体不锈钢的性能，常用的热处理工艺有固溶处理、稳定化处理及去应力处理等。

奥氏体型不锈钢的典型钢号有 0Cr18Ni9，1Cr18Ni9，2Cr18Ni9，0Cr18Ni9Ti 和 1Cr18Ni9Ti。奥氏体不锈钢在化工和食品行业使用居多，也常常用于制造耐氧化性酸（如硝酸、有机酸）的贮槽、容器，碱、盐工业中的机械零件以及医疗器械与仪器仪表等。

常用铬不锈钢的主要成分、热处理工艺、组织、机械性能及用途见表 9-11。

表 9-11　常用铬不锈钢的主要成分、热处理工艺、组织、机械性能及用途（GB/T 1220—2007）

类别	牌号	化学成分（质量分数）/%			热处理	机械性能				用途
		C	Cr	其他		$R_m/$MPa	$R_{eL}/$MPa	$A/$%	硬度（HBW）	
马氏体型	12Cr13	0.08~0.15	11.5~13.5	—	900~1 000 ℃油淬火 700~750 ℃快冷	≥540	≥343	≥5	≥159	制作能抗弱腐蚀性介质、能承受冲击负荷零件，如汽轮机叶片。水压机阀。结构架、蝶栓、螺帽等
	20Cr13	0.16~0.25	12.0~14.0	—	920~980 ℃油淬火 600~750 ℃快冷	≥635	≥440	≥20	≥192	制作能抗弱腐蚀性介质、能承受冲击负荷零件，如汽轮机叶片。水压机阀。结构架、蝶栓、螺帽等
	30Cr13	0.26~0.35	12.0~14.0	—	920~980 ℃油淬火 600~750 ℃快冷	≥735	540	≥12	≥217	制作耐磨的零件，如热油泵轴、阀门、刃具等
	68Cr17	0.60~0.75	16.0~18.0	—	1 010~1 070 ℃油淬火 100~180 ℃快冷	—	—	—	≥54HRC	制作具有软高硬度和耐磨性的医疗工具、量具、滚珠轴承等
铁素体	06Cr13Al	≤0.08	11.5~14.5	Al0.10~0.30	780~830 ℃空冷或缓冷	≥410	≥177	≥20	≤183	汽轮机材料、复合钢材、淬火用部件
	10Cr17	≤0.12	16.0~18.0	—	780~850 ℃空冷	≥450	≥250	≥22	≤183	制作硝酸工产设备如吸收塔、热交换器、酸槽、输送管道，以及食品工厂设备
	008Cr30Mo2	≤0.01	28.5~32.0	Mo1.50~2.50	900~1 050 ℃快冷	≥450	≥295	≥20	≤228	C,N含量极低，耐腐蚀性很好，制造氢氧化钠设备及有机酸设备
奥氏体	Y12Cr8Ni9	≤0.15	17.0~19.0	P≤0.2 S≥0.15 Ni 8.0~11.0	固溶处理 1 050~1 150℃快冷	≥520	≥205	≥40	≤187	提高可加工性，最适用于自动车床，制作螺栓、螺母等
	06Cr19Ni10	≤0.08	18.0~20.0	Ni 8.0~11.0	固溶处理 1 050~1 150℃快冷	≥550	≥205	≥40	≤187	作为不锈耐热钢使用最广泛。食用品设备、化工设备、核工业用
	06Cr19Ni10N	≤0.08	18.0~20.0	Ni8.0~11.0 N0.10~0.16	固溶处理 1 050~1 150℃快冷	≥520	≥275	≥35	≤217	06Cr19Ni10N中加入N，强度提高，塑形不降低，制作结构用钢部件
	06Cr19Ni11Ti	≤0.08	17.0~19.0	Ni8.0~12.0 Ti(5 wc~0.70)	固溶处理 920~1 150℃快冷	≥520	≥205	≥40	≤187	制作焊芯、抗磁仪表、医疗器械、耐酸容易、输送管道

9.4.2　耐热钢

耐热钢是指在高温下具有热稳定性和热强性的特殊钢种。它们广泛应用于热工动力、石油化工、航空航天等领域,常常用来制造加热炉、锅炉、热交换器、汽轮机、内燃机、航空发动机等在高温条件下工作的构件和零件。

1.性能要求

(1)热稳定性高

热稳定性指金属的抗氧化性,这是保证零件长期在高温下工作的重要条件。抗氧化能力的高低主要由材料的成分决定。在钢中加入足够的 Cr,Si,Al 等元素,可使钢件表面在高温下与氧接触时,能生成致密的高熔点氧化膜,严密地覆盖在钢的表面,保护钢件免于被高温气体持续腐蚀。例如钢中铬质量分数为 15% 时,其抗氧化温度可高达 900 ℃;若铬质量分数为 20%～25%,则抗氧化温度可达 1 100 ℃。

(2)热强性高

热强性是指在高温和载荷长时间作用下,金属抵抗蠕变和断裂的能力,即材料的高温强度。通常以蠕变强度和持久强度来表征。蠕变强度是指一定温度下,在规定时间内试样产生一定蠕变变形量的应力。持久强度是指在一定温度下,经过规定时间发生断裂时的应力。

2.耐热钢的分类及应用

耐热钢按照使用温度范围和使用状态组织,可分为珠光体耐热钢、马氏体型耐热钢和奥氏体型耐热钢。

(1)珠光体耐热钢

珠光体耐热钢的碳质量分数为 0.1%～0.4%,加入 Cr,Mo,W,V 等合金元素,其目的是强化铁素体,防止 Fe_3C 分解,抑制球化和石墨化倾向。一般是在正火状态下加热到 Ac_3+30 ℃,保温一段时间后空冷,随后在高于工作温度约 50 ℃下进行回火,其显微组织为珠光体＋铁素体。其工作温度为 350～550 ℃,由于含合金元素量少,工艺性好,所以常用于制造锅炉、化工压力容器、热交换器、气阀等耐热构件。其中 15CrMo 钢主要用于制造锅炉零件。这类钢在长期使用过程中,会发生珠光体的球化和石墨化,从而显著降低钢的蠕变和持久强度。

(2)马氏体型耐热钢

马氏体型耐热钢主要用于制造汽轮机叶片和气阀等。这类钢铬质量分数高,淬透性好,其抗氧化性及热强性均高于珠光体型耐热钢。常用钢种有 Cr12 型(1Cr11MoV,1Cr12WMoV),Cr13 型(1Cr13,2Cr13)以及 4Cr9Si2 钢等。这类钢经常在调质状态下使用,回火组织为回火索氏体,具有较高的耐热性和耐磨性,可以使工作温度提高到 550～580 ℃。常用于制作重型汽车的气阀、汽轮机叶片及工作温度不高于 700 ℃的发动机排气阀。

(3)奥氏体型耐热钢

这类钢是在奥氏体型不锈钢的基础上发展起来的。为了提高钢的抗氧化性和使奥氏体稳定,加入了大量的 Cr 和 Ni 元素;为了强化奥氏体、形成合金碳化物和金属间化合物以及强化晶界,加入了 W,Mo,V,Ti,Nb,Al 等合金元素。奥氏体型耐热钢的性能好于珠光体型耐热钢和马氏体型耐热钢,具有较高的热强性和抗氧化性、较高的塑性和冲击韧性以及良好的焊接性能和冷成型性能。一般用于制造在 600～850 ℃工作的高压锅炉过热器、汽轮机叶片、叶轮、发动机气阀等。

1Cr18Ni9Ti是奥氏体型耐热钢最典型的牌号。铬的主要作用是提高抗氧化性和高温强度,镍的主要作用是使钢形成稳定的奥氏体,并与铬相配合提高其高温强度,钛是通过形成弥散的碳化物来提高钢的高温强度的。4Cr15Ni20(HK40)钢是石化装置上大量使用的高碳奥氏体型耐热钢。这种钢在铸态下的组织是奥氏体基体＋骨架状共晶碳化物,在900 ℃工作时使用寿命可达到10万小时。4Cr14Ni14W2Mo钢是用于制造大功率发动机排气阀的典型钢种,其碳质量分数提高到0.40%,目的在于形成铬、钼、钨的碳化物并呈弥散析出,提高钢的高温强度。

此外,目前在900～1 000 ℃时可使用镍基合金。它是在Cr20Ni80合金系基础上加入钨、钼、钴、钛、铝等元素发展起来的一类合金。主要通过析出强化及固溶强化提高合金的耐热性,用于制造汽轮机叶片、导向片、燃烧室等。

思 考 题

9-1 说出Q235A,15,45,65,T8钢的钢类、碳质量分数,各举出一个应用实例。

9-2 奥氏体不锈钢的热处理工艺主要是什么?

9-3 高速钢为什么需要反复锻造?高速钢采用高温淬火的目的是什么?

9-4 在T8,T12和40钢中,哪种钢的淬透性和淬硬性最好?

9-5 为什么低合金高强度结构钢用锰作为主要的合金元素?

9-6 试述渗碳钢和调质钢的合金化及热处理特点。

9-7 为什么合金弹簧钢以硅为重要的合金元素?它为什么要进行中温回火处理?

9-8 W18Cr4V钢的Ac_1约为820 ℃,若以一般工具钢Ac_1＋(30～50) ℃的常规方法来确定其淬火加热温度,最终热处理后能否达到高速切削刃具所要求的性能?为什么?其实际淬火温度是多少?

9-9 试分析20CrMnTi钢和1Cr18Ni9Ti钢中Ti的作用。

9-10 试分析合金元素Cr在40Cr,GCr15,CrWMn,1Cr13,1Cr18Ni9Ti,4Cr9Si2等钢中的作用。

9-11 试画出正常淬火后的W18Cr4V钢在回火时的回火温度与硬度的关系曲线。

第10章

铸铁

铸铁的含义

铸铁是指碳质量分数大于 2.11%，并含有较多硅、锰、硫、磷等元素的多元铁-碳合金。铸铁是历史上使用得较早的材料，也是最便宜的金属材料之一。铸铁具有许多优良的使用性能和工艺性能，且生产设备和工艺简单，成本低廉，被广泛用于机械制造、冶金、矿山、石油化工、交通运输、建筑和国防等领域。例如机床床身、内燃机的气缸体、缸套、活塞环及轴瓦、曲轴等都是由铸铁制造的。在各类机械中，铸铁件占机器总重量的 45%～90%。

10.1 铸铁的分类

铸铁的种类很多，分类方式也各有不同。根据铸铁的强度，可分为低强度铸铁和高强度铸铁；按照化学成分可分为普通铸铁和合金铸铁；根据金相组织可分为珠光体铸铁、铁素体铸铁等。目前，工业生产中通常是按照铸铁中碳的存在形式和石墨形态来划分的，可分为白口铸铁、灰铸铁、可锻铸铁、球墨铸铁、蠕墨铸铁等。

1. 白口铸铁

白口铸铁的碳全部或大部分以渗碳体形式存在，其断口呈银白色。这种铸铁组织中含有大量渗碳体和共晶莱氏体，故其性能硬而脆，很少用作结构材料，而只用于生产强度要求不高的耐磨件（如小直径磨机的磨球、衬板及犁铧和特殊性能铸铁件等）。

2. 灰铸铁

灰铸铁的碳全部或大部分以片状石墨形式存在，其断口呈暗灰色。一般情况下铸铁中的石墨片都比较粗大。石墨本身强度极低，大量低强度石墨存在于铸铁基体中相当于铸铁有效承载面积的减小，片状石墨对基体产生将割裂作用，并在尖端处造成应力集中，故其力学性能较差，通常称为普通灰铸铁。

3. 可锻铸铁

可锻铸铁的碳全部或大部分以团絮状石墨存在。它是由一定成分的白口铸铁经长时间高温石墨化退火而形成的。可锻铸铁的力学性能，因团絮状石墨对基体的割裂作用改善，并且应力集中减小而较灰铸铁好，尤其塑性、韧性更为明显，故又称其为韧性铸铁或玛铁（玛钢）。

4. 球墨铸铁

球墨铸铁的碳全部或大部分以球状石墨形式存在。它是在浇注前向铁液中加入孕育剂和球化剂经球化处理形成的。与可锻铸铁相比，球墨铸铁不仅生产工艺简单，其球状石墨亦可消除对基体的割裂和应力集中现象，进行提高铸铁的力学性能。

5. 蠕墨铸铁

蠕墨铸铁中的碳大部分以蠕虫状石墨存在。因蠕虫状石墨端头圆滑变钝，具有比灰铸铁高的强度，比球墨铸铁高的耐热性等优点。因而在一些耐热件中得到应用，如钢锭模具、玻璃模具以及热辐射管等。

此外，工业上除了要求铸铁有一定的机械性能外，有时还要求它具有较高的耐磨性以及耐热性、耐蚀性。为此，在普通铸铁的基础上，加入一定量的合金元素来制成具有特殊性能的铸铁（合金铸铁）。

10.2 铸铁的石墨化

铸铁的性能取决于铸铁的组织和成分。铸铁的力学性能主要取决于基体组织以及石墨的数量、形状、大小及分布特点。石墨的力学性能很低，硬度仅为 3～5HBW，抗拉强度约为 20 MPa，断后伸长率近于零。石墨与基体相比，强度和塑性都要减弱很多，故分布于金属基体中的石墨可视为裂纹和空洞，它们减小了铸铁的有效承载面积。所以铸铁的强度、塑性和韧性要比碳素钢低。

虽然石墨的存在使铸铁的力学性能不如钢，但是它使铸铁具有良好的减磨性、高消振性、低缺口敏感性以及优良的切削加工性等。此外，铸铁含碳量高，熔点比钢要低，铸造流动性好，铸造收缩小，故其铸造性能优于钢。因其含碳量高，金属液不易氧化，故熔炼设备及熔炼工艺简单。

10.2.1 $Fe\text{-}Fe_3C$ 和 $Fe\text{-}G$ 双重相图

铸铁中的碳少量固溶于基体中外，大多数主要以化合态的渗碳体（Fe_3C）和游离态的石墨（G）两种形式存在。石墨是碳的单质之一，其强度、塑性、韧性几乎为零。Fe_3C 是亚稳相，在一定条件下将发生分解，$Fe_3C \rightarrow 3Fe + C$（石墨），形成游离态石墨。因此铁碳合金实际上存在两个相图，即 $Fe\text{-}Fe_3C$ 相图和 $Fe\text{-}C$ 相图，如图 10-1 所示。图中的实线表示 $Fe\text{-}Fe_3C$ 系相图，部分实线再加上虚线表示 $Fe\text{-}C$ 系相图。这两个相图几乎重合，只是 E，C，S 点的成分和温度稍有变化。根据条件不同，铁碳合金可全部或部分按其中一种相图结晶。

10.2.2 铸铁的石墨化过程

所谓石墨化，是指铸铁中碳原子析出并形成石墨的过程。铸铁组织形成的基本过程就是铸铁中石墨的形成过程。铸铁液体冷却过程中，溶解于铁素体外的碳均以石墨形式析出。石墨化过程分为三个阶段：

第一阶段石墨化：铸铁液体结晶出一次石墨（过共晶铸铁）并在 1 154 ℃通过共晶反应形成共晶石墨。

第二阶段石墨化：在 1 154～738 ℃温度范围内奥氏体沿 $E'S'$ 线析出二次石墨。

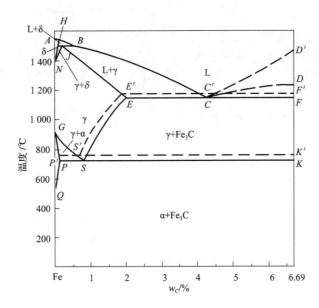

图 10-1 Fe-Fe$_3$C 和 Fe-C 双重相图

第三阶段石墨化:在 738 ℃通过共析反应析出共析石墨。

如果按照上述前两个阶段转变,铸铁成型后由铁素体与石墨(包括一次石墨、共晶石墨、二次石墨、共析石墨)两相组成。在实际生产中,由于化学成分、冷却速度等各种工艺制度不同,各阶段石墨化过程进行的程度也不同,从而可获得各种不同金属基体的铸态组织,见表 10-1。

表 10-1　铸铁的石墨化程度与其组织之间的关系(以共晶铸铁为例)

石墨化程度		铸铁的显微组织	铸铁类型
第一阶段石墨化	第二阶段石墨化		
完全进行	完全进行	F+G	灰铸铁
	部分进行	F+P+G	
	未进行	P+G	
部分进行	未进行	L$_d'$+P+G	麻口铸铁
未进行	未进行	L$_d'$	白口铸铁

10.2.3 影响石墨化的因素

研究表明,冷却速度和化学成分是影响石墨化的两个主要因素。

1. 冷却速度的影响

一般来说,铸铁缓慢冷却有利于按照 Fe-C(石墨)稳定系相图进行结晶与转变,充分进行石墨化;反之,则有利于按照 Fe-Fe$_3$C 亚稳定系相图进行结晶与转变,最终获得白口铸铁。尤其在共析阶段的石墨化,由于温度较低,冷却速度大,原子扩散更加困难,所以一般情况下,共析阶段石墨化难以充分进行。

铸铁的冷却速度是一个综合因素,它与浇注温度、铸型材料的导热能力以及铸件的壁厚等因素有关。铸铁在高温下长时间保温,也有利于石墨化进程。图 10-2 所示为在一般砂型铸造条件下,铸件壁厚和碳硅含量对其组织的影响。

2.化学成分的影响

铸铁中常见的元素为碳、硅、锰、硫、磷五大元素,它们对铸铁的石墨化过程和组织均有较大影响。

(1)促进石墨化的元素

促进石墨化的元素有碳和硅等,3.00%的硅相当于1.00%的碳的作用。碳、硅含量过低,则易出现白口组织,力学性能和铸造性能变差;碳、硅含量过高,会使石墨数量多且粗大,基体内铁素

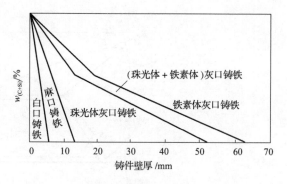

图 10-2 铸件壁厚和碳硅含量对铸铁组织的影响

体量增多,降低铸件的性能和质量。因此,铸铁中碳质量分数一般为2.50%～4.00%,硅质量分数一般控制在1.00%～3.00%。磷虽然可促进石墨化,但其含量高时易在晶界上形成硬而脆的磷共晶,降低铸铁的强度,只有耐磨铸铁中磷质量分数偏高些(在0.3%以上)。此外,铝、铜、镍、钴等元素对石墨化也有促进作用。

(2)阻碍石墨化的元素

阻碍石墨化的元素一般为碳化物形成元素,例如 Cr,W,Mo,V,Mn 等以及杂质元素 S,S 可促进铸铁白口化,使机械性能和铸造性能恶化。

10.3 常用铸铁

10.3.1 灰铸铁

灰铸铁是价格最便宜、应用最广泛的一种铸铁,在各类铸铁的总产量中,灰铸铁占80%以上。灰铸铁的石墨呈片状分布,其主要成分包括:碳质量分数为2.5%～4.0%,硅质量分数为1.0%～3.0%,锰质量分数约为1.0%,磷质量分数为0.05%～0.50%,硫质量分数为0.02%～0.20%。

1.灰铸铁的牌号和组织

灰铸铁的牌号以"HT+数字"表示,其中 HT 表示灰铸铁,数字为最低抗拉强度值。灰铸铁的组织是由液态铁缓慢冷却时通过石墨化过程形成的,其基体组织有铁素体、珠光体和铁素体加珠光体三种,如图 10-3 所示。

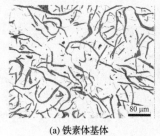

(a)铁素体基体

(b)珠光体基体

(c)铁素体加珠光体基体

图 10-3 三种不同基体的灰铸铁的显微组织

灰铸铁在缓慢冷却凝固时,析出片状石墨,其对钢基体的分割作用和所引起的应力集中

效应将导致拉伸强度稍低于其他钢材。虽然由于片状石墨,抗拉强度稍低于其他钢材。但是正是基于灰铸铁的微观组织特性(相当于布满孔洞或裂纹),灰铸铁的耐磨性、减震性和断裂韧性得到改善。因此看待事物的优缺点,要采用辩证的观点。

2. 灰铸铁的用途

灰铸铁主要用于制造承受压力和振动的零部件,如机床床身、各种箱体、壳体、泵体、缸体等。常用灰铸铁的牌号、力学性能、显微组织和用途见表 10-2。

表 10-2 常用灰铸铁的牌号、力学及用途(GB/T 5612—2008 和 GB/T 9439—2010)

牌号	铸件壁厚/mm	抗拉强度 R_m/MPa(不小于)		显微组织		应用举例
		单铸试棒	附铸试棒或试块	基体	石墨	
HT100	5～40	100	—	F	粗片状	手工铸造用砂箱、盖、下水管、底座、外罩、手轮、手把、重锤等
HT100	5～40	100	—	F	粗片状	手工铸造用砂箱、盖、下水管、底座、外罩、手轮、手把、重锤等
HT150	5～10	150	—	F+P	较粗片状	机械制造业中一般铸件,如底座、手轮、刀架等;冶金业中流渣箱、渣缸、轧钢机托辊等;机车用一般铸件,如水泵体、阀体、阀盖等;动力机械中拉钩、框架、阀门、油泵壳等
	10～20		—			
	20～40		120			
	40～80		110			
	80～150		100			
	150～300		90			
HT200	5～10	200	—	P	中等片状	一般运输机械中的汽缸体、缸盖、飞轮等;一般机床中的床身、机床等;通用机械承受中等压力的泵体阀体;动力机械中的外壳、轴承座、水套筒等
	10～20		—			
	20～40		170			
	40～80		150			
	80～150		140			
	150～300		130			
HT250	5～10	250	—	细P	较细片状	运输机械中薄壁缸体、缸盖、线排气歧管;机床中立柱、横梁、床身、滑板、箱体等;冶金矿山机械中的轨道板、齿轮;动力机械中的缸体、缸套、活塞
	10～20		—			
	20～40		210			
	40～80		190			
	80～150		170			
	150～300		160			
HT300	10～20	300	—	细P	细小片状	机床导轨、受力较大的机床床身、立柱机座等;通用机械的水泵出口管、吸入盖等;动力机械中的液压阀体、蜗轮、汽轮机隔板、泵壳、大型发动机缸体、缸盖
	20～40		250			
	40～80		220			
	80～150		210			
	150～300		190			
HT350	10～20	350	—	细P	细小片状	大型发动机汽缸体、缸盖、衬套、水泵缸体、阀体、凸轮等;机床导轨、工作台等摩擦件;需经表面淬火的铸件
	20～40		290			
	40～80		260			
	80～150		230			
	150～300		210			

10.3.2 可锻铸铁

1.可锻铸铁的牌号和组织

根据退火条件不同,可锻铸铁可分为黑心可锻铸铁和白心可锻铸铁。可锻铸铁的化学成分为:$w_C=2.2\%\sim2.8\%$,$w_{Si}=1.2\%\sim2.0\%$,$w_{Mn}=0.4\%\sim1.2\%$,$w_P\leqslant0.1\%$,$w_S\leqslant0.2\%$。可锻铸铁的牌号"KTH"(或"KTZ""KTB")和其后的两组数字组成。其中"KT"表示"可锻","H"表示黑心可锻铸铁,"Z"表示珠光体可锻铸铁,"B"表示白心可锻铸铁。后面两组数字分别为最低抗拉强度和断后伸长率。

可锻铸铁的化学成分特点是碳、硅含量较低,可在铸态下获得全白口组织。铸件经长时间石墨化退火后,其金相组织一般有两种:铁素体+石墨,珠光体+石墨。

2.可锻铸铁的性能及用途

可锻铸铁是由白口铸铁经长时间石墨化退火,而得到团絮状石墨的一种高强度铸铁。可锻铸铁的石墨呈团絮状,较之片状石墨对基体的割裂作用要小得多,应力集中也大为减少,故其力学性能比灰铸铁高。

可锻铸铁的生产工艺周期长、工艺复杂、成本高,除管件及建筑脚手架扣件仍采用可锻铸铁外,不少传统的可锻铸铁件逐渐被球墨铸铁件所取代。

常用可锻铸铁的力学性能见表10-3。

表 10-3   常用可锻铸铁的牌号、力学性能(GB/T 9440—2010)

种类	牌号	试样直径/mm	R_m/MPa	R_{eL}/MPa	A/%	硬度/HBW	应用举例
			不小于				
黑心	KTH300-06	12 或 15	300	—	6	≤150	管道、弯头、接头、三通、中压阀门
	KTH330-08		330	—	8		各种扳手、犁刀、犁柱、车轮壳等
	KTH350-10		350	200	10		汽车、拖拉机前后轮壳,减速器壳、转向节壳、制动器等
	KTH370-12		370	—	12		
珠光体	KTZ450-06		450	270	6	150~220	曲轴、凸轮轴、连杆、齿轮、活塞环、轴套、耙片、犁刀、摇臂、万向节头、棘轮、扳手、传动链条、矿车轮等
	KTZ550-04		550	340	4	180~230	
	KTZ650-02		650	430	2	210~260	
	KTZ700-02		700	530	2	240~290	
白心	KTB350-04	15	350	—	4	≤230	国内在机械工业中较少应用,一般仅限于薄壁件的铸造。KTB380-12适用于对强度有特殊要求和焊后不需进行热处理的零件

10.3.3 球墨铸铁

球墨铸铁是石墨呈球状的灰铸铁,是由液态铁经石墨化后得到的,简称球铁。由于球墨铸铁中的石墨呈球状,对基体的割裂作用大为减轻,故球铁比灰铸铁具有高得多的强度、塑性和韧性。

1.牌号和组织

球墨铸铁的牌号中"QT"表示球墨铸铁;后面两组数字分别表示最低抗拉强度(MPa)和延伸率(%)。

球墨铸铁的化学成分大概范围:$w_C=3.6\%\sim3.9\%$,$w_{Si}=2.0\%\sim2.8\%$,$w_{Mn}=0.6\%\sim0.8\%$,$w_S\leqslant0.04\%$,$w_P\leqslant0.1\%$。球墨铸铁的基体组织与许多因素有关,除了化学成

分的影响外,还与铁液处理和铁液的凝固条件以及热处理有关。球墨铸铁的基体组织在铸态下通过化学成分和孕育处理控制,也可以通过退火或正火处理来进一步调整其基体组织。球墨铸铁的金相组织有:铁素体+石墨,铁素体+珠光体+石墨,珠光体+石墨等。

2.球墨铸铁的性能

不同基体的球墨铸铁,性能差别很大。球状石墨对基体的损坏、减小有效承载面积以及引起应力集中作用均比片状石墨的灰铸铁小得多。因此,球墨铸铁中的基体组织的强度、塑性和韧性可充分发挥作用,从而具有比灰铸铁高得多的强度、塑性和韧性,并保持有耐磨、减振、缺口不敏感等灰铸铁的特性。此外,球墨铸铁还可以像钢那样进行各种热处理以改善其基体组织,进一步提高机械性能。

球墨铸铁使用范围已遍及汽车、农机、船舶、冶金、化工等各个工业部门,成为重要的铸铁材料。表 10-4 为我国常用球墨铸铁的牌号和机械性能。

表 10-4　　　　　　　球墨铸铁的牌号和机械性能(GB/T 1348—2019)

牌　　号	抗拉强度 R_m/MPa	屈服强度 $R_{p0.2}$/MPa	断后伸长率 A/%	布氏硬度(HBW)	基体组织
	≥				
QT350-22	350	220	22	≤160	铁素体
QT400-18	400	250	18	120~175	铁素体
QT400-15	400	250	15	120~180	铁素体
QT450-10	450	310	10	160~210	铁素体
QT500-7	500	320	7	170~230	铁素体+珠光体
QT550-5	550	350	5	180~250	铁素体+珠光体
QT600-3	600	370	3	190~270	珠光体+铁素体
QT700-2	700	420	2	225~305	珠光体
QT800-2	800	480	2	245~335	珠光体或索氏体
QT900-2	900	600	2	280~360	回火马氏体或托氏体+索氏体

10.3.4　蠕墨铸铁

1.蠕墨铸铁的牌号和组织

蠕墨铸铁是 20 世纪 60 年代开始发展并逐步受到重视的一种新型铸铁材料,因其石墨呈介于片状和球状之间的中间形态——蠕虫状而得名。

其牌号以"RuT"表示,后面的数字表示最低抗拉强度。

蠕墨铸铁的化学成分大致为:$w_C=3.5\%\sim3.9\%$,$w_{Si}=2.1\%\sim2.8\%$,$w_{Mn}=0.4\%\sim0.8\%$,$w_S<0.1\%$,$w_P<0.1\%$。其蠕墨铸铁和球墨铸铁生产工艺相近,是在一定成分的铁液中加入蠕化剂及孕育剂处理,使石墨呈蠕虫状(片短而厚,端部较钝)。蠕墨铸铁的基体组织和球墨铸铁相似,但蠕化处理工艺控制比较严,处理不足生成片状石墨成为灰铸铁,处理过量石墨球化成为球墨铸铁。蠕墨铸铁的显微组织与灰铸铁显微组织的不同之处在于,灰铸铁中片状石墨的特征是片长而薄,端部较尖。

2.蠕墨铸铁的性能及应用

蠕墨铸铁是一种综合性能良好的铸铁材料,其力学性能介于球墨铸铁与灰铸铁之间,抗拉强度、屈服强度、断后伸长率、弯曲疲劳极限均优于灰铸铁,接近于铁素体球墨铸铁,而导热性、切削加工性均优于球墨铸铁,与灰铸铁相近。常用于抗热疲劳的铸件,如钢锭模、发动机排气管、玻璃模具以及其他耐磨件。蠕墨铸铁的牌号、性能特点与应用见表 10-5。

表 10-5　　　　　蠕墨铸铁的牌号及性能特点(GB/T 26655—2011)

牌号	抗拉强度 R_m/MPa	屈服强度 $R_{P0.2}$/MPa	断后伸长率 A/%	布氏硬度(HBW)	基体组织
RuT300	≥300	≥210	2.0	140～210	铁素体
RuT350	≥350	≥245	1.5	160～220	铁素体+珠光体
RuT400	≥400	≥280	1.0	180～240	铁素体+珠光体
RuT450	≥450	≥315	1.0	200～250	珠光体
RuT500	≥500	≥350	0.5	220～260	珠光体

10.3.5　特殊性能铸铁

特殊性能铸铁包括耐磨铸铁、耐热铸铁、耐蚀铸铁。下面对这三种铸铁进行简要介绍。

1. 耐磨铸铁

有些零件如机床的导轨、托板、发动机的缸套、球磨机的衬板以及磨球等,要求更高的耐磨性。一般铸铁满足不了这些工作条件要求,故应选用耐磨铸铁。耐磨铸铁根据组织可分为下面几类。

(1)耐磨灰铸铁

在灰铸铁中加入少量合金元素(如磷、钒、钼、锑、稀土等),可以增加金属基体中珠光体数量,使珠光体细化,同时也细化石墨。由于铸铁的强度和硬度升高,显微组织得到改善,使得这种灰铸铁(如磷铜钛铸铁、磷钒钛铸铁、铬钼铜铸铁、稀土磷铸铁、锑铸铁等)具有良好的润滑性、抗咬合和抗擦伤的能力。耐磨灰铸铁广泛应用于制造机床导轨、汽缸套、活塞环和凸轮轴等零件。

(2)耐磨白口铸铁

通过控制化学成分和增加铸件冷却速度,以此获得由珠光体和渗碳体组成的白口组织。这种白口组织具有高硬度和高耐磨性。例如铬质量分数大于 12% 的高铬白口铸铁,经热处理后,基体为高强度的马氏体,此外还有高硬度的碳化物,故具有很好的抗磨损性能。耐磨白口铸铁牌号用汉语拼音字母"BTM"表示,字母后面为合金元素及其含量。GB/T 8263—2010 中规定了 BTMCr9Ni5,BTMCr2,BTMCr26 等 10 个牌号。耐磨白口铸铁广泛应用于制造犁铧、泵体,各种磨煤机、矿石破碎机、水泥磨机、抛丸机的衬板,磨球、叶片等零件。

(3)冷硬铸铁(激冷铸铁)

冷硬铸铁是通过加入少量 B,Cr,Mo,Te 等元素的低合金铸铁经表面激冷处理获得的,其主要用于冶金轧辊、发动机凸轮轴、气门摇臂及挺杆等零件,这些零件要求表面应具有高硬度和耐磨性,而心部应具有一定的韧性。

(4)中锰抗磨球墨铸铁

中锰抗磨球墨铸铁是一种锰质量分数为 4.5%～9.5% 的抗磨合金铸铁。当锰质量分数在 5%～7% 时,基体部分主要为马氏体;当锰质量分数增加到 7%～9% 时,基体部分主要为奥氏体。除此之外,组织中还存在复合型的碳化物。马氏体和碳化物都具有高的硬度,是一种良好的抗磨组织。奥氏体具有加工硬化现象,可使铸件表面硬度升高,提高耐磨性,而其心部仍具有一定韧性,所以中锰抗磨球铁具有较高的力学性能,良好的抗冲击性和抗磨性。中锰抗磨球墨铸铁可用于制造磨球、煤粉机锤头、耙片、机引犁铧和拖拉机履带板等。

2. 耐热铸铁

普通灰铸铁的耐热性较差,只能在小于 400 ℃ 左右的温度下工作。为了提高铸铁的耐热性可以采取以下措施。

(1) 加入合金元素:在铸铁中加入硅、铝、铬等合金元素,一方面可使铸铁表面形成一层致密的、稳定性高的氧化膜,如 SiO_2,Al_2O_3,Cr_2O_3 等。它们将阻止氧化气氛渗入铸铁内部发生内部氧化,从而抑制铸铁的生长;另一方面合金元素可以提高铸铁的临界温度,使基体形成单一的铁素体或奥氏体,使其在工作范围内不发生相变,从而减少因相变而引起的铸铁生长和微裂纹。

(2) 球化处理或变质处理:经过球化处理或变质处理,使石墨转变成球状和蠕虫状,可提高铸铁金属基体的连续性,减少氧化气氛渗入铸铁内部的可能性,从而有利于防止铸铁内部氧化和生长。

常用耐热铸铁有中硅耐热铸铁(RTSi5.5)、中硅球墨铸铁(RQTSi5.5)、高铝耐热铸铁(RTAl22)、高铝球墨铸铁(RQTAl22)、低铬耐热铸铁(RTCrl.5)和高铬耐热铸铁(RTCr28)等。

3. 耐蚀铸铁

耐蚀铸铁不仅具有一定的力学性能,而且在腐蚀性介质中工作时具有抗蚀的能力。它广泛地应用于化工部门,用来制造管道、阀门、泵类、反应锅及盛贮器等。

耐蚀铸铁用"蚀铁"两字汉语拼音的第一个字母"ST"表示,字母后面为合金元素及其含量。GB 8491—2009 中规定的耐蚀铸铁牌号较多,其中应用最广泛的是高硅耐蚀铸铁(STSi15),它的碳质量分数小于 1.4%,一般硅质量分数为 10%～18%,组织为含硅合金铁素体＋石墨＋Fe_3Si(或 FeSi)。

耐蚀铸铁的化学和电化学腐蚀原理以及提高耐蚀性的途径基本上与不锈钢的相同,即铸件表面形成牢固的、致密的而又完整的保护膜,提高铸铁基体的电极电位,阻止腐蚀继续进行。铸铁组织最好在单相组织的基体上分布着彼此孤立的球状石墨,并控制石墨量。

生产中,主要通过加入 Si,Al,Cr,Ni,Cu 等合金元素来提高铸铁的耐蚀性。这种铸铁在含氧酸类(如硝酸、硫酸)中的耐蚀性不亚于 1Cr18Ni9 钢,而在碱性介质和盐酸、氢氟酸中由于铸铁表面的保护膜受到破坏,使其耐蚀性下降。耐蚀铸铁还有高硅钼铸铁(STSi15Mo4)、铝铸铁(STA15)、铝铸铁(STCr28)和抗碱球铁(STQNiCrR)等。

思　考　题

10-1　可锻铸铁在高温时是否可以锻造加工?

10-2　有一灰铸铁,经检查发现石墨化不完全,尚有渗碳体存在,试分析其原因,并提出使这一铸件完全石墨化的方法。

10-3　要使球墨铸铁的基体组织为铁素体、珠光体或下贝氏体，工艺上应如何控制？

10-4　试述石墨形态对铸铁性能的影响。

10-5　试比较各类铸铁之间性能的优劣。

10-6　与钢相比较，铸铁性能有什么特点？

10-7　为什么一般机器的支架、机床的床身常用灰铸铁制造？

10-8　试比较各种铸铁在生产加工过程中对环境的影响。

第11章

有色金属及其合金

有色金属及其合金是指除钢铁以外的各种金属材料,例如铝、铜、锌、镁、铅、钛、锡等及其合金,又称非铁材料。有色金属及其合金具有钢铁材料所不具备的许多特殊的机械、物理和化学性能,是现代工业中不可缺少的金属材料。有色金属材料在空间技术、原子能、计算机、航天航空、汽车制造、船舶制造等方面应用十分广泛。本章仅介绍机械制造中常用的铝、铜及其合金、钛合金和滑动轴承合金。

有色金属

11.1 铝及铝合金

铝是地壳中储量最多的金属元素,约占地表总重量的 8.2%。一直以来,铝产量一直居有色金属之首。当前铝的产量和用量(按吨计算)仅次于钢材,成为人类应用的第二大金属。对于我国而言,铝及其合金是优先发展起来的重要有色金属之一。铝密度小,比强度高,经过各种强化手段,可以达到与低合金高强钢相近的强度;铝合金导电、导热性好,抗大气腐蚀能力好,易冷成型和切削,铸造性能极好。一个多世纪以来,铝和铝合金广泛应用在工农业、航空航天、国防工业,乃至人们的日常生活。

11.1.1 纯铝

纯铝为银白色金属,其密度为 2.7 g/cm³,大约是钢的三分之一。纯铝具有面心立方结构,无同素异晶转变,熔点为 660 ℃。纯铝的密度小,抗氧化,易加工。纯铝的导电性和导热性高,仅次于银、铜和金。纯铝在大气中极易和氧结合生成致密的 Al_2O_3 膜,阻止了铝的进一步氧化,因而具有良好的耐大气腐蚀性能,但不耐酸、碱、盐的腐蚀。纯铝的强度、硬度低($R_m \approx 80 \sim 100$ MPa,20HBW),塑性良好($A \approx 50\%$,$Z \approx 80\%$),适合进行各种冷热加工,特别是塑性加工。纯铝不能通过热处理强化,冷变形是提高其强度的唯一手段。纯铝主要用作导线材料及制作某些要求质轻、导热或防锈但强度要求不高的器具。

纯铝分为高纯度铝(铝质量分数 99.50% ~ 99.95%)和工业纯铝(铝质量分数 98% ~ 99%)。工业高纯铝的牌号为 1A85,1A90,……1A99(对应的旧牌号为 LG1,LG2,……LG5);工业纯铝的牌号为 1070A,1060A,10……(对应的旧牌号为 L1,L2……)。纯铝中杂质含量增加,其电导性、热导性、耐蚀性及塑性会有所下降。

11.1.2 铝合金

1.变形铝合金

纯铝的强度、硬度低,不适于制作受力的机械零件。主要元素主要有 Cu,Si,Mg,Zn,Mn 等,此外还有 Cr,Ni,Ti,Zr,Li 等辅加元素。这些合金元素的强化作用,使得铝合金既有高强度,又保持了纯铝的优良特性。因此,铝合金可用于制造承受较大载荷的机械零件或构件,成为工业中广泛应用的有色金属材料;由于铝合金具有高的比强度,又成为飞机的主要结构材料。

铝合金一般分为变形铝合金和铸造铝合金,两者相图如图 11-1 所示,其中最大饱和溶解度 D 是两种合金的理论分界线。

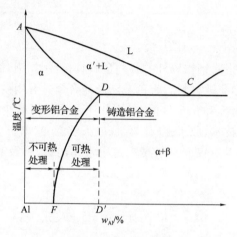

图 11-1 铝合金共晶相图

根据图 11-1,列出详细铝合金的分类及性能特点见表 11-1。

表 11-1 铝合金的分类及性能特点

分类	合金名称	合金系	性能特点	编号系列
铸造铝合金	简单铝硅合金	Al-Si	铸造性能好,不能热处理强化,机械性能较低	ZL102
	特殊铝合金	Al-Si-Mg	铸造性能良好,能热处理强化,机械性能较高	ZL101
		Al-Si-Cu		ZL107
		Al-Si-Mg-Cu		ZL105、ZL110
		Al-Si-Mg-Cu-Ni		ZL109
	铝铜铸造合金	Al-Cu	耐热性好,铸造性能与抗蚀性差	ZL201
	铝镁铸造合金	Al-Mg	机械性能高,抗腐蚀性好	ZL301
	铝锌铸造合金	Al-Zn	能自动淬火,宜于压铸	ZL401
	铝稀土铸造合金	Al-Re	耐热性能好	—

（续表）

分类		合金名称	合金系	性能特点	编号系列
形变铝合金	不可热处理强化铝合金	防锈铝	Al-Mn	抗蚀性、压力加工性与焊接性好，但强度较低	3Al21(LF21)
			Al-Mg		5A05(LF5)
	可处理强化铝合金	硬铝	Al-Cu-Mg	力学性能高	2A11(LY11) 2A12(LY12)
		超硬铝	Al-Cu-Mg-Zn	室温强度最高	7A04(LC4)
		锻铝	Al-Mg-Si-Cu	锻造性能好	2A50(LD5)、 2A14(LD10)
			Al-Cu-Mg-Fe-Ni	耐热性能好	2A80(LD8)、 2A70(LD7)

目前我国生产的变形铝合金分为防锈铝合金、硬铝合金、超硬铝合金及锻铝合金四大类。其中防锈铝合金是不可热处理强化的铝合金，其余三类合金是可热处理强化的铝合金。

（1）防锈铝合金

防锈铝合金主要是 Al-Mn 系和 Al-Mg 系合金。添加合金元素 Mn 或 Mg，使此类合金具有较高的耐蚀性。防锈铝合金有很好的塑性加工性能和焊接性，但强度较低且不能热处理强化，只能采用冷变形加工提高其强度。它主要用于制作需要弯曲或拉深的高耐蚀性容器以及受力小、耐蚀的制品与结构件。

（2）硬铝合金

硬铝合金是 Al-Cu-Mg 系合金。主要合金元素 Cu 和 Mg 的添加使合金中形成大量强化相 θ 相($CuAl_2$)和 S 相($CuMgAl_2$)。合金固溶与时效处理后，强度显著提高。硬铝的耐蚀性差，尤其不耐海水腐蚀，因此常用表面包覆纯铝的方法来提高其耐蚀性。此外，向硬铝中加入少量 Mn 元素也可改善合金的耐蚀性，同时还有固溶强化和提高耐热性的作用。

按强度和用途划分，硬铝合金又分为铆钉硬铝、中强硬铝、高强硬铝和耐热硬铝四类。铆钉硬铝又称为低合金化硬铝，强度低，但塑性好。适于制作铆钉，典型合金有 2A01 和 2A10。中强硬铝又称为标准硬铝，既有较高的强度又有足够的塑性，退火态和淬火态下均可进行冷冲压加工，时效后有较好的切削加工性。硬铝合金多以板、棒、型材等供货，广泛应用于各种工业，航空工业中主要用于制造螺旋桨叶片、蒙皮等，典型合金有 2A11。高强度硬铝中合金元素含量较高，合金强度、硬度高，但塑性、焊接性较差，多以包铝板材状态使用。该合金具有高的耐蚀性，是航空工业中应用最广的一种硬铝，典型合金为 2A12。耐热硬铝有高的室温强度和高温（300 ℃以下）持久强度，热状态塑性较好，可进行焊接，但耐蚀性差。主要用于 250～350 ℃下工作的零件和常温或高温下工作的焊接容器，典型合金为 2A16。

（3）超硬铝合金

超硬铝合金（简称超硬铝）属于 Al-Zn-Mg-Cu 系合金。合金中的强化相除 θ 相、S 相外，还有可产生强烈时效强化效果的 η 相($MgZn_2$)和 T 相(Mg，Zn_3Al_2)，因而成为目前强度最高的一类铝合金。

这类合金具有较好的热塑性，适宜压延、挤压和锻造，焊接性也较好。超硬铝的淬火温度范围较宽，在 460～500 ℃淬火都能保证合金的性能。一般不用自然时效，只进行人工时效处理。超硬铝的缺点是耐热性低，耐蚀性较差，且应力腐蚀倾向大。它主要用作要求重量轻、受力较大的结构件，如飞机大梁、起落架等，典型合金有 7A04。

(4)锻铝合金

锻铝合金包括 Al-Mg-Si-Cu 系普通锻造铝合金和 Al-Cu-Mg-Ni-Fe 系耐热锻造铝合金。这类合金有良好的热塑性和可锻性，可用于制作形状复杂或承受重载的各类锻件和模锻件，并且在固溶处理和人工时效后可获得与硬铝相当的力学性能。典型锻铝合金为 2A50。

部分常用变形铝合金的牌号、成分、力学性能及用途见表 11-2。

表 11-2　常用变形铝合金的牌号、成分、力学性能（GB/T 3190—2008 和 GB/T 16475—2008）

组别	牌号	化学成分（质量分数）/%					热处理状态	力学性能		
		Cu	Mg	Mn	Zn	其他		R_m/MPa	A/%	硬度（HBW）
防锈铝合金	5A05	≤0.10	4.8～5.5	0.3～0.6	≤0.20	—	退火	280	20	70
	5A11	≤0.10	4.8～5.5	0.3～0.6	≤0.20	Ti 或 V 0.02～0.15	退火	270	20	70
	3A21	≤0.20	≤0.05	1.0～1.6	≤0.20	Ti≤0.15	退火	130	20	30
硬铝合金	2A01	2.2～3.0	0.2～0.5	≤0.20	≤0.10	Ti≤0.15	固溶处理＋自然时效	300	24	70
	2A11	3.8～4.8	0.4～0.8	0.4～0.8	≤0.30	Ni≤0.10 Ti≤0.15	固溶处理＋自然时效	420	18	100
	2A12	3.8～4.9	1.2～1.8	0.3～0.9	≤0.30	Ni≤0.10 Ti≤0.15	固溶处理＋自然时效	480	11	131
超硬铝合金	7A04	1.4～2.0	1.8～2.8	0.2～0.6	5.0～7.0	Si≤0.5 Fe≤0.5 Cr0.10～0.25 Ti≤0.10	固溶处理＋人工时效	600	12	150
锻铝合金	2A50	1.8～2.6	0.4～0.8	0.4～0.8	≤0.30	Ni≤0.10 Si0.7～1.2 Ti≤0.15	固溶处理＋人工时效	420	13	105
	2A70	1.9～2.5	1.4～1.8	≤0.20	≤0.30	Ti0.02～0.1 Si0.5～1.2 Fe1.0～1.5	固溶处理＋人工时效	440	13	120
	2A14	3.9～4.8	0.4～0.8	0.4～1.0	≤0.30	Ni≤0.10 Si0.7～1.2 Ti≤0.15	固溶处理＋人工时效	480	10	135

2.铸造铝合金

用来制造铸件的铝合金称为铸造铝合金。按主加合金元素的不同，铸造铝合金分为 Al-Si 系、Al-Cu 系、Al-Zn 系和 Al-Mg 系四类。铸造铝合金的代号用 ZL（"铸铝"的汉语拼音字首）和三位数字表示，第一位数字表示合金类别（以 1,2,3,4 顺序号分别代表 Al-Si 系、Al-Cu 系、Al-Mg 系和 Al-Zn 系），第二、三位数字表示合金顺序号。铸造铝合金的牌号由"ZAl"与合金元素符号及合金的质量分数（%）组成。

(1)Al-Si 系铸造铝合金

这类合金又称为"硅铝明"。其特点是铸造性能好，线收缩小，流动性好，热裂倾向小，具有较高的抗蚀性和足够的强度，在工业上应用十分广泛。

这类合金最常见的是 ZL102，其硅质量分数为 10%～13%，相当于共晶成分，铸造后几乎全部为(α＋Si)共晶体组织。ZL102 的最大优点是铸造性能好，但强度低，铸件致密度不高,经过变质处理后可提高合金的力学性能。该合金不能进行热处理强化,主要在退火状态下使用。为了提高 Al-Si 系合金的强度,满足较大负荷零件的要求,可在该合金成分基础上加入 Cu,Mn,Mg,Ni 等元素,组成复杂硅铝明,这些加入的元素通过固溶实现合金强化,并能使合金通过时效处理进行强化。例如,ZL108 经过淬火和自然时效后,强度极限可提高到 200~260 MPa,适用于强度和硬度要求较高的零件,如铸造内燃机活塞,因此又被称为活塞材料。

（2）Al-Cu 系铸造铝合金

这类合金的铜质量分数不低于 4%。由于铜在铝中有较大的溶解度,且随温度的改变而改变,因此这类合金可以通过时效强化来提高强度,并且时效强化的效果能够保持到较高温度,使合金具有较高的热强性。由于合金中只含少量共晶体,故铸造性能不好,抗蚀性和比强度也较优质铝硅系合金低。此类合金主要用于制造在 200~300 ℃ 条件下工作、要求强度较高的零件,如增压器的导风叶轮。

（3）Al-Mg 系铸造铝合金

铝镁系铸造铝合金有 ZL301,ZL303 两种,其中应用最广的是 ZL301。该类合金的特点是密度小,强度高,比其他铸造铝合金耐蚀性好。但铸造性能不如铝硅合金,流动性差,线收缩率大,铸造工艺复杂。铝镁系铸造铝合金一般多用于制造承受冲击载荷,耐海水腐蚀,外形不太复杂便于铸造的零件,如舰船上使用的零件。

（4）Al-Zn 系铸造铝合金

与 ZL102 相类似,这类合金铸造性能很好,流动性好,易充满铸型,但密度较大,耐蚀性差。由于在铸造条件下,锌原子很难从过饱和固溶体中析出,因而合金铸造冷却时能够自行淬火,经自然时效后就能有较高的强度。该类合金可以在不经热处理的铸态下直接使用,常用于汽车、拖拉机发动机的零件。

部分常用铸造铝合金的牌号、化学成分、力学性能及用途见表 11-3。

表 11-3　常用铸造铝合金的牌号（代号）、化学成分、力学性能和用途（GB/T 1173—2013）

类别	牌号(代号)	化学成分(余量为 Al)(质量分数)/%					铸造方法与合金状态	力学性能(不低于)			用途
		Si	Cu	Mg	Zn	Ti		R_m/MPa	A/%	硬度(HBW)	
铝硅合金	ZAlSil2(ZL102)	10.0~13.0	—	—	—	—	J,F SB,JB,RB,KB,F SB,JB,RB,KB,T2	155 145 135	2 4 4	50 50 50	抽水机壳体、工作温度在 200 ℃ 以下,要求气密性承受低载荷的零件
	ZAlSi5CuMg(ZL105)	4.5~5.5	1.0~1.5	0.4~0.6	—	—	J,T5 R,K,S,T5 S,T6	235 215 225	0.5 1.0 0.5	70 70 70	在 225 ℃ 以下工作的零件,如风冷发动机的气缸头
铝铜合金	ZAlCu5Mn(ZL201)	—	4.5~5.3	—	0.6~1.0	0.15~0.35	S,J,R,K,T4 S,J,R,K,T5	295 335	8 4	70 90	支臂、挂架梁、内燃机气缸头、活塞等
	ZAlCu4(ZL203)	—	4.0~5.0	—	—	—	J,T4 J,T5	205 225	6 3	60 70	形状简单,表面粗糙度要求较细的中等承载零件

（续表）

类别	牌号 （代号）	化学成分（余量为 Al） （质量分数）/%					铸造方法 与合金状态	力学性能（不低于）			用途
		Si	Cu	Mg	Zn	Ti		$R_m/$ MPa	$A/$ %	硬度 （HBW）	
铝镁合金	ZAlMg10 （ZL301）	—	—	9.5 ~ 11.0	—	—	S,J,R,T4	280	9	60	砂型铸造在大气或海水中工作的零件
	ZAlZn11Si7 （ZL401）	6.0 ~ 8.0	—	0.1 ~ 0.3	9.0 ~ 13.0	—	J,T1 S,R,K,T1	245 195	1.5 2	90 80	结构形状复杂的汽车、飞机零件

注：1. 铸造方法：S—砂型铸造；J—金属型铸造；K—壳型铸造；R—熔模铸造。

2. 热处理方法：T1—人工时效；T2—退火；T4—固溶处理＋自然时效；T5—固溶处理＋不完全人工时效。

11.2　铜及铜合金

铜及铜合金在机械、能源、交通以及工业设备中应用非常广泛，它们具有优异的物理、化学性能，塑性良好，容易冷、热成形。铜及铜合金对大气和水的抗腐蚀能力很高，同时还具备某些特殊机械性能和优良的减摩性和耐磨性（如青铜及部分黄铜），高的弹性极限和疲劳极限（如铍青铜等）。

11.2.1　纯铜

纯铜又称紫铜，呈紫红色，相对密度为 8.96 g/cm³，熔点为 1 083.4℃。纯铜具有面心立方晶格，无同素异构转变，无磁性。纯铜的导电性和导热性优良，仅次于银而居于第二位。纯铜的强度不高（$R_m = 200 \sim 250$ MPa），硬度较低（40～50HB），塑性极好（$Z = 45\% \sim 50\%$），并有良好的低温韧性，抗蚀性好。纯铜主要用于导电、导热及兼有耐蚀性的器材。

纯铜中的主要杂质有 Pb，Bi，O，S 和 P 等元素，它们对纯铜的性能影响极大，不仅可使其导电性能降低，而且还会使其在冷、热加工中发生冷脆和热脆现象。因此，必须控制纯铜中的杂质含量。工业纯铜分为纯铜（T）、无氧纯铜（TU）、磷脱氧铜（TP）等。其中纯铜牌号为 T1（T10900），T2（T11050），T3（T11090），其后的数字越大，纯度越低。

工业纯铜的牌号、化学成分和用途见表 11-4。

表 11-4　　　　　　　　纯铜的牌号、化学成分与用途（GB/T 5231—2012）

牌号	铜的质量分数/%	杂质的质量分数/%		杂质总质量 分数/%	主要用途
		Bi	Pb		
T1	99.95	0.001	0.003	0.05	电线、电缆、雷管、储藏器等
T2	99.90	0.001	0.005	0.1	
T3	99.70	0.002	0.01	0.3	电器开关、垫片、铆钉、油管等

11.2.2　铜合金

铜合金是在纯铜中加入合金元素后制成的，常用合金元素为 Zn，Sn，Pb，Mn，Ni，Fe，Be，Ti，Zr，Cr 等。合金元素的固溶强化及第二相强化作用，使得铜合金既提高了强度，又保持了纯铜的特性。铜合金具有比纯铜好的强度及耐蚀性，是电气仪表、化工、造船、航空、机械等工业部门中的重要材料。根据化学成分,可将铜合金分为黄铜、青铜和白铜。

1. 黄铜

黄铜是以锌为主要合金元素的铜合金。按其化学成分不同分为普通黄铜和特殊黄铜;按生产方法的不同,分为加工黄铜和铸造黄铜。

(1)普通黄铜

铜和锌组成的二元合金称为普通黄铜。锌加入铜中提高了合金的强度、硬度和塑性,并改善了铸造性能。在平衡状态下,$w_{Zn}<33\%$ 时,锌可全部溶于铜中,形成单相 α 固溶体;随着锌含量增加,黄铜强度提高,塑性得到改善,适于冷加工变形;当 $w_{Zn}=33\%\sim45\%$ 时,Zn 的含量超过它在铜中的溶解度,合金中除形成 α 固溶体外,还产生少量硬而脆的 CuZn 化合物;随 Zn 含量的增加,黄铜的强度继续提高,但塑性开始下降,不宜进行冷变形加工;当 $w_{Zn}>45\%$,黄铜的组织全部为脆性相 CuZn,合金强度、塑性急剧下降,脆性很大,所以工业黄铜中锌的质量分数一般不超过 47%。黄铜经退火后可获得全部是 α 固溶体的单相黄铜($w_{Zn}<33\%$ 时),或是($x+$CuZn)组织的双相黄铜($w_{Zn}\geqslant33\%$ 时),如图 11-2(a)、图 11-2(b)所示。

(a)单相黄铜

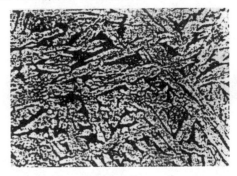
(b)双相黄铜

图 11-2　普通黄铜的显微组织(×500)

普通黄铜适合于加工变形,其牌号用"H"("黄"的汉语拼音字首)加数字表示,数字代表铜的平均质量分数(%),例如 H68,表示的是 $w_{Cu}=68\%$,其余为锌的普通黄铜。典型的普通黄铜有 H68,H62,H68 为单相黄铜,强度较高,冷、热变形能力好,适于用冲压和深冲法加工各种形状复杂的工件,如弹壳等;变形加工,广泛用于热轧、热压零件。

铸造黄铜的牌号依次由"Z"("铸"的汉语拼音字首),Cu,某合金元素符号及该元素含量的百分数组成。如 ZCuZn38,即为 $w_{Zn}=38\%$,其余为铜的铸造合金。铸造黄铜的熔点低于纯铜,铸造性能好,且组织致密。该类黄铜主要用于制作一般结构件和耐蚀件。

黄铜的耐蚀性良好,但由于锌电极电位远低于铜,所以黄铜在中性盐类水溶液中也极易发生电化学腐蚀,产生脱锌现象,加速腐蚀。防止脱锌可加入微量的砷。此外,经冷加工的黄铜制件存在残余应力,在潮湿大气或海水中,特别是在有氨的介质中易发生应力腐蚀开裂(季裂),防止方法是进行去应力退火。

(2)特殊黄铜

为了改善黄铜的耐蚀性、力学性能和切削加工性,在普通黄铜的基础上加入其他元素即可形成特殊黄铜,常用的有锡黄铜、锰黄铜、硅黄铜和铅黄铜等。合金元素加入黄铜后,除强化作用外,Sn,Mn,Al,Si,Ni 等还可以提高耐蚀性及减少黄铜应力腐蚀破裂倾向;Si,Pb 可提高耐磨性,并能分别改善铸造和切削加工性。特殊黄铜也分为压力加工用和铸造用两种,前者合金元素的加入量较少,使之能溶入固溶体中,以保证有足够的变形能力;后者因不要求有很高的塑性,为了提高强度和铸造性能,可加入较多的合金元素。

适合于加工变形的特殊黄铜的牌号依次由"H"("黄"的汉语拼音字首)、主加合金元素、铜的质量分数(%)、合金元素的质量分数(%)组成。例如,HMn58-2 表示 $w_{Cu}=58\%$、$w_{Mn}=2\%$,其余为锌的锰黄铜。铸造特殊黄铜的牌号依次由"Z"("铸"的汉语拼音字首)、铜、合金元素符号及该元素含量的百分数组成。例如,ZCuZn31Al2 表示 $w_{Zn}=31\%$,$w_{Al}=2\%$,其余为铜的铸造特殊黄铜。

部分常用黄铜的成分、力学性能及用途见表 11-5。

表 11-5　常用黄铜的成分、力学性能及用途(GB/T 5231—2012、GB/T 1176—2013 和 GB/T 2040—2017)

种类	代号或牌号	化学成分(质量分数)/%		力学性能(≥)		主要用途
		Cu	其他	R_m/MPa	A/%	
普通黄铜	H90	88.0~91.0	余量 Zn	245~390	35~5	双金属片、供水和排水管、证章、艺术品
	H68	67.0~70.0	余量 Zn	290~(410~540)	40~10	复杂的冷冲压件、散热器外壳、弹壳、导管、波纹管、轴套
	H62	60.5~63.5	余量 Zn	294~412	35~10	销钉、铆钉、螺钉、螺母、垫圈、弹簧、夹线板
	ZCuZn38	60.0~63.0	余量 Zn	295~295	30~30	一般结构件如散热器、螺钉、支架等
特殊黄铜	HSn62-1	61.0~63.0	Sn 0.7~1.1 Zn 余量	295~390	35~5	与海水和汽油接触的船舶零件(又称海军黄铜)
	HMn58-2	57.0~60.0	Mn 1.0~2.0 Zn 余量	380~585	30~3	海轮制造业和弱电用零件
	HPb59-1	57.0~60.0	Pb 0.8~1.9 Zn 余量	340~440	25~5	热冲压及切削加工零件,如销、螺钉、螺母、轴套(又称易削黄铜)
	ZCuZn40Mn3Fe1	53.0~58.0	Mn 3.0~4.0 Fe 0.5~1.5 Zn 余量	440~490	18~15	轮廓不复杂的重要零件、海轮上在 300 ℃以下工作的管配件、螺旋桨等大型铸件
	ZCuZn25Al6Fe3Mn3	60.0~66.0	Al 4.5~7 Mn1.5~4.0 Fe1.2~4.0 Zn 余量	725~745	7~7	要求强度耐蚀零件如压紧螺母、重型蜗杆、轴承、衬套

2.青铜

现在工业上将除黄铜和白铜(铜—镍合金)之外的铜合金均称为青铜。根据不同主加元素 Sn,Al,Be,Si,Pb 等,分别称为锡青铜、铝青铜、铍青铜、硅青铜、铅青铜等。根据不同生产方式,可分为加工青铜和铸造青铜两类。青铜的代号依次由"Q"("青"的汉语拼音字首)、主加合金元素符号及质量分数(%)、其他合金元素质量分数(%)构成,例如 QSn4-3 表示 $w_{Sn}=40\%$,其他合金元素 $w_{Zn}=3\%$,其余为铜的锡青铜。如果是铸造青铜,代号之前加"Z"("铸"的汉语拼音字首),如 ZCuAl10Fe3 代表 $w_{Al}=10\%$,$w_{Fe}=3\%$,其余为铜的铸造铝青铜。

(1)锡青铜

锡青铜是以锡为主加元素的铜合金,锡质量分数锡含量一般为 3%~14%。其中,锡质量分数低于 8%的锡青铜称为压力加工锡青铜;锡质量分数大于 10%的锡青铜称为铸造锡青铜。铸造锡青铜因极易形成分散缩孔而收缩率小,能够获得完全符合铸模形状的铸件,故适于铸造形状复杂的零件,但铸件的致密程度较低,用其制成的容器在高压下容易漏水。铸造锡青铜在大气、海水、淡水以及水蒸气中抗蚀性比纯铜和黄铜好,但在盐酸、硫酸及氨水中的抗蚀性较差。

锡青铜中还可以加入其他合金元素以改善性能。例如:加入锌可以提高流动性,并可以通过固溶强化作用提高合金强度;加入铅可以使合金的组织中存在软而细小的黑灰色铅夹杂,提高锡青铜的耐磨性和切削加工性;加入磷,可以提高合金的流动性,并生成 Cu_3P 硬质点,提高合金的耐磨性。

(2)铝青铜

铝青铜是以铝为主加元素的铜合金,一般铝质量分数为 5%～10%。铝青铜的力学性能和耐磨性均高于黄铜和锡青铜,结晶温度范围小,不易产生化学成分偏析,而且流动性好,分散缩孔倾向小,易获得致密铸件,但其收缩率大,铸造时应在工艺上采取相应的措施。

铝青铜的耐腐蚀性优良,在大气、海水、碳酸及大多数有机酸中具有比黄铜和锡青铜更高的耐腐蚀性。为了进一步提高铝青铜的强度和耐腐蚀性,可添加适量的铁、锰、镍等元素。铝青铜可制造齿轮、轴套、涡轮等高强度的耐磨零件以及弹簧和其他耐蚀元件。

(3)铍青铜

铍青铜一般铍质量分数为 1.7%～2.5%。铍青铜可以进行淬火时效强化,淬火后得到单相 α-固溶体,塑性好,可以进行冷变形和切削加工,制成零件后再进行人工时效处理,可获得很高的强度和硬度(R_m=1 200～1 400 MPa,$A_{11.3}$=2%～4%,硬度为 330～400HBS),超过其他所有的铜合金。

铍青铜的弹性极限、疲劳极限都很高,耐磨性、耐腐蚀性、导热性、导电性和低温性能也非常好。此外,尚具有无磁性、冲击时不产生火花等特性。在工艺方面,它承受冷、热压力加工的能力很强,铸造性能也好,但铍青铜价格昂贵。

铍青铜主要用来制作精密仪器、仪表的重要弹簧、膜片、钟表齿轮和其他弹性元件等,还可以制造在高速、高温、高压下工作的轴承、衬套、齿轮等耐磨零件,也可以用来制造换向开关、电接触器等。

常用青铜的化学成分、力学性能及用途见表 11-6。

表 11-6　常用青铜的牌号、化学成分、力学性能及用途(GB/T 1176—2013 和 GB/T 5231—2012)

种类	牌号	化学成分(质量分数)/%		力学性能		主要用途
		第一主加元素	其他	R_m/MPa	A/%	
压力加工锡青铜	QSn4-3	Sn 3.5～4.5	Zn2.7～3.3 Cu余量	290～(540～690)	40～3	弹性元件、管配件、化工机械中耐磨零件及抗磁零件
	QSn6.5-0.1	Sn6.0～7.0	P0.1～0.25 Cu余量	315～(540～690)	40～5	弹簧、接触片、振动片、精密仪器中的耐磨零件
铸造锡青铜	ZCuSn10P1	Sn9.0～11.5	P0.5～1.0 Cu余量	220～310	3～2	重要的减磨零件,如轴承、轴套、涡轮、摩擦轮、机床丝杆螺母
	ZCuSn5Zn5Pb5	Sn4.0～6.0	Zn4.0～6.0 Pb4.0～6.0 Cu余量	200～200	13～13	中速、中等载荷的轴承、轴套、涡轮及1 MPa压力下的蒸汽管配件和水管配件

（续表）

种类	牌号	化学成分（质量分数）/%		力学性能		主要用途
		第一主加元素	其他	R_m/MPa	A/%	
特殊青铜	QAl7	Al6.0～8.5	—	≤635	≤5	重要用途的弹簧和弹性元件
	ZCuAl10Fe3	Al8.5～11.0	Fe2.0～4.0 Cu余量	490～540	13～15	耐磨零件（压下螺母、轴承、涡轮、齿圈）及在蒸汽、海水中工作的高强度耐蚀件，250 ℃以下的管配件
	ZCuPb30	Pb27.0～33.0	Cu余量	—	—	大功率航空发动机、柴油机曲轴及连杆的轴承
	TBe2	Be1.8～2.1	Ni0.2～0.5 Cu余量	—	—	重要的弹簧与弹性元件，耐磨零件以及在高速、高压和高温下工作的轴承

3. 白铜

以镍为主加合金元素的铜合金称为白铜，其又分为普通白铜和特殊白铜。

普通白铜的牌号为 B+镍的平均百分含量，如 B5 为 Ni 质量分数为 5% 的白铜；特殊白铜的牌号为 B+主加元素符号（Ni 除外）+镍平均百分含量+主加元素平均含量。如 BMn40-1.5 为 Ni 质量分数为 40%，Mn 质量分数为 1.5% 的锰白铜。普通白铜是 Cu-Ni 二元合金，具有较高的耐腐蚀性和抗腐蚀疲劳性能及优良的冷热加工性能。常用牌号有 B5，B19 等，主要用于制造在蒸汽和海水环境下工作的精密机械、仪器中零件及冷凝器、蒸馏器、热交换器等。

特殊白铜的牌号为 B+主加元素符号（Ni 除外）+镍平均百分含量+主加元素平均质量分数。如 BMn40-1.5，为 Ni 质量分数为 40%，Mn 质量分数为 1.5% 的锰白铜。特殊白铜是在普通白铜基础上添加 Zn、Mn、Al 等元素形成的，分别称为锌白铜、锰白铜、铝白铜等，其耐腐蚀性、强度和塑性高，成本低。常用牌号有 BMn40-1.5（康铜）、BMn43-0.5（考铜）等，用于制造精密机械、仪表零件及医疗器械等。

常用白铜的化学成分、力学性能和用途见表 11-7。

表 11-7 常用白铜的牌号、化学成分、力学性能和用途（GB/T 5231—2012 和 GB/T 2059—2017）

种类	牌号	化学成分（质量分数）/%				力学性能（≥）			用途
		Ni(+Co)	Mn	Zn	Cu	加工状态	R_m/MPa	A/%	
普通白铜	B19	18.0～20.0	0.5	0.3	余量	M	290	25	船舶仪器零件，化工机械零件
						Y	390	3	
	B5	4.4～5.0	—	—		M	215	30	
						Y	370	10	
锌白铜	BZn15—20	13.5～16.5	0.3	余量	62.0～65.0	M	340	35	潮湿条件下和强腐蚀介质中工作的仪表零件
						Y	540～690	1.5	
锰白铜	BMn3-12	2.0～3.5	11.5～13.5	—	余量	M	350	25	弹簧、热电偶丝
	BMn40-1.5	39.0～41.0	1.0～2.0			M	390～590		
						Y	590		

注：M—退火；Y—冷作硬化

虽然经过多年发展，我国有色金属加工工业已形成门类比较齐全、结构比较完善、布局比较合理的生产体系。但是由于我国生产技术落后,大部分设备比较陈旧,造成材料工程高能耗、高材耗、污染物排放量大等问题,亟待解决。因此,我们必须树立人与自然和谐相处的生态文明观,努力开创生产发展,生态良好的文明发展道路。

11.3　钛及钛合金

钛资源丰富,密度小,比强度高,耐热性高。此外,钛还具有很高的塑性及耐腐蚀性并便于冷热加工。因此,钛在现代工业中占有极其重要的地位,在航空、化工、导弹、航天及舰艇等方面得到了广泛的应用。但由于钛在高温时异常活泼,所以钛及钛合金的熔炼、浇铸、焊接和热处理等都要在真空或惰性气体中进行,加工条件严格,成本较高,使其应用受到一定的限制。

11.3.1　纯　钛

钛是银白色金属,熔点为 1 688 ℃,相对密度为 4.507 g/cm³。纯钛的强度低,比强度高,塑性、低温韧性和耐腐蚀性好,导热性差,使其切削、磨削加工困难。它有两种同素异构结构,在 882.5 ℃以下的稳定结构为密排六方晶格,用 α-Ti 表示;在 882.5 ℃以上直到熔点的稳定结构为体心立方晶格,用 β-Ti 表示。钛在大气中十分稳定,表面生成的致密氧化膜能使它保持金属光泽,但当加热到 600 ℃以上时,该氧化膜就失去保护作用了。钛在硫酸、盐酸、硝酸和氢氧化钠等碱溶液以及在湿气、海水中,都具有优良的耐腐蚀性,但钛不能抵抗氢氟酸的侵蚀。

工业纯钛按杂质含量不同可分为三个等级,即 TA1,TA2,TA3。其中“T”为钛的汉语拼音首字母,编号越大表明所含杂质越多。工业纯钛可制作在 350 ℃以下工作的强度要求不高的零件。

11.3.2　钛合金

纯钛加入合金元素形成钛合金。根据合金元素对钛同素异构转变的影响,可将其分为 3 类。第一类是 α 相稳定元素。这类元素能使钛的同素异构转变温度升高,形成 α 固溶体,如 Al,C,N,B 等;第二类是 β 相稳定元素。能使钛的同素异构转变温度降低,形成 β 固溶体,如 Fe,Mo,Mg,Cr,Mn,V 等;第三类是中性元素。对同素异构体转变温度无显著影响,如 Sn,Zr 等。铝能提高钛合金的强度、比强度和再结晶温度,几乎所有钛合金中都含有铝。

按退火组织,钛合金可分为 α 钛合金、β 钛合金和(α+β)钛合金三类。

1. α 钛合金

由于 α 钛合金的组织全部为 α-固溶体,因而具有很好的强度、韧性及塑性。在冷态也能加工成某种半成品,例如板材、棒材等。它在高温下组织稳定,抗氧化能力较强,热强性较好。α 钛合金在高温(500～600 ℃)时的强度在三类合金中最高。但它的室温强度一般低于其他两者。α 钛合金是单相合金,不能进行热处理强化。代表性的合金有 TA5,TA6,TA7,主要用于制造飞机压气机叶片、导弹的燃料罐、超音速飞机的涡轮机匣及飞船上的高压低温容器等。

2. β 钛合金

加入的合金元素有钼、钒、铝等,全部是 β 相的钛合金在工业上很少应用。因为这类合金密度较大,耐热性差,抗氧化性能低。β 相是体心立方结构,具有良好的冷成形性,为了利用这一特点,发展了一种介稳定的 β 钛合金,该合金在淬火状态全部为 β 组织,便于进行加工成型,随后的时效处理又能使其获得很高的强度。代表性合金有 TB2,TB3,TB4 等,主要用于在 350 ℃ 以下工作的结构件和紧固件,例如飞机压气机叶片、轴、弹簧、轮盘等。

3.(α+β)钛合金

(α+β)钛合金兼有 α,β 钛合金两者的优点,耐热性和塑性都比较好,并且可进行热处理强化,这类合金的生产工艺也比较简单。因此,(α+β)钛合金的应用比较广泛,其中以 TC4 (Ti-6Al-4V)合金应用最广。

常见纯钛和钛合金的化学成分和力学性能见表 11-8。

表 11-8 常见纯钛和部分钛合金牌号、化学成分和力学性能(GB/T 2965—2007 和 GB/T 3620.1—2007)

组 别	合金牌号	化学成分 (质量分数)/%	热处理	室温力学性能			
				R_m/MPa	$R_{p0.2}$/MPa	A/%	Z/%
工业纯钛	TA1	Ti(杂质极微)	退火	240	140	24	30
	TA2	Ti(杂质微)	退火	400	275	20	30
	TA3	Ti(杂质微)	退火	500	380	18	30
α 型钛合金	TA4	Ti(杂质微)	退火	580	485	15	25
	TA5	Ti-4Al-0.005B Al3.3～4.7;B0.005	退火	685	585	15	40
	TA6	Ti-5Al Al4.0～5.5	退火	685	585	10	27
(α+β)型钛合金	TC1	Ti-2Al-1.5Mn Al1.0～2.5;Mn0.7～2.0	退火	585	460	15	30
	TC2	Ti-4Al-1.5Mn Al3.5～5.0;Mn0.8～2.0	退火	685	560	12	30
	TC3	Ti-5Al-4V Al4.5～6.0;V3.5～4.5	退火	800	700	10	25
	TC4	Ti-6Al-4V Al5.5～6.75;V3.5～4.5	退火	895	825	10	25
β 型钛合金	TB2	Ti-5Mo-5V-8Cr-3Al Mo4.7～5.7;V4.7～5.7 Cr7.5～8.5;Al2.5～3.5	淬火	≤980	820	18	40
			淬火+时效	1370	1100	7	10

11.4 滑动轴承合金

滑动轴承是指汽车、拖拉机、机床及其他机器中的重要部件,它支撑着轴颈和其他转动或摆动的零件。它由轴承体和轴瓦两部分构成。轴瓦可以直接由耐磨合金制成,也可在轴瓦上内衬一层耐磨合金制成。用来制造轴瓦及其内衬的合金,称为轴承合金。本教材介绍滑动轴承合金。常用的滑动轴承合金有锡基轴承合金、铅基轴承合金、铜基轴承合金、铝基轴承合金等。轴承合金牌号表示方法为:Z("铸"字汉语拼音首字首)+基体元素与主加元素的化学符号+主加元素的含量(质量分数×100)+辅加元素的化学符号+辅加元素的含量(质量分数×100)。例如:ZSnSb8Cu4 表示铸造锡基轴承合金,主加元素锑的质量分数为 8%,辅加元素铜的质量分数为 4%,余量为锡。

11.4.1 锡基轴承合金

锡基轴承合金是指以锡为基体，加入锑、铜等元素组成的合金，锡基轴承合金ZSnSb11Cu6 显微组织如图 11-3 所示，其中暗色基体是软基体，是锑溶入锡所形成的 α-固溶体（硬度为 24~30HBS）；硬质点是以化合物 SnSb 为基体的 β-固溶体（硬度为 110HBS，呈白色方块状）以及化合物 Cu_3Sn（呈白色星状）和化合物 Cu_6Sn_5（呈白色针状或粒状）。化合物 Cu_3Sn 和 Cu_6Sn_5 首先从液相中析出，其密度与液相接近，可形成均匀的骨架，防止密度较小的 β 相上浮，以减少合金的密度偏析。

锡基轴承合金摩擦因数小，塑性和导热性好，是优良的减摩材料。常用于制作重要的轴承，例如汽轮机、发动机、压气机等巨型机器的高速轴承。它的主要缺点是疲劳强度较低，且锡较稀少，因此这种轴承合金价格昂贵。

11.4.2 铅基轴承合金

铅基轴承合金是指以铅-锑为基体的合金。加入锡能形成 SnSb 硬质点，并能大量溶入铅中而强化基体，故可提高铅基合金的强度和耐磨性。加铜可形成 Cu_2Sb 硬质点，并防止密度偏析。铅基轴承合金 ZPbSb16Sn6Cu2 的显微组织如图 11-4 所示，黑色软基体为（α＋β）共晶体（硬度为7~8HBS），硬质点是初生的 β 相及化合物 Cu_3Sn（白色针状或星状）、SnSb（白色方块状）。铅基轴承合金的强度、塑性、韧性及导热性、耐腐蚀性均较锡基轴承合金低，且摩擦因数较大，但价格较便宜。因此，铅基轴承合金常用来制造承受中、低载荷的中速轴承，例如汽车、拖拉机的曲轴连杆轴承及电动机轴承等。

图 11-3　铸造锡基轴承的显微组织 ZSnSb11Cu6　　　图 11-4　铸造铅基轴承的显微组织 ZPbSb16Sn16Cu2

11.4.3 铜基轴承合金

有许多种铸造青铜和铸造黄铜均可用作轴承合金，其中应用最多的是锡青铜和铅青铜。铅青铜中常用的有 ZCuPb30，是硬基体上分布软质点的轴承合金，其中铜为硬基体，颗粒状铅为软质点。这类合金可以制造承受高速、重载的重要轴承，例如航空发动机、高速柴油机等轴承。锡青铜中常用 ZCuSn10P1，该合金硬度高，适于制造高速、重载的汽轮机、压缩机等机械上的轴承。铜基轴承合金的优点是承载能力强，耐疲劳性能好，使用温度高，具有优良的耐磨性和导热性。它的缺点主要是顺应性和嵌镶性较差，对轴颈的相对磨损较大。

11.4.4 铝基轴承合金

铝基轴承合金密度小，导热性好，疲劳强度高，价格低廉，广泛应用于高速载荷条件下工作的轴承上。按其化学成分可分为铝-锡系、铝-锑系和铝-石墨系三类。

铝-锡系铝基轴承合金具有疲劳强度高、耐热性和耐磨性良好等优点，因此适于制造高速、重载条件下工作的轴承。铝-锑系铝基轴承合金适用于载荷不超过 20 MPa、滑动线速度不大于 10 m/s 工作条件下的轴承。铝-石墨系铝基轴承合金具有优良的自润滑作用和减震作用以及耐高温性能，适用于制造活塞和机床主轴的轴承。

11.4.5 多层轴承合金

多层轴承合金是一种复合减磨材料。它综合了各种减磨材料的优点，弥补了其中单一合金的不足，组成两层或三层减磨合金材料，以满足现代机器高速、重载、大批量生产的要求。例如，将锡-锑合金、铅-锑合金、铜-铅合金、铝基合金等之一与低碳钢带一起轧制，复合而成双金属。为了进一步改善顺应性、嵌镶性及耐腐蚀性，可在双层减磨合金表面上再镀上一层软且薄的镀层，这就构成了具有更好的减磨性及耐磨性的三层减磨材料。多层轴承合金利用增加钢背和减少减磨合金层的厚度以提高疲劳强度，采用镀层来提高表面性能。

除上述轴承合金外，珠光体灰口铸铁也常用于制作滑动轴承。它的显微组织是由珠光体（硬基体）与石墨（软质点）构成的。石墨还有润滑作用。铸铁轴承可承受较大的压力，价格低廉，但摩擦因数较大，导热性低，故只适于制作低速（$v < 2$ m/s）的不重要轴承。

各种轴承合金的性能比较见表 11-9。

表 11-9 各种轴承合金的性能比较

种类	抗咬合性	磨合性	耐腐蚀性	耐疲劳性	合金硬度（HBS）	轴颈处硬度（HBS）	最大允许压力/MPa	最高允许温度/℃
锡基巴氏合金	优	优	优	劣	20～30	150	600～1 000	150
铅基巴氏合金	优	优	中	劣	15～30	150	600～800	150
锡青铜	中	劣	优	优	50～100	300～400	700～2 000	200
铅青铜	中	差	差	良	40～80	300	2 000～3 200	220～250
铝基合金	劣	中	优	良	45～50	300	2 000～2 800	100～150
铸铁	差	劣	优	优	160～180	200～250	300～600	150

常见铸造轴承合金的牌号、化学成分、力学性能和用途见表 11-10。

表 11-10 常见铸造轴承合金牌号、化学成分、力学性能和用途（GB/T 1174—1992）

类别	牌号	化学成分（质量分数）/%				力学性能（≥）			用途举例
		Sn	Sb	Cu	其他	R_m/MPa	A/%	硬度（HB）	
锡基	ZSnSb12Pb10Cu4	余	11.0～13.0	2.5～5.0	Pb 9.0～11.0	—	—	29	一般发动机的主轴承，但不适于高温工作
	ZSnSb12Cu6Cdl	余	10.0～13.0	4.5～6.8	Cd 1.1～1.6 Ni 0.3～0.6	—	—	34	内燃机和汽车轴承、轴衬、动力减速箱轴承、汽轮发电机轴瓦等
	ZSnSb11Cu6	余	10.0～12.0	5.5～6.5		—	—	27	1 500 kW 以上蒸汽机、370 kW 涡轮压缩机、涡轮泵及高速内燃机轴
	ZSnSb8Cu4	余	7.0～8.0	3.0～4.0		—	—	24	一般大机器轴承及高载荷汽车发动机的双金属轴承
	ZSnSb4Cu4	余	4.0～5.0	4.0～5.0		—	—	20	涡轮内燃机的高速轴承及轴承衬

（续表）

类别	牌号	化学成分（质量分数）/%				力学性能（≥）			用途举例
		Sn	Sb	Cu	其他	$R_m/$ MPa	$A/$ %	硬度 （HB）	
铅基	ZPbSb15Sn16Cu2	15.0～ 17.0	15.0～ 17.0	1.5～ 2.0	Pb 余	—	—	30	110～880 kW 蒸汽涡轮机， 150～750 kW 电动机和小于 1 500 kW 起重 机及重载荷推 力轴承
	ZPbSb15Sn5Cu3Cd2	5.0～ 6.0	14.0～ 16.0	2.5～ 3.0	Pb 余 Cd 1.75～2.25 As 0.6～1.0			32	船舶机械、小于 250 kW 电动 机、抽水机轴承
	ZPbSb15Sn10	9.0～ 11.0	14.0～ 16.0	≤0.7	Pb 余	—	—	24	中等压力机械， 也适用于高温 轴承
	ZPbSb15Sn5	4.0～ 5.5	14.0～ 15.5	0.5～1.0	Pb 余	—	—	20	低速、轻压力的 机械轴承
	ZPbSb10Sn6	5.0～ 7.0	9.0～11.0	≤0.7	Pb 余	—	—	18	重载荷、耐蚀、 耐磨轴承
铜基	ZCuPb30	≤1.0	≤2.0	余	Pb 27.0～33.0	—	—	245	要求高滑动速 度的双金属轴 瓦、减磨零件等
	ZCuPb20Sn5	4.0～ 6.0	≤0.75	余	Pb 18.0～23.0	150	6	55	高速轴承及破 碎机、水泵、冷 轧机轴承、双金 属轴承活塞销 套等
	ZCuPb15Sn8	7.0～ 9.0	≤0.5	余	Pb 13.0～17.0	200	6	635	表面高压且有 侧压的轴承、内 燃机双金属轴 瓦、活塞销等
	ZCuSn10P1	9.0～ 11.5	≤0.05	余	P 0.5～1.0	310	2	885	高载高速的耐 磨件，如连杆、 轴瓦、衬套、齿 轮、涡轮等
	ZCuSn5Pb5Zn5	4.0～ 6.0	≤0.25	余	Pb 4.0～6.0 Zn 4.0～6.0	200	13	590	高载中速的耐 磨、耐腐蚀件、 制冷机、高压油 泵、切削机床等 轴承
铝基	ZAlSn6Cu1Ni1	5.5～ 7.0	—	0.7～1.3	Al 余 Ni 0.7～1.3	130	15	40	高速、高载荷机 械轴承，如汽 车、拖拉机、内 燃机轴承

思 考 题

11-1 铝合金是如何分类的？

11-2 不同铝合金可通过哪些途径达到强化目的？

11-3 何谓硅铝明？为什么硅铝明具有良好的铸造性能？在变质处理前、后，其组织及 性能有何变化？这类铝合金主要用在何处？

11-4 铜合金可分为哪几类？不同的铜合金的强化方法与特点是什么？

11-5　试述 H62 黄铜和 H68 黄铜在组织和性能上的区别。

11-6　青铜如何分类？含 Sn 量对锡青铜的组织和性能有何影响？试分析锡青铜的铸造性能特点。

11-7　简述轴承合金应具备的主要性能及组织形式。

11-8　钛合金如何分类？其性能特点与应用有哪些？

第12章

非金属材料及新材料

非金属材料
及新材料

自 19 世纪以来,随着生产和科学技术的进步,尤其是无机化学和有机化学工业的发展,人类以天然矿物、植物、石油等为原料,制造并合成了许多新型非金属材料。这些非金属材料通常指以无机物为主体的玻璃、陶瓷、石墨、岩石,以及以有机物为主体的木材、塑料、橡胶等。非金属材料由晶体或非晶体组成,无金属光泽,是热和电的不良导体(碳除外)。这些非金属材料因具有多种优异性能,故在近代工业中的应用不断扩大,并迅速发展。

非金属材料按照其组成不同可分为高分子材料、陶瓷材料和复合材料等。

12.1 高分子材料

高分子材料以其特有的质量轻、比强度高、耐腐蚀性能好、绝缘性好等性能而被大量地应用于工程结构中。在世界范围内,高分子材料制品属于最年轻的材料。其应用不仅遍及各个工业领域,而且已进入许多家庭,其产量已有超过金属材料的趋势。

12.1.1 高分子材料的组成

高分子材料是指以高分子化合物为主要组分的材料。高分子化合物是指分子量大于 1×10^4 的有机化合物,常称为聚合物或高聚物。实际上,高分子化合物与低分子化合物并没有严格的界限,主要由它是否显示高分子化合物的特性来判断。高分子化合物具有一定的强度和弹性,而低分子化合物没有。

高分子化合物是由简单的结构单元重复连接而成的,例如由乙烯合成的聚乙烯:

$$CH_2=CH_2 + CH_2=CH_2 + \cdots\cdots \rightarrow =CH_2=CH_2=CH_2=CH_2\cdots\cdots$$ 可以简写成 $nCH_2=CH_2 \rightarrow [CH_2=CH_2]_n$。组成聚合物的低分子化合物(如乙烯、氯乙烯)称为单体。聚合物的分子为很长的链条,称为大分子链。大分子链中重复的结构单元称为链节。一条大分子链中的链节数目称为聚合度 n。

12.1.2 高分子材料的化学反应

高分子材料的化学反应通常包括:

1. 交联反应

交联反应是指大分子由线型结构转变为体型结构的过程。交联反应使聚合物的力学性能、化学稳定性提高。例如树脂的固化、橡胶的硫化等。

2. 裂解反应

裂解反应是指大分子链在各种外界因素(光、热、辐射、生物等)作用下,通过发生链的断裂使分子量下降的过程。

3. 聚合物的老化

聚合物的老化是指高分子材料在长期使用过程中,由于受热、氧、紫外线、微生物等因素的作用而变硬、变脆或变软、发黏的现象。老化的主要原因是大分子的交联或裂解。可通过加入防老化剂、涂保护层等方法防止聚合物的老化。

12.1.3 高分子材料的分类和命名

高分子材料有天然的,例如松香、淀粉、天然橡胶等;也有人工合成的,例如塑料、合成橡胶等。工业用高分子材料主要是人工合成的。高分子材料的分类方法很多,常用的有以下几种:

1. 按用途分类

按用途不同,高分子材料可分为塑料、橡胶、纤维、胶黏剂、涂料等。塑料在常温下有固定形状,强度较大,受力后能发生一定变形。橡胶在常温下具有高弹性,而纤维的单丝强度高。有时把聚合后未加工的聚合物称为树脂,例如电木未固化前称为酚醛树脂。

2. 按聚合物反应类型分类

按聚合物反应类型不同,高分子材料可分为加聚物和缩聚物。加聚物由加成聚合反应(简称加聚反应)得到,链节结构与单体结构相同,例如聚乙烯。缩聚物由缩合聚合反应(简称缩聚反应)得到,聚合过程中产生小分子副产物。

3. 按聚合物的热行为分类

按聚合物的热行为不同,高分子材料可分为热塑性聚合物和热固性聚合物。热塑性聚合物的特点是热软冷硬,例如聚乙烯。热固性聚合物受热时固化,成型后再受热不软化,例如环氧树脂。

4. 按主链上的化学组成分类

按主链上的化学组成不同,高分子材料可分为碳链聚合物、杂链聚合物和元素有机聚合物。碳链聚合物的主链由碳原子一种元素组成,例如—C—C—C—C—C—。杂链聚合物的主链除碳外还有其他元素,例如—C—C—O—C—、—C—C—N—、—C—C—S—等。元素有机聚合物的主链由氧和其他元素组成,例如—O—Si—O—Si—O—等。

高分子材料多根据习惯命名,常用的有:

(1)在原料单体名称前加"聚"字,例如聚乙烯、聚氯乙烯等。

(2)在原料单体名称后加"树脂",例如环氧树脂、酚醛树脂等。

(3)采用商品名称,例如尼龙、涤纶等。

(4)采用英文字母缩写,例如聚乙烯用 PE、聚氯乙烯用 PVC 等。

12.1.4　常用高分子工程材料

工程上常用的高分子材料主要包括塑料、合成纤维、合成橡胶和胶黏剂等。

1. 塑料

塑料是指以天然或合成树脂为基本原料，在一定温度、压力下可塑制成型，并在常温下能保持其形状不变的高聚物材料。塑料常被用于制作耐腐蚀材料、电绝缘材料、绝热保温材料、摩擦材料。

（1）工程塑料的组成

树脂是工程塑料的主要成分，在常温下呈固体或黏稠液体，但受热时软化或呈熔融状态。树脂主要决定塑料的类型（热塑性或热固性），也决定塑料的基本性能。因此，大多数塑料就是以所用树脂的名称命名的。

塑料添加剂（助剂）是指那些为改善塑料的使用性能和成型加工特性而分布于树脂中，但对树脂的分子结构无明显影响的物质，包括增塑剂、稳定剂（防老化剂）、填充剂（填料）、固化剂（硬化剂）、润滑剂、着色剂（染料）、发泡剂、催化剂和阻燃剂等。

根据组成不同，塑料可分简单组分塑料和复杂组分塑料两类。简单组分塑料基本上由一种物质（树脂）组成，例如聚四氟乙烯、聚苯乙烯等，仅加入少量色料、润滑剂等辅助物质。复杂组分塑料除树脂外，还需加入添加剂，例如酚醛塑料、环氧塑料等。

（2）常用工程塑料

常用工程塑料的性能见表 12-1。

表 12-1　　　　　　　　　　　　　　　常用工程塑料的性能

类别	名　称	代　号	密度/$(g \cdot cm^{-3})$	抗拉强度/MPa	抗压强度/MPa	吸水率/%(24 h)	缺口冲击韧性/$(J \cdot cm^{-2})$	使用温度/℃
热塑性塑料	聚乙烯	PE	0.91～0.98	14～40	—	—	1.6～5.4	−70～100
	聚氯乙烯	PVC	1.2～1.6	35～63	56～91	0.07～0.4	0.3～1.1	−15～55
	聚苯乙烯	PS	1.02～1.11	42～56	98	0.03～0.1	1.37～2.06	−30～75
	聚丙烯	PP	0.9～0.91	30～39	39～56	0.03～0.04	0.5～1.07	−35～120
	聚酰胺	PA	1.04～1.15	47～83	55～120	0.39～2.0	0.3～2.68	<100
	聚甲醛	POM	1.41～1.43	62～70	110～125	0.22～0.25	0.65～0.88	−40～100
	聚碳酸酯	PC	1.18～1.2	66～70	83～88	—	6.5～7.5	−100～130
	ABS塑料	ABS	1.05～1.08	21～63	18～70	0.2～0.3	0.6～5.2	−40～90
	聚砜	PSF	1.24	85	87～95	0.12～0.22	0.69～0.79	−100～174
	聚四氟乙烯	PTFE	2.1～2.2	14～15	42	0.005	1.6	−180～220
	有机玻璃	PMMA	1.18	60～70	—		1.2～1.3	−60～80
热固性塑料	酚醛塑料	PF	1.24～2.0	32～63	80～210	0.01～1.2	0.06～2.17	<150
	环氧塑料	EP	1.1	15～70	54～210	0.03～0.20	0.44	−80～155

①一般结构用塑料　一般结构用塑料包括聚乙烯、聚氯乙烯、聚苯乙烯、聚丙烯和 ABS 塑料等。

聚乙烯的合成方法有低压、中压、高压三种。高压聚乙烯质地柔软,适于制造薄膜。低压聚乙烯质地坚硬,适于制造结构件,例如化工管道、电缆绝缘层、小负荷齿轮及轴承等。

聚氯乙烯成本低,但有一定毒性。根据增塑剂的用量不同分为硬质聚氯乙烯和软质聚氯乙烯两种。硬质聚氯乙烯主要用于工业管道系统及化工结构件等,软质聚氯乙烯主要用于薄膜、电缆包覆等。

聚苯乙烯电绝缘性优良,但脆性大。主要用于日用、装潢、包装及工业制品,例如仪器仪表外壳、接线盒、开关按钮、玩具、包装及管道的保温层、耐油的机械零件等。

聚丙烯具有优良的综合性能,可用来制造各种机械零件。例如法兰、齿轮、接头、把手和各种化工管道、容器以及医疗器械、家用电器部件等。

ABS 塑料是由丙烯腈(A)-丁二烯(B)-苯乙烯(S)三种单体共聚而成的,兼具三种组分的性能,是具有"坚韧、质硬、刚性"的材料,在机械、电气、纺织、汽车、飞机、轮船等制造工业及化学工业中被广泛应用。

②摩擦传动零件用塑料　这类塑料主要包括聚酰胺、聚甲醛、聚碳酸酯、聚四氟乙烯等。

聚酰胺又称尼龙或绵纶,品种很多,机械工业常用尼龙 6、尼龙 66、尼龙 610、尼龙 1010、MC 尼龙等。这种塑料强度较高,耐磨、自润滑性好,广泛用于制作机械、化工及电气零件。

聚甲醛具有优良的综合性能,广泛用于汽车、机床、化工、电气仪表、农机等工业。

聚碳酸酯具有优良的机械性能,尤以冲击强度和尺寸稳定性最为突出,透明无毒,广泛用于机械、仪表、电信、交通、航空、光学照明、医疗器械等方面。例如,波音 747 飞机上约有 2 500 个零件用聚碳酸酯制造,总质量达 2 t。

聚四氟乙烯俗称"塑料王",具有极优越的化学稳定性和热稳定性以及优越的电性能,几乎不受任何化学药品的腐蚀,摩擦因数极低,只有 0.04。缺点是强度低、加工性差。主要用于减磨密封件、化工耐腐蚀件与热交换器以及高频或潮湿条件下的绝缘材料。

③耐腐蚀用塑料　耐腐蚀用塑料主要有聚四氟乙烯、氯化聚醚、聚丙烯等。

氯化聚醚的化学稳定性仅次于聚四氟乙烯,但工艺性比聚四氟乙烯好,成本低。在化学工业和机电工业中获得了广泛应用,例如化工设备零件、管道、衬里等。

④耐高温件用塑料　这类塑料主要有聚砜、聚苯醚、聚酰亚胺及氟塑料等。

热稳定性高是聚砜最突出的特点。长期使用温度可达 150～174 ℃,且蠕变值极低。它具有优良的机械性能和电性能,可进行一般成型加工和机械加工,广泛用于电气、机械设备、医疗器械、交通运输等工业。

聚苯醚具有良好的综合性能,蠕变值低,且性的随温度变化小,使用温度宽(-190～190 ℃),广泛用于机电、电器、化工、医疗器械等方面。

聚酰亚胺是耐热性最高的塑料。其在 260 ℃下可长期使用,在惰性气体保护下,可在 300 ℃下长期使用,但加工性能差、成本高。主要用于特殊条件下使用的精密零件,例如喷气发动机供燃料系统的零件和耐高温、高真空的自润滑轴承及电气设备零件等。

⑤热固性塑料　热固性塑料是在树脂中加入固化剂压制成型而形成的体形聚合物。

　　酚醛树脂是由酚类和醛类合成的,应用最多的是苯酚和甲醛的聚合物。酚醛塑料是以酚醛树脂为基,加入填料及其他添加剂而制成的。这种塑料的性能因填料不同而变化,广泛用于制作各种电信器材和电木制品(如插座、开关等)、耐热绝缘部件及各种结构件。

　　环氧塑料是以环氧树脂为基,加入填料及其他添加剂而制成的。环氧塑料强度高,耐热、耐腐蚀、电绝缘性好,主要用于制作仪表构件、塑料模具、黏合剂、复合材料等。

2. 合成纤维

　　(1)合成纤维概述

　　合成纤维是指以煤、石油、天然气、水、空气、食盐、石灰石等为原料,经化学处理制成的人工纤维。20 世纪 70 年代合成纤维的年产量已占世界纤维总产量的一半。合成纤维的主要品种有:绵纶(聚酰胺)、腈纶(聚丙烯腈)、涤纶(聚酯)、维纶(聚乙烯醇)、氟纶(聚四氟乙烯)、芳纶(芳香族聚酰胺)、丙纶(聚丙烯)和氯纶(聚氯乙烯)等,其中前三种产量最大,约占整个合成纤维产量的 90%。它们都具有强度高、耐磨、密度小、弹性大、防蛀、防霉等优点。除可做衣服以外,在工业和其他方面也很有用处。它们共同的缺点是吸湿性和耐热性较差,染色比较困难。

　　(2)常用合成纤维

　　下面介绍几种工业上常用的合成纤维。

　　①绵纶　是最早出现的合成纤维。尼龙 66 和尼龙 6 先后于 1939 年和 1943 年开始工业化生产。其特点是密度小、强度高,具有突出的耐磨性,大多用于制造丝袜、衬衣、渔网、缆绳、降落伞、宇航服、轮胎帘布等。

　　②腈纶　又称人造羊毛。密度低于羊毛,强度是羊毛的 3 倍,手感柔软蓬松,耐洗耐晒,可以纯纺或同羊毛混纺,制作衣料、毛毯和工业毛毯。腈纶毛线是市场上最畅销的产品之一。近年来,复合材料需要的碳纤维数量日增,常常采用腈纶纤维作为原丝。

　　③涤纶　俗称"的确良"。它兼有绵纶和腈纶的特点,强度高、耐磨,混纺后的棉涤纶和毛涤纶是最常用的衣着用料之一。在工业上,涤纶还可制作轮胎帘布、固定带及运输带等。涤纶产生较晚,但 20 世纪 70 年代产量已超过绵纶而居合成纤维首位。

　　④维纶　可作为医用手术缝合材料等。

　　⑤氟纶　与"塑料王"氟塑料源出一家,在各种酸、碱介质中耐腐蚀性最好,还可耐250 ℃左右的高温,并保持良好的电绝缘性,在原子能、航空和化学工业中发挥了巨大作用。

　　⑥芳纶　号称"合成钢丝",它在 20 世纪 60 年代就应用于航空和航天领域,是目前有机合成纤维中强度最大、产量最高的纤维。

3. 合成橡胶

　　橡胶是以高分子化合物为基础的具有高弹性的材料。橡胶具有较好的抗撕裂、耐疲劳特性。因而橡胶制品在工程上广泛应用于密封、防腐蚀、防渗透、减震、耐磨、绝缘以及安全防护等方面,这些良好性能使橡胶成为重要的工业原料之一,具有广泛的应用。但是除某些品种外,橡胶一般不耐油、不耐溶剂和强氧化性介质,比较容易老化。

　　(1)橡胶的组成

　　根据原料来源不同,橡胶可分为天然橡胶和合成橡胶。工业用橡胶是由生胶和配合剂组成的合成橡胶。生胶是指无配合剂、未经硫化的橡胶,其来源有天然和合成两种。生胶的性能随温度变化很大,例如高温发黏、低温变脆,必须加入配合剂,经硫化处理后才能制成各种橡胶制品。橡胶的配合剂有硫化剂、硫化促进剂、防老化剂、软化剂、填充剂、发泡剂、着色剂等。

（2）常用合成橡胶

按用途和用量不同,合成橡胶可分为通用橡胶和特种橡胶,前者主要用于制作轮胎、运输带、胶管、垫片、密封装置等;后者主要用于高(低)温、强腐蚀、强辐射等特殊环境下工作的橡胶制品。常用橡胶的性能和用途见表 12-2。

表 12-2　　　　　　　　　　　　　常用橡胶的性能和用途

名　称	代　号	抗拉强度/MPa	断后伸长率/%	使用温度/℃	特　性	用　途
天然橡胶	NR	25～30	650～900	−50～120	高强、绝缘、防震	通用制品、轮胎
丁苯橡胶	SBR	15～20	500～800	−50～140	耐磨	通用制品、胶布、轮胎
顺丁橡胶	BR	18～25	450～800	120	耐磨、耐寒	轮胎、运输带
氯丁橡胶	CR	25～27	800～1 000	−35～130	耐酸碱、阻燃	管道、电缆、轮胎
丁腈橡胶	NBR	15～30	300～800	−35～175	耐油水、气密	油管、耐油垫圈
乙丙橡胶	EPDM	10～25	400～800	150	耐水、气密	汽车零件、绝缘体
聚氨酯胶	VR	20～35	300～800	80	高强、耐磨	胶辊、耐磨件
硅橡胶	VQM	4～10	50～500	−70～275	耐热、绝缘	耐高温零件
氟橡胶	FPM	20～22	100～500	−50～300	耐油、耐碱、真空	化工设备衬里、密封件
聚硫橡胶	TR	9～15	100～700	80～130	耐油、耐碱	水龙头衬垫、管子

现有的高分子材料已具有很高的强度和韧性,足以和金属材料相媲美。高分子材料在家用器械、家具、洗衣机、冰箱、电视机、交通工具、住宅等方面已有广泛的应用,大部分的金属材料已被高分子材料所代替。工业、农业、交通以及高科技的发展,要求高分子材料具有更高的强度、硬度、韧性、耐温、耐磨、耐油、耐折等特性,这些都是高分子材料要解决的重大问题。

12.2　陶瓷材料

陶瓷材料是除金属和高聚物以外的无机非金属材料的统称。在工业上应用的传统陶瓷产品有陶瓷器皿、玻璃、水泥和耐火材料等。随着工业的发展,逐渐涌现出许多新型陶瓷。新型陶瓷有许多性质是其他材料所难以企及的,例如耐热性、硬度、耐磨、化学稳定性、韧性等。陶瓷制造的发动机部件正在悄悄地取代金属部件;光导纤维已全面占领了通信领域;陶瓷燃料电池正在试制之中。陶瓷的高硬度与高耐磨性被用来制造摩擦构件与切削工具,其寿命比金属材料要高数十倍。

12.2.1　陶瓷材料概述

1.陶瓷材料的组成、结构

陶瓷由晶体相、玻璃相和气相组成,各相的结构、数量、形状与分布都对陶瓷的性能有直接影响。晶体相是陶瓷的主要组成相,其结构、数量以及晶粒的大小、形状和分布等决定了陶瓷的主要性能和应用。组成陶瓷晶体相的晶体主要有含氧酸盐(如硅酸盐、钛酸盐等)、氧化物和非氧化物等。玻璃相是陶瓷材料中部分组元与其他杂质在高温烧结过程中产生一系列物理、化学反应后形成的一种非晶态结构的低熔点固体。玻璃相成分主要为氧化硅和其他碱金属氧化物。气相是由原料和工艺等因素造成的并保留于陶瓷中的气孔。陶瓷中的气孔往往会成为裂纹源,使陶瓷的强度降低。因此,除多孔陶瓷(如过滤陶瓷)外,应尽量降低材料的气孔率。

图 12-1 所示为陶瓷在室温下的组织,其中包括点状一次莫来石、针状二次莫来石、块状残留石英小黑洞气孔和玻璃基体。

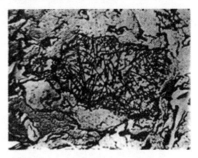

图 12-1 陶瓷在室温下的组织

2.陶瓷的结合键

陶瓷的晶体结构要比金属复杂得多,它们可以是以离子键为主的离子晶体,也可以是以共价键为主的共价晶体。完全由一种键组成的陶瓷并不多见,大多数陶瓷是两者的混合体。例如:以离子键结合的 MgO,离子键比例占 84%,尚有 16%以共价键结合;以共价键为主的 SiC 仍有 18%以离子键结合。

3.陶瓷材料的性能

陶瓷材料的结合键为离子键和共价键,因此陶瓷材料具有高熔点、高硬度、高化学稳定性、耐高温、耐氧化、耐腐蚀等特性。此外,陶瓷材料还有密度小、弹性模量大、耐磨损、强度高、脆性大等特点。对于功能陶瓷,还具有电、光、磁等特殊性能。

4.陶瓷材料的分类

(1)按化学成分分类

按化学成分不同,可将陶瓷材料分为氧化物陶瓷、氮化物陶瓷、碳化物陶瓷及其他化合物陶瓷。氧化物陶瓷种类繁多,应用广泛。最常用的氧化物陶瓷是 Al_2O_3,SiO_2,MgO,ZrO_2,CeO_2,CaO,Cr_2O_3 及莫来石($3Al_2O_3 \cdot 2SiO_4$)和尖晶石($MgAl_2O_3$)等。碳化物陶瓷一般具有比氧化物陶瓷更高的熔点,常用的是 SiC,B_4C,WC,TiC 等。氮化物陶瓷常用的有 TiN,BN,AlN,Si_3N_4。

(2)按使用原料分类

按照使用原材料的不同,陶瓷材料可分为普通陶瓷和特种陶瓷。普通陶瓷主要以天然的矿石、岩石、黏土等含有较多杂质或杂质不定的材料为原料。而特种陶瓷则以用化学方法人工合成的高纯度或纯度可控制的材料为原料。

(3)按性能和用途分类

按性能和用途不同,可将陶瓷材料分为结构陶瓷和功能陶瓷两类。在工程结构上使用的陶瓷称为结构陶瓷。利用陶瓷特有的物理性能制造的陶瓷材料称为功能陶瓷。由于它们具有的物理性能差异很大,所以用途很广泛。

12.2.2 常用工业陶瓷

常用工业陶瓷的种类和性能见表12-3。

表 12-3　　　　　　　　　　　　常用工业陶瓷的种类和性能

陶 瓷 种 类		性 能				
		密度/ $(g \cdot cm^{-3})$	抗弯强度/MPa	抗拉强度/MPa	抗压强度/MPa	断裂韧性/ $(MPa \cdot m^{1/2})$
普通陶瓷	普通工业陶瓷	2.2~2.5	65~85	26~36	460~680	
	化工陶瓷	2.1~2.3	30~60	7~12	80~140	0.98~1.47
特种陶瓷	氧化铝陶瓷	3.2~3.9	250~490	140~150	1 200~2 500	4.5
	氮化硅陶瓷 反应烧结	2.20~2.27	200~340	141	1 200	2.0~3.0
	氮化硅陶瓷 热压烧结	3.25~3.35	900~1 200	150~275	—	7.0~8.0
	碳化硅陶瓷 反应烧结	3.08~3.14	530~700			3.4~4.3
	碳化硅陶瓷 热压烧结	3.17~3.32	500~1 100			—
	氮化硼陶瓷	2.15~2.3	53~109	110	233~315	
	立方氧化锆陶瓷	5.6	180	148.5	2 100	2.4
	Y-TZP 陶瓷	5.94~6.10	1 000	1 570		10~15.3
	Y-PSZ 陶瓷	5.00	1 400			9
	氧化镁陶瓷	3.0~3.6	160~280	60~98.5	780	
	氧化铍陶瓷	2.9	150~200	97~130	800~1 620	—
	莫来石陶瓷	2.79~2.88	128~147	58.8~78.5	687~883	2.45~3.43
	赛隆陶瓷	3.10~3.18	1 000			

1. 普通陶瓷

普通陶瓷又称传统陶瓷,是用黏土($Al_2O_3 \cdot 2SiO_2 \cdot 2H_2O$)、石英($SiO_2$)和长石($K_2O \cdot Al_2O_3 \cdot 6SiO_2$、$Na_2O \cdot Al_2O_3 \cdot 6SiO_2$)为原料经成型烧结而成的。其组织中主晶相为莫来石,占 25%~30%;次晶相为 SiO_2 玻璃相,占 35%~60%,它是以长石为溶剂,在高温下溶解一定量的黏土和石英后得到的;气相占 1%~3%。通过改变相组成物的配比、溶剂、辅料以及原料的细度和致密度,可以获得不同特性的陶瓷。普通陶瓷质地坚硬而脆性较大,绝缘性和耐腐蚀性极好,制造工艺简单、成本低廉,在各种陶瓷中用量最大。普通陶瓷广泛应用于日常用品、电气、化工、建筑、纺织等部门。例如耐腐蚀要求不高的化工容器、管道、供电系统的绝缘子、纺织机械中的导纱零件等。

2. 特种陶瓷

特种陶瓷又称新型陶瓷或精细陶瓷。特种陶瓷材料的组成已超出传统陶瓷材料的以硅酸盐为主的范围,除氧化物、复合氧化物和含氧酸盐外,还有碳化物、氮化物、硼化物、硫化物及其他盐类和单质,并由以块状和粉末为主的状态向着单晶化、薄膜化、纤维化和复合化的方向发展。

(1)氧化物陶瓷

氧化物陶瓷中应用最广泛的是氧化铝陶瓷,氧化铝陶瓷以 Al_2O_3 为主要成分,并按

Al_2O_3 的质量分数不同分为刚玉瓷、刚玉-莫来石瓷和莫来瓷。其中刚玉瓷中 Al_2O_3 的质量分数高达 99%。氧化铝陶瓷的熔点在 2 000 ℃以上，烧成温度约为 1 800 ℃。具有很高的硬度、高温强度和耐磨性，具有良好的绝缘性和化学稳定性，能耐各种酸、碱的腐蚀；氧化铝陶瓷的缺点是热稳定性低。氧化铝陶瓷广泛应用于制造高速切削工具、量规、拉丝模、高温炉零件、火箭导流罩和内燃机火花塞等。此外，还可用于制作真空材料、绝热材料和坩埚材料等。

氧化物陶瓷除氧化铝陶瓷之外还有氧化铍陶瓷、氧化锆陶瓷、氧化镁/钙陶瓷以及氧化钍/铀陶瓷等。其中氧化镁/钙陶瓷抗金属碱性熔渣腐蚀性好，但热稳定性差；氧化镁高温下易挥发；氧化钙易水化，可用于制造坩埚、热电偶保护套、炉衬材料等。氧化铍陶瓷（BeO）具有优良的导热性、高的稳定性及消散高温辐射的能力，但强度不高，可用于制造真空陶瓷、高频电炉的坩埚、有高温绝缘要求的电子元件和核反应堆用陶瓷。

（2）碳化物陶瓷

碳化物陶瓷具有很高的熔点、硬度（近于金刚石）和耐磨性（特别是在浸蚀性介质中），但是其耐高温氧化能力差（900～1 000 ℃）、脆性极大。碳化硅陶瓷在碳化物陶瓷中应用最广泛。碳化硅陶瓷的硬度高于氧化物陶瓷中最高的刚玉和氧化铍陶瓷的硬度。这种材料热导率很高，而热膨胀系数很小，但在 900～1 300 ℃时会慢慢氧化。

碳化硅陶瓷通常用于加热元件、石墨表面保护层以及砂轮和磨料等。将用有机黏结剂黏结的碳化硅陶瓷加热至 1 700 ℃后加压成型，有机黏结剂被烧掉，碳化物颗粒间呈晶态黏结，从而形成高强度、高致密度、高耐磨性和高抗化学侵蚀的耐火材料。

碳化硼陶瓷的硬度极高，抗磨粒磨损能力很强，熔点高达 2 450 ℃，但在高温下会快速氧化，并且与热或熔融黑色金属发生反应，因此其使用温度限定在 980 ℃以下。碳化硼陶瓷主要用于制作磨料，有时用于制作超硬质工具材料。

碳化铌、碳化钛陶瓷等甚至可用于 2 500 ℃以下的氮气气氛。在各类碳化物陶瓷中，碳化铪陶瓷的熔点最高，达 2 900 ℃。

（3）硼化物陶瓷

最常见的硼化物陶瓷包括硼化铬、硼化钼、硼化钛、硼化钨和硼化锆等。这类陶瓷具有高硬度，同时具有较好的耐化学侵蚀能力。其熔点范围为 1 800～2 500 ℃。比起碳化物陶瓷，硼化物陶瓷具有较高的抗高温氧化性能，使用温度达 1 400 ℃。

硼化物陶瓷主要用于制作高温轴承、内燃机喷嘴、各种高温器件和处理熔融非铁金属的器件等。此外，还用于制作电触点材料。

（4）氮化物陶瓷

氮化硅（Si_3N_4）和氮化硼（BN）是最常见的氮化物陶瓷。氮化硅陶瓷键能较高，是稳定的共价键晶体。氮化硅的硬度高、摩擦因数低，且有自润滑作用，所以是优良的耐磨减摩材料。氮化硅的耐热温度比氧化铝低，而抗氧化温度高于碳化物和硼化物。在 1 200 ℃以下具有较高的机械性能和化学稳定性，并且热膨胀系数小，抗热冲击，所以可用于制作优良的高温结构材料。此外，氮化硅陶瓷能耐各种无机酸（氢氟酸除外）和碱溶液侵蚀，是优良的耐腐蚀材料。

需要特别指出的是，氮化硅的制造方法不同，得到陶瓷的品格类型也不同，因而应用领域也各不一样。

①反应烧结法得到的 α-Si₃N₄　主要用于制造各种泵的耐蚀、耐磨密封环等零件。

②热压烧结法得到的 p-SiN₄　主要用于制造高温轴承、转子叶片、静叶片以及加工难切削材料的刃具等。

③在 Si₃N₄ 中加一定量的 Al₂O₃ 烧制成的陶瓷　可制造柴油机的汽缸、活塞和汽轮机的转动叶轮。

④氮化硼陶瓷　氮化硼陶瓷具有石墨类型的六方晶格结构,因而又称为"白色石墨"。其硬度较低,可与石墨一样进行各种切削加工;导热性和抗热性能高,耐热性好,有自润滑性能;高温下耐腐蚀、绝缘性好。氮化硼陶瓷主要用于高温耐磨材料和电绝缘材料、耐火润滑剂等。在高压和 1 360 ℃时,六方氮化硼会转化为立方 β-BN,其密度为 $3.45×10^3$ kg/m³,硬度提高到接近金刚石的硬度,而且在 1 925 ℃以下不会氧化,所以可作为金刚石的代用品,用于制作耐磨切削工具、高温模具和磨料等。

(5)其他特种陶瓷

特种陶瓷的发展日新月异,前面分析可知,从化学组成上来看,新型陶瓷已经由单一的氧化物陶瓷发展到氮化物等多种陶瓷。就品种而言,新型陶瓷也由传统的烧结体发展到了单晶陶瓷、薄膜陶瓷或纤维陶瓷等,而且形式多种多样。

①氮化铝陶瓷　主要用于半导体基板材料、坩埚、保护管等耐热材料以及树脂中的高导热性填料等。

②莫来石陶瓷　具有高的高温强度、良好的抗蠕变性能及低的热导率,主要用于 1 000 ℃以上高温氧化气氛下工作的长喷嘴、炉管及热电偶套管。加入 ZrO₂,SiO₂ 可提高莫来石陶瓷的韧性,用于制作刃具或绝热发动机的某些零件。

③赛隆陶瓷　是在 Si₃N₄ 中加入一定量的 Al₂O₃,MgO,Y₂O₃ 等氧化物形成的一种新型陶瓷。它具有很高的强度、优异的化学稳定性和耐磨性,耐热冲击性好。主要用于制作切削刃具、金属挤压模内衬、汽车上的针形阀、底盘定位销等。

陶瓷材料不仅可以制作结构材料,而且可以制作性能优异的功能材料。目前,陶瓷材料已渗透到各个领域,尤其在空间技术、海洋技术、电子、医疗卫生、无损检测和广播电视等领域已出现了性能优良、制造方便的功能性陶瓷。

12.3　复合材料

复合材料是指由两种或两种以上不同化学性质或不同组织结构的材料经人工组合而成的合成材料。它通常具有多相结构,其中一类组成物(或相)为基体,起黏结作用;另一类组成物为增强相,起提高强度和韧性的作用。复合材料既保持了各组分材料的性能特点,同时通过叠加效应,使各组分之间取长补短,相互协同,形成优于原材料的特性,取得多种优异性能,这是任何单一材料所无法比拟的。

12.3.1　复合材料的分类

复合材料种类繁多,主要有以下几种分类方法:

1.按基体类型分类

(1)金属基复合材料

例如纤维增强金属、铝聚乙烯复合薄膜等。

（2）高分子基复合材料

例如纤维增强塑料、碳/碳复合材料、合成皮革等。

（3）陶瓷基复合材料

例如金属陶瓷、纤维增强陶瓷、钢筋混凝土等。

2. 按增强材料类型分类（图 12-2）

（a）层叠复合　　　　　　　（b）纤维增强　　　　　　　（c）粒子增强

图 12-2　复合材料的结构

（1）层叠复合材料

例如双金属、填充泡沫塑料等。

（2）纤维增强复合材料

例如玻璃纤维、碳纤维、硼纤维、碳化硅纤维、难熔金属丝等。

（3）粒子增强复合材料

例如金属离子与塑料复合材料、陶瓷颗粒与金属复合材料等。

3. 按复合材料用途分类

（1）结构复合材料

通过复合，材料的机械性能得到显著提高，主要用于制作各类结构零件，例如利用玻璃纤维优良的抗拉、抗弯、抗压及抗蠕变性能，可用来制作减摩、耐磨的机械零件。

（2）功能复合材料

通过复合，使材料具有一些特殊的物理、化学性能，从而制成一种多功能的复合材料，例如雷达用玻璃钢天线罩就是具有良好透过电磁波性能的磁性复合材料。

12.3.2　复合材料的性能特点

复合材料是各向异性的高强度非均质材料。由于增强相和基体是形状和性能完全不同的两种材料，它们之间的界面又具有分割作用，因此它不是连续的、均质的，其力学性能是各向异性的。特别是纤维增强复合材料更为突出。它们的主要性能特点有：

1. 比强度和比模量高

纤维增强复合材料的比强度和比模量较高。

2. 抗疲劳性能好

一般金属材料的疲劳强度仅为其拉伸强度的 $40\% \sim 50\%$，而碳纤维增强树脂的疲劳强度为其拉伸强度的 $70\% \sim 80\%$，这是由于两者在应力状态下裂纹扩展过程完全不同，复合材料中的纤维对疲劳裂纹扩展有阻碍作用。

3. 高温性能好

这是由于增强材料的熔点都很高。

4. 减振性能好

复合材料中的大量界面对振动有反射、吸收作用，且自振频率高，不易产生共振，所以振动波在复合材料中衰减快，减振性能好。

表 12-4 为复合材料与某些材料的性能比较。

表 12-4 复合材料与某些材料的性能比较

材料名称	密度/ (g·cm⁻³)	弹性模量/ ×10² GPa	抗拉强度/ MPa	比模量/ ×10² m	比强度/ cm
钢	7.8	2 100	1 030	0.27	1.3
硬铝	2.8	750	470	0.26	1.7
玻璃钢	2.0	400	1 060	0.21	5.3
碳纤维-环氧树脂	1.45	1 400	1 500	0.21	10.3
硼纤维-环氧树脂	2.1	2 100	1 380	1.00	6.6

12.3.3 工程上常用的复合材料

1.树脂基复合材料

树脂基复合材料(亦称聚合物基复合材料)是目前应用最广泛、消耗量最大的一类复合材料。该类材料主要以纤维增强树脂为主,最早开发的树脂基复合材料于 20 世纪 40 年,自从玻璃纤维增强塑料(俗称玻璃钢)问世起,工程界才明确提出"复合材料"这一术语。其后,由于碳纤维、硼纤维、芳酰胺纤维(芳纶)、碳化硅纤维等高性能增强体和一些耐高温树脂基的相继问世,发展了大量高性能树脂基复合材料并成为先进复合材料的重要组成部分。

根据增强体的种类不同,树脂基复合材料可分为玻璃纤维增强树脂基复合材料、碳纤维增强树脂基复合材料、硼纤维增强树脂基复合材料、碳化硅纤维增强树脂基复合材料、芳纶增强树脂基复合材料及晶须增强树脂基复合材料等类型。又可根据树脂基的性质不同,分为热固性树脂基复合材料和热塑性树脂基复合材料两种基本类型。

2.金属基复合材料

金属基复合材料的迅速发展始于 20 世纪 80 年代,其推动力源于高新技术对材料耐热性和其他性能要求的日益提高。金属基复合材料除与树脂基复合材料同样具有强度高、模量高和热膨胀系数低的特性外,其工作温度可达 300~500 ℃或者更高。同时,它还具有不易燃烧、不吸潮、导热、导电、屏蔽电磁干扰、热稳定性及抗辐射性能好、可机械加工和常规连接等特点,而且在较高温度下不会放出气体污染环境,这是树脂基复合材料所无法比拟的。但金属基复合材料也存在着密度较大、成本较高、一些种类复合材料制备工艺复杂以及某些复合材料中增强体与金属基界面易发生化学反应等缺点。通过对上述不利因素的不断改进与完善,金属基复合材料在过去的 10 余年里取得了较大的进步,一些西方发达国家已达到了特定领域规模应用的水平。

目前备受研究者和工程界关注的金属基复合材料有长纤维增强型、短纤维或晶须增强型、颗粒增强型以及共晶定向凝固型金属基复合材料,所选用的金属基主要有铝、镁、钛及其合金、镍基高温合金以及金属间化合物。

3.其他类型的复合材料

其他类型的复合材料有夹层复合材料、碳/碳复合材料等。

夹层复合材料是一种由上、下两块薄面板和芯材构成的夹心结构复合材料。面板可以是金属薄板,例如铝合金板、钛合金板、不锈钢板、高温合金板,也可以是树脂基复合材料板;芯材则采用泡沫塑料、波纹板或窝芯。

碳纤维增强碳基复合材料简称碳/碳复合材料(或 C/C 复合材料),是一种新型特种工程材料。碳/碳复合材料是指用碳纤维或石墨纤维或是它们的织物作为碳基体骨架,埋入碳基中所制成的复合材料。

　　碳/碳复合材料最初用于航天工业,作为战略导弹和航天飞机的防热部件。例如导弹头锥和航天飞机机翼前缘,能承受穿越大气层时的高温和严重的空气动力载荷。碳/碳复合材料还适用于火箭和喷气飞机发动机后燃烧室的喷管用高温材料。高速飞机用刹车盘是碳/碳复合材料用量最大的零件。例如波音 747-400 客机的刹车系统,每架飞机用复合材料较金属耐磨材料轻 900 kg,且使用中抗磨损性高、热膨胀性小、飞机的维修期长。

　　碳/碳复合材料可以用于制造超塑性成型工艺中的热锻压模具,还可用于制造粉末冶金中的热压模具。在核工业中,碳/碳复合材料可用于原子反应堆作为氦冷却反应器的热交换器;在浓缩铀工程中可用来制造耐六氟化铀部件;在涡轮压气机中可用来制造涡轮叶片和涡轮盘的热密封件。

12.4　新材料简介

　　新材料是指新出现的或正在发展中的,具有传统材料所不具备的优异性能和特殊功能的材料;或采用新技术(工艺、装备),使传统材料性能有明显提高或产生新功能的材料;一般认为满足高技术产业发展需要的一些关键材料也属于新材料的范畴。

　　新材料分为“新兴产业需求材料”“重点行业高端材料”“前沿技术新型材料”三种,分别代表了市场新、工艺新和技术新三种特征。

　　主要特征体现在:知识密集、技术密集和资金密集的新兴产业;与新工艺、新技术密切相关,往往在极端条件下制备而成;不靠大规模生产来提高竞争力,而靠独特的优良性能;需要各学科和技术相互交叉来完成。

　　与传统材料的分类方式不同,新材料主要按照结构材料和功能材料两大类来划分。结构材料是指以材料力学性能为应用基础,且用于制造以受力为主的构件。当然,结构材料对其他性能也有一定的要求。结构材料又分成:新型金属材料和高分子复合材料。功能材料是以材料的物理、化学、生物性能为主要应用基础,具有特殊功能的材料。是一大类具有特殊电、磁、光、声、热、力、化学以及生物功能的新型材料,是信息技术、生物技术、能源技术等高技术领域和国防建设的重要基础材料,同时也对改造某些传统产业,如农业、化工、建材等起着重要作用。功能材料是新材料领域的核心,对高新技术的发展起着重要的推动和支撑作用,在全球新材料研究领域中,功能材料约占 85%。按其性质、功能或实际用途划分为:

　　光:光导纤维、液晶高分子、感光树脂、阳光选择膜、光致变色高分子、发光高分子等。

　　电:高分子半导体、高分子超导体、高分子电解质、电致变色高分子、压电高分子、热电高分子等。

　　磁:塑料磁石、磁性橡胶、光磁材料等。

　　热:耐烧蚀材料、热释光塑料、形状记忆高分子等。

　　声:消音材料、防震材料、超声波防震吸声材料等。

生物：医用高分子（人工脏器、手术缝合线、矫形外科）、高分子药物等。

化学：高分子试剂、高分子催化剂、离子交换树脂等。

其他：功能膜、智能材料、高分子絮凝剂、吸附树脂、高分子减阻剂等。

下面简单介绍几种典型的新材料。

1. 电子信息材料

电子信息材料是指在微电子、光电子技术和新型元器件基础产品领域中所用的材料，主要包括以单晶硅为代表的半导体微电子材料；激光晶体为代表的光电子材料；介质陶瓷和热敏陶瓷为代表的电子陶瓷材料；钕铁硼永磁材料为代表的磁性材料；光纤通信材料；磁储存和光盘储存为主的数据存储材料；压电晶体与薄膜材料；储氢材料和锂离子嵌入材料为代表的绿色电池材料等。这些基础材料及其产品支撑着通信、计算机、信息家电与网络技术等现代信息产业的发展。

电子信息材料的总体发展趋势是向着大尺寸、高均匀性、高完整性以及薄膜化、多功能化和集成化方向发展。当前的研究热点和技术前沿包括柔性晶体管、光子晶体、SiC、GaN、ZnSe 等宽禁带半导体材料为代表的第三代半导体材料、有机合成材料以及各种纳米电子材料等。

2. 新能源材料

新能源和再生清洁能源技术是 21 世纪世界经济发展中最具有决定性影响的五个技术领域之一，新能源包括太阳能、生物质能、核能、风能、地热能、海洋能等一次能源和二次能源中的氢能等，新能源材料则是指实现新能源的转化和利用以及发展新能源技术中所要用到的关键材料。主要包括储氢电极合金材料为代表的镍氢电池材料、嵌锂碳负极和 $LiCo_2$ 正极为代表的锂离子电池材料、燃料电池材料、Si 半导体材料为代表的太阳能电池材料以及铀、氘、氚为代表的反应堆核能材料等。当前研究热点和技术前沿包括高能储氢材料、聚合物电池材料、中温固体氧化物燃料电池电解质材料、多晶薄膜太阳能电池材料等。

3. 纳米材料

纳米材料是指由尺寸小于 100 nm 的超细颗粒构成的具有小尺寸效应的零维、一维、二维、三维材料的总称。纳米材料的概念形成于 80 年代中期，由于纳米材料会表现出特异的光、电、磁、热、力学、机械等性能，纳米技术迅速渗透到材料的各个领域，成为当前世界科学研究的热点。按物理形态纳米材料大致可分为纳米粉末、纳米纤维、纳米膜、纳米块体和纳米相分离液体等五类。尽管目前实现工业化生产的纳米材料主要是碳酸钙、白炭黑、氧化锌等纳米粉体材料，其他基本上还处于实验室的初级研究阶段，大规模应用预计要到 5～10 年以后，但毫无疑问，以纳米材料为代表的纳米科技必将对未来的经济和社会发展产生深刻的影响。

当前的研究热点和技术前沿包括：以碳纳米管为代表的纳米组装材料；纳米陶瓷和纳米复合材料等高性能纳米结构材料；纳米涂层材料的设计和合成；单电子晶体管、纳米激光器和纳米开关等纳米电子器件的研制、C60 超高密度信息存储材料等。

4. 复合材料

该类材料性能优于组成中的任一单独的材料,而且具有单独组分不具有的独特性能。按用途可分为结构复合材料和功能复合材料两大类。结构复合材料主要作为承力结构使用的材料,由难承受载荷的增强体组元(如玻璃、陶瓷、高聚物、金属、纤维、晶须、片材和颗粒等)与能联结增强体成为整体材料同时又起传力作用的基体组元(树脂、金属、陶瓷、玻璃、碳和水泥等)构成。复合材料通常按基体的不同分为聚合物基复合材料、金属基复合材料、陶瓷基复合材料、碳基复合材料和水泥基复合材料等。功能材料是指除力学性能以外还提供其他物理、化学、生物等性能的复合材料。包括压电、导电、雷达隐身、永磁、光致变色、吸声、阻燃、生物自吸收等种类繁多的复合材料,具有广阔的发展前途。未来的功能复合材料比重将超过结构复合材料,成为复合材料发展的主流。未来复合材料的研究方向主要集中在纳米复合材料、仿生复合材料和多功能智能复合材料等领域。

5. 生态环境材料

生态环境材料是在人类认识到生态环境保护的重要战略意义和世界各国纷纷走可持续发展道路的背景下提出来的,是国内外材料科学与工程研究发展的必然趋势。一般认为生态环境材料是具有满意的使用性能同时又被赋予优异的环境协调性的材料。

这类材料的特点是消耗的资源和能源少,对生态和环境污染小,再生利用率高,而且从材料制造、使用、废弃直到再生循环利用的整个寿命过程,都与生态环境相协调。主要包括:环境相容材料,如纯天然材料(木材、石材等)、仿生物材料(人工骨、人工器脏等)、绿色包装材料(绿色包装袋、包装容器)、生态建材(无毒装饰材料等);环境降解材料(生物降解塑料等);环境工程材料,如环境修复材料、环境净化材料(分子筛、离子筛材料)、环境替代材料(无磷洗衣粉助剂)等。

生态环境材料研究热点和发展方向包括再生聚合物(塑料)的设计、材料环境协调性评价的理论体系、降低材料环境负荷的新工艺、新技术和新方法等。

6. 生物医用材料

生物医用材料是一类用于诊断、治疗或替换人体组织、器官或增进其功能的新型高技术材料,是材料科学技术中的一个正在发展的新领域,不仅技术含量和经济价值高,而且与患者生命和健康密切相关。近 10 多年来,生物医用材料及制品的市场一直保持 20% 左右的增长率。

生物医用材料按材料组成和性质分为医用金属材料、医用高分子材料、生物陶瓷材料和生物医学复合材料等。金属、陶瓷、高分子及其复合材料是应用最广的生物医用材料。按应用生物医用材料又可分为可降解与吸收材料、组织工程材料与人工器官、控制释放材料、仿生智能材料等。

生物医用材料的研究和发展方向主要为:改进和发展生物医用材料的生物相容性评价、研究新降解材料、研究具有全面生理功能的人工器官和组织材料、研究新药物载体材料和材料表面改性的研究等。

7.智能材料

20世纪80年代中期人们提出了智能材料的概念:智能材料是模仿生命系统,能感知环境变化并能实时地改变自身的一种或多种性能参数,做出所期望的、能与变化后的环境相适应的复合材料或材料的复合。

智能材料是一种集材料与结构、智能处理、执行系统、控制系统和传感系统于一体的复杂的材料体系。它的设计与合成几乎横跨所有高技术学科领域。构成智能材料的基本材料有压电材料、形状记忆材料、光导纤维、电(磁)流变液、磁致伸缩材料和智能高分子材料等。智能材料的出现将使人类文明进入一个新高度,但目前距离使用阶段还有一定的距离。

今后的研究重点包括以下六个方面:智能材料概念设计的仿生学理论研究、智能材料内禀特性及智商评价体系的研究、耗散结构理论应用于智能材料的研究、机敏材料的复合集成原理及设计理论、智能结构集成的非线性理论和仿人智能控制理论等。

8.高性能结构材料

高性能结构材料是一类具有高比强度、高比刚度、耐高温、耐腐蚀、耐磨损的材料,是在高新技术推动下发展起来的一类新材料,是国民经济现代化的物质基础之一。例如:发展现代航空航天技术,对动力机械而言,工作温度愈高、比强度和比刚度愈高,效率亦愈高,先进军用发动机的发展趋势要求涡轮前温度和推重比不断提高,因此高温结构材料技术是关键。有资料指出,飞机及发动机性能的改进分别有2/3和1/2靠材料性能提高。对卫星和飞船,减重1公斤能带来极高的效益;汽车节油有37%靠材料轻量化,40%靠发动机改进。绝热发动机(不冷却)主要靠材料性能提高。航空方面的先进复合材料、单晶合金、涡轮盘合金,航天方面的含能材料、热防护材料、弹头材料等不仅要先进,而且还要起到先导的作用。如果没有优质的单晶合金、涡轮前温度无法提高,高推重比航空发动机就难以实现。由此可见高性能结构材料在航空航天技术中的基础性和先导性。因此,世界各先进国家在制订国家关键技术发展计划时,高温结构材料与技术被列为高性能结构材料领域的重点发展项目之一。发展新型高性能结构材料将支撑交通运输、能源动力、资源环境、电子信息、农业和建筑、航天航空、国防军工以及国家重大工程等领域的可持续发展,对国家支柱产业的发展和国家安全的保障起着关键性的作用,同时还将促进包括新材料产业在内的我国高新技术产业的形成与发展,带动传统产业和支柱产业的改造和产品的升级换代,提高国际竞争力,形成新的产业和新的经济增长点。

9.新型功能材料

功能材料是指表现出力学性能以外的电、磁、光、生物、化学等特殊性质的材料。除前面介绍过的信息、能源、纳米、生物医用等材料外,新型功能材料还包括高温超导材料、磁性材料、金刚石薄膜、功能高分子材料等。

当前的研究热点:纳米功能材料、纳米晶稀土永磁和稀土储氢合金材料、大块非晶材料、高温超导材料、磁性形状记忆合金材料、磁性高分子材料、金刚石薄膜的制备技术等。

稀土材料:稀土永磁材料、稀土发光材料、稀土储氢材料、稀土催化剂材料、稀土陶瓷材料及其他稀土新材料,如稀土超磁致伸缩材料、巨磁阻材料、磁致冷材料、光致冷材料、磁光存储材料等。

10.化工新材料

化工新材料涉及有机氟、有机硅、节能、环保、电子化学品、油墨等多个新材料领域,是指目前发展的和正在发展中的具有传统化工材料不具备的优异性能或某种特殊功能的新型化工材料。与传统材料相比,新型化工材料具有质量轻、性能优异、功能性强、技术含量高、附加值高等特点。

主要品种:特种工程塑料及其合金、功能高分子材料、有机硅材料、有机氟材料、特种纤维、复合材料、微电子化工材料、纳米化工材料、特种橡胶、聚氨酯、高性能聚烯氢材料、特种涂料、特种胶黏剂、特种助剂等十多个大类品种。

应用领域:广泛用于国防、航天、电子、机械、汽车制造、家具、化工等领域。

发展趋势:高性能化、多功能化、低成本化、工艺无害化、装置大型化、创新持续化。

11.新型建筑材料

新型建筑材料是在传统建筑材料基础上产生的新一代建筑材料。新型建筑材料主要包括新型建筑结构材料、新型墙体材料、保温隔热材料、防水密封材料和装饰装修材料。新型建筑材料一般指在建筑工程实践中已有成功应用并且代表建筑材料发展方向的建筑材料。凡具有轻质高强度和多功能的建筑材料,均属于新型建筑材料。即使是传统建筑材料,为满足某种建筑功能需要而再复合或组合所制成的材料,也属于新型建筑材料。

12.先进陶瓷材料

先进陶瓷材料指用精制高纯人工合成的无机化合物为原料,采用精密控制工艺烧结而制成的高性能陶瓷,又称为高性能陶瓷、高技术陶瓷、精细陶瓷或特种陶瓷,是相对于传统陶瓷材料而言的。发达国家非常重视先进陶瓷材料的研发,美国、欧盟对先进陶瓷在军事、航空航天等领域的应用兴趣浓厚;日本在先进陶瓷材料的产业化方面占据世界领先地位。

先进陶瓷材料大体上可分为结构陶瓷和功能陶瓷,是由传统陶瓷发展而来的,它不但继承了先进陶瓷的诸多优点,而且还具备了一系列其他材料无法比拟的优异性能。

先进陶瓷材料是新材料的一个重要组成部分,广泛应用于通信、电子、航空、航天、军事等高技术领域,在信息与通信技术方面有着重要的应用。大部分功能陶瓷在电子工业中应用十分广泛,通常也称为电子陶瓷材料。如用于制造芯片的陶瓷绝缘材料、陶瓷基板材料、陶瓷封装材料以及用于制造电子器件的电容器陶瓷、压电陶瓷、铁氧体磁性材料等。电子技术、大规模集成技术电路离不开压电、铁氧体磁性陶瓷;电子计算机的记忆系统需要具有方形磁滞回线的铁磁体陶瓷;高速硬盘转动系统需要陶瓷轴承;在火箭和导弹的发射中,鼻锥和透波陶瓷天线罩是关键部件,它要承受高温气流的摩擦和冲刷,要求材料具有高的高温强度和好的抗氧化性能,只有陶瓷材料才能满足这些要求;作为新能源的磁流体发电机,需要采用陶瓷做电极材料;高温燃料电池、高能量蓄电池需要采用陶瓷块离子导体做隔膜材料等。

先进陶瓷已形成一个巨大的高新技术产业。全世界先进陶瓷产品的销售总额超过 300亿美元,并以每年 10% 以上的速度增长。美国与日本在该领域处于领先地位。先进陶瓷材料因其优异的高温力学性能及特有的光、声、电、磁、热或功能复合效应在高新技术产业、传统产业改造和国防军工等领域发挥着越来越大的作用。

思 考 题

12-1　塑料的主要成分是什么？它们各起什么作用？

12-2　举例说明常用工程塑料的性能特点。

12-3　简述工业上常用的合成纤维及其性能特点。

12-4　工业橡胶的主要成分是什么？它们各起什么作用？

12-5　举例说明常用工业橡胶的性能特点。

12-6　举例说明常用复合材料的性能特点。

12-7　举例说明常用陶瓷材料的性能特点。

第 4 篇
材料的应用

在学习了有关材料的基本知识和各种工程材料之后,本篇开始接触材料的实际应用。工程材料在各工业部门、设备等方面都有十分广泛的应用。对于一名从事机械设计与制造的工程技术人员来说,掌握各种工程材料的特性和能够正确地选择材料是非常必要的。因为机械零件设计不只是结构设计,还包括材料选择和工艺设计。三者相互影响,必须协调考虑。只重视零件的结构设计,而把选材视为一种简单而不太重要的任务,往往是造成零件在使用过程中不正常失效的重要原因之一。因此,掌握正确选材的方法和过程具有十分重要的实际指导意义。

第13章

机械零件的
失效与分析选材

机械零件的失效分析与选材

对大多数人来说,失效和失效分析也许是一个陌生的概念。然而在我们的周围,大到各种机械零件、工程设备、运输机械、锅炉和压力容器等,小到生活、学习、娱乐场所的各类设施,以及我们手头的各种电子器件等等。不管你意识到没有,失效却总是时刻发生。

失效给人类造成巨大的甚至是无法挽回的损失,而失效分析则可以有效地避免或减少这些损失。灾害是对人类生命、财产和生存条件造成危害性后果的各种变异现象的总称。安全工作是对生产经营活动中的生产事故(失效)、事故隐患和事故风险进行分析、识别、评价和控制全过程的监察、监督、管理和科技活动。失效分析预测、预防是对生产经营活动中的安全事故、事故隐患和事故风险进行分析诊断,预测控制和预防根治的科学、公正的技术活动和管理活动的总称。

失效分析预测、预防加监察就等于安全工作。失效分析在安全工作、生活中具有重大意义,主要表现在以下几个方面:可产生巨大的社会经济效益;有助于提高管理水平和促进产品质量提高;有助于分清责任和保护用户(或生产者)利益;为新产品开发提供依据;为修订产品技术规范及标准的依据;促进材料科学与工程及其相关学科的发展。

13.1 零件的失效

13.1.1 失效的概念

失效是指零件在使用中,由于形状、尺寸的改变或内部组织及性能的变化而失去正常的工作能力。一般机械零件在以下三种情况下即可认定已失效:

(1)零件由于断裂、腐蚀、磨损、变形等而完全丧失其功能。

(2)零件在外部环境作用下,部分的失去其原有功能,虽然能够工作,但不能完成规定功能,如由于磨损导致的尺寸超差等。

(3)零件虽然能够工作,也能完成规定功能,但继续使用时,不能确保安全可靠性。

如经过长期高温运行的压力容器及其管道,其内部组织已经发生变化,当达到一定的运行时间,继续使用就存在开裂的可能。

零件的失效会给生产造成巨大影响,甚至酿成重大安全事故。因此,必须给予足够重视。这里要说明一下"失效"与"事故",这是两个不同的概念。事故是一种结果,其原因可能是失效引起的,也可能不是失效引起的。同样,失效可能导致事故的发生,但也不一定就导致事故。

13.1.2 失效的形式

零件在实际工作中的受力情况比较复杂,往往承受多种应力的组合作用,因而造成失效的形式有多种。常见失效的形式有变形失效、断裂失效、表面损伤失效和材料老化失效。

1.变形失效

变形失效是指零件变形量超过允许范围造成的失效,它主要有过量弹性变形失效和过量塑性变形失效。过量弹性变形会使零件的机械精度降低,造成较大的振动而失效;过量塑性变形会造成零部件间相对位置变化,致使整个机器因运转不良而失效。

2.断裂失效

断裂失效是指零件完全断裂而无法工作的失效,主要有韧性断裂失效、脆性断裂失效和蠕变断裂失效等。零件的断裂失效造成的危害最大。

3.表面损伤失效

表面损伤失效是指零件在工作中,由于磨损、腐蚀、接触疲劳等原因,使表面失去正常工作所必需的形状、尺寸而造成的失效。主要有表面磨损失效、表面腐蚀失效和表面疲劳失效(疲劳点蚀)。同一个零部件可能有几种不同的失效形式。例如轴类零件,其轴颈处因摩擦而发生磨损失效,在应力集中处则发生疲劳断裂,两种失效形式同时起作用。但一个零部件的失效总是以一种形式起主导作用的。此外,各种失效因素相互交叉可组合成更复杂的失效形式,例如腐蚀疲劳断裂、腐蚀磨损以及蠕变疲劳等。

4.材料老化失效

高分子材料在贮存和使用过程中发生变脆、变硬或变软、变粘等现象,失去原有性能指标的现象,即高分子材料的老化。老化是高分子材料不可避免的。

13.1.3 失效的原因

引起零件失效的原因很多,主要有设计、选材、加工和安装使用四个方面。

1.设计不合理

零件设计不合理主要表现在以下三个方面:

(1)零件尺寸、几何形状及结构不合理

例如存在尖角或缺口、过渡圆角太小等。这些部位作为应力集中源,容易产生较大的应力集中而导致失效。

（2）设计中对零件的工作条件估计不全面

例如对工作中可能的过载估计不足，或者没有考虑温度、介质等其他因素的影响，造成零件实际承载能力不够而过早失效。

（3）沿用传统设计方法

以强度条件为主、韧性要求为辅的设计方法称为传统设计方法，它不能有效地解决脆性断裂，尤其是低应力脆断的失效问题。

2. 选材不当

选材不当主要体现在两方面：一是对零件的失效形式判断错误，所选材料的性能指标不能满足使用要求；二是由于选错材料而使性能指标反映不出材料对实际失效形式的抗力。此外，材料本身的缺陷也是导致零件失效的一个重要原因，例如所用材料的质量差，内部含有夹杂、气孔、杂质元素等，会造成零件的实际工作性能满足不了设计要求。

3. 加工工艺不当

零件在加工或成型过程中加工工艺选择不当，会造成各种缺陷。例如：热加工中产生的过热、过烧和带状组织等；热处理中产生的过热、脱碳、变形及开裂等；冷加工中产生的光洁度太低、较深的刀痕、磨削裂纹等。

4. 装配使用不良

零件在装配或安装过程中，由于配合过紧、过松、对中不好、固定不牢、重心不稳或密封性差等会使零件产生附加应力或振动，导致不能正常工作或工作不安全。使用维护不良，不按工艺规程正确操作，也可使零部件在不正常的条件下运转，造成过早失效。

13.2　零件的失效分析

考察失效的产品或构件，以确定失效的模式，其目的是明确失效的机理和原因，并对此问题提出一个解决办法。失效分析是人们认识事物本质和发展规律的逆向思维和探索，是变失效为安全的基本环节和关键，是人们深化对客观事物的认识源头和途径。

1. 失效和失效分析的特点

失效的特点：失效具有绝对性。从人类认识客观世界的历史长河来说，人的认识是有限的，而客观世界是无限的。失效是人们的主观认识与客观事物相互脱离的结果，失效发生与否是不以人的主观意志为转移的。因此，失效是绝对的，而安全则是相对的，失效具有绝对性。

失效分析的特点如下：

（1）失效及其分析具有普遍性。失效分析、改进提高、再失效分析研究、再提高发展，如此往复循环、螺旋上升、发展飞跃，就是人类科学技术发展历史、乃至于社会发展历史的全过程。因此，广义地说，科学技术发展史、社会发展史都是人类与广义的失效不断做斗争、变失败（失效）为成功（安全）的历史。因此，失效及其分析具有普遍性。

（2）失效分析预测预防技术具有高科技性。当今,高科技的发展已成为国民经济和国防科技发展的主要关键和依托,而高科技的发展也依赖于高科技发展中的失效分析预测和预防。因此,高科技的发展更需要失效分析预测预防技术的进一步强化,并将失效分析预测预防带入高科技的发展的领域。所以,失效分析预测预防技术具有高科技性。

（3）失效分析预测预防具有辩证性。失效分析预测预防是从失败入手,着眼于成功和发展,是从过去入手着眼于未来和进步的科学技术领域,并且正向《失效学》这一分支学科方向发展。

总之,失效分析预测预防的绝对性、原则性、普遍性和辩证性就构成它的"认识论"—失败(失效)是成功(安全)之母。

2. 失效分析工作涉及的领域

制造业:机械设备、汽车、工程机械、飞机、航天器、舰船、各类金属构件等,促进产品质量提高,提高管理水平,设计、开发新品。

设备用户:设备运行监测,设备失效监控,可靠性,索赔。

管理机构:制订政策、监督机制。

进出口检验:检验监督。

法律界:由于失效导致的重大事故的法律责任的认定。

保险机构:保险赔付的认定及额度。

科研、教育机构:失效机制、分析方法研究,人员培训。

还有和生产工作相关的其他领域。

13.3 失效分析的实施步骤和程序

失效分析的实施步骤和程序旨在保证失效分析顺利有效的进行。因此,其细节的制定应根据失效事件的具体情况(失效设备的类型及其失效的严重性等)、失效分析的目的与要求(为机理研究、技术改进、还是为法律仲裁)以及有关合同或法规的规定来决定。下面推荐的一般通用的失效分析实施步骤和程序,原则上可供参考和引用。

1. 保护失效现场

保护失效现场的一切证据维持原状、完整无缺和真实不伪,是供失效分析得以顺利有效进行的先决条件。失效现场的保护范围视机械设备的类型及其失效发生的范围而定。

2. 侦察失效现场和收集背景材料

失效现场侦察应由授权的失效分析人员执行。并授权收集一切有关的背景材料。失效现场侦察可用摄影、录像、录音、绘图及文字描述等方式进行记录。失效现场侦察所应注意观察和记录的项目常有:

（1）失效部件及碎片的尺寸大小、形状和散落方位;

（2）失效部件周围散落的金属屑和粉末、氧化皮和粉末、润滑残留物及一切可疑的杂物和痕迹。

（3）失效部件和碎片的变形、裂纹、断口、腐蚀、磨损的外观、位置和起始点；表面的材料特征：如烧伤色泽、附着物、氧化物、腐蚀生成物等。

（4）失效设备或部件的结构和制造特征；

（5）环境条件：失效设备的周围景物、环境温度、湿度、大气、水质；

（6）听取操作人员及佐证人介绍事故发生时情况（录音记录）。

所应收集的背景材料通常有：

（1）失效设备的类型、制造厂名、制造日期、出厂批号；用户、安装地点、投入运行日期、操作人员、维修人员、运行记录、维修记录、操作规程、安全规程。

（2）该设备的设计计算书及图纸、材料检验记录、制造工艺记录、质量控制记录、验收记录、质量保证合同及其技术文件、使用说明书。

（3）有关的标准、法规及其他参考文献。

3. 制订失效分析计划

大多数失效案例都需根据现场侦察和背景材料的综合分析结果来制订"失效分析计划"，确定进一步分析实验的目的、内容、方法和实施方式。只有极少数的情况下，通过现场和背景材料的分析就能得出失效原因的结论。

失效分析计划由授权的分析人员制定：根据具体情况或要求，可由有关方面的代表参加讨论。

对各项试验方案应考虑其必要性、有效性和经济性。一般宜先从简单的实验方法入手，如有必要时才进一步使用费用高的和较复杂的实验方法。如确属必要进行失效模拟试验，其设计应尽可能模拟真实的工况条件，使之具有说服力。

从失效部件上和残留物上制取试样或样品，对于失效分析的成败具有十分重要意义，务必要周密计划取试样的位置、尺寸、数量和取样方法。应当特别强调，失效部件和残留物上具有说服力的位置和尺寸是十分有限的，一旦取样失误，就无法复原而完全丧失说服力，致使整个失效分析计划归于失败，造成不可挽救的后果。

失效分析计划要留有余地，以便在个别试验中发现意外现象时，为了适应新的情况，可中途改变某些方法，或做补充试验。

4. 执行失效分析计划

失效分析的各项试验应严格遵照计划执行，要有详细记录，随时分析实验结果。

失效分析的实验一般具有几个不同于一般科研试验的特点，应特别予以重视：

（1）一般都要求在很短的时间内取得试验结果。因此，既要保证按时完成、又要防止在匆忙中发生疏忽和差错。

（2）许多失效分析工作涉及法律问题。为此，各项实验工作应建立严格的责任制度，实验人员在实验记录和报告上签名。

（3）试件、样品都要直接取自失效实物。一般不能用其他来源的试件样品代替。

失效分析是人们进一步认识未知客观世界的一种科研活动，实验人员切不可在思想上存在先入为主的概念，错误认为失效分析的实验只不过是已知条件的复验，以至放松对实验过程出现新现象的观察。实际上,失效分析往往含有新发现和技术突破,实验人员更应注意观察这种试验的全过程。首先要进行技术参量复验,包括材料的化学成分、材料的金相组织及硬度、常规力学性能、主要零部件的几何参量及装配间隙。然后进行以下几方面的深入分析研究:

A 失效产品的直观检查(变形,损伤情况,裂纹扩展,断裂源)。

B 断口的宏观分析及微观形貌分析(多用扫描电镜)。

C 无损探伤检查(涡流、着色、磁粉、同位素、X 射线、超声波等)。

D 表面及界面成分分析(俄歇能谱)。

E 局部或微区成分分析(辉光光谱、能谱、电子探针)。

F 相结构分析(X 射线衍射法)。

G 断裂韧性检查,强度、韧性及刚度校核;最后,经综合分析归纳及推理判断,提出初步结论。

5. 综合评定分析结果

授权的失效分析人员,要经过充分的讨论,对现场发现、背景材料及各项试验结果作综合分析,确定失效的过程和原因,做出分析结论。综合分析,特别是在复杂的失效案例情况下,可采用故障树(fault tree)或其他形式的逻辑图分析方法。在大多数情况下,失效原因可能有多种,应努力分清主要原因和次要原因。

综合分析讨论会要有详细的发言记录和代表共同意见的会议纪要,由与会人员签名,存入失效案例档案。

6. 研究补救措施和预防措施

失效分析的目的不仅限于弄清失效原因,更重要的还在于研究提出有效的补救措施和预防措施。从大量同类和相似失效案例分析积累的丰富经验有利于这类措施的研究。

补救措施和预防措施可能涉及设备的设计结构、制造技术、材料技术、运行技术、修补技术以及质量管理的改进,乃至设计技术规范、标准和法规的修订建议。这类研究工作量往往很大,除个别简单情况可由承担失效分析的人员进行外,一般由失效分析人员提出问题或初步方案,由负责单位责成有关专业部门或单位进行专题研究,提出研究报告,作为改进设备的依据。

7. 起草失效分析报告

失效分析报告一般可不规定统一的格式,但行文要简练,条目要分明,内容一般应包括下列项目:

(1)题目。

(2)任务来源:包括任务下达者及下达日期,任务内容简述,要求的分析目的。

(3)各项试验过程及结果。

(4)分析结果-失效原因。

(5)补救措施和预防措施或建议。

(6)附件(原始记录、图片等)。

(7)失效分析人员签名及日期。

对于大宗同类产品的失效分析,宜规定一定的报告格式。以便于事后的统计分析工作和计算机辅助失效分析。

8.评审失效分析报告

失效分析报告评审会的组织形式及其参加人员可由有关方面协商决定,一般宜由失效分析工作人员、失效设备的制造厂商代表、用户代表、管理部门代表、司法部门代表和聘请的其他专家组成。

各方面代表应本着尊重科学、尊重事实和法律的态度履行其评审职责,不得对失效分析人员以任何形式施加不正当的压力和影响。失效分析人员的客观公正立场应受维护和尊重。

9.提出失效分析报告

失效分析报告通过评审后,按评审决议修改并制定成报告正式文本,内容项目除上述"起草失效分析报告"中的 7 条所示外,还应增加下列三项:评审意见,包括评审人员签名及日期;呈送及抄送单位,包括抄送"反馈系统";确定密级。

10.反馈系统

反馈系统是失效分析成果的管理系统。其目的在于充分利用失效分析所获得的宝贵技术信息、推动技术革新、促进科学进步和提高产品质量。失效分析的反馈系统可采用多种组织形式。例如可与企业的技术开发和情报部门结合,可与国家的质量管理部门、可靠性研究中心、数据中心及数据交换网相结合,把输入的大量失效分析报告和来自数据交换网的其他信息。经过"分类""统计分析""数据处理",制成各种形式的文献。例如快报、数据手册、指导性文件、年鉴、书刊等,传递到各个经济部门、生产部门、科研部门、教育部门、司法部门及新闻部门,把失效造成的损失化为巨大的效益。

13.4 失效分析案例

某化肥装置在使用多年后于 2008 年 11 月 29 日,在使用中出现装置中的重要部分转化炉的一支炉管破裂如图 13-1 所示。为了查找其原因,特委托某大学研究机构进行分析。

图 13-1 爆裂的一段转化管

某大学的研究机构针对失效炉管的设计,制造及使用诸多方面的情况进行了认真检查和分析。请委托方提供了设计单位的设计图纸和技术协议等资料;并提供了制造厂家关于设备材料的成分、制造参数等数据;并认真了解了一直以来的日常生产情况及发现爆管时的情况,以及日常使用的工况参数。

委托方将预分析的管段送来后,首先拍照检查,并制订分析计划,然后着手切割样品,做进一步的分析。进行了如下分析:

化学成分分析:检查炉管各部位的成分。包括裂口处、裂口附近及远离裂口处。目的是为了证明制造厂生产的产品是否合乎标准或双方技术协议。

蠕胀与宏观尺寸检查:目的是检查炉管是否有蠕变,蠕变量多大,能否是爆裂的主要原因,更进一步的还要对裂纹尖端及走向逐步分析。

渗透探伤检查:检查除了宏观可见的明显裂口外是否还有其他肉眼看不到的裂纹和缺陷。

宏观组织分析:炉管的铸态宏观组织有二种(柱状晶和等轴晶),行业标准中对柱状晶和等轴晶的比例有要求,检查是否符合行业标准或技术协议要求。

显微组织分析:检查裂口附近及远离裂口部位的组织,证明制造厂生产的材料原始组织情况,长时间使用其微观组织劣化情况,以及裂口处微观组织是否有缺陷或局部超温。

焊缝分析:一根转化管都是由几段焊接而成,检查焊缝的微观组织。首先是为了检查焊接是否有缺陷,是否有安全隐患;另外焊接周边的组织与远离焊缝处的组织对比,检查焊接对附近母材的影响情况。

裂纹及内外表面损伤分析:根据腐蚀情况了解高温氧化情况,辅助说明使用温度,以及是否还有其他腐蚀方式。

常温力学性能分析、高温短时力学性能分析、高温持久性能分析:这部分检查是为了进一步验证炉管各部位组织劣化程度,微观组织决定力学性能,同时,高温持久性能也是评估其剩余寿命的根据。

应力及管壁厚度计算和综合评估分析:通过以上分析以及中径公式和 Larson-Miller 曲线,建立数学模型来预测除了爆管以外的炉管的使用剩余寿命。

最后得出总结和结论:

通过对转化管的全面分析,可以看出在炉管制造上,化学成分、宏观组织、加工尺寸等都符合技术协议要求,焊接质量良好,未发现铸造缺陷,未发现原始微观组织缺陷,内外表面损伤分析结果正常,裂纹、微裂纹和空洞前端及周围均无异常。显微组织变化属于超温结果,无制造缺陷。常温和高温短时力学性能变化属使用后的正常现象。高温持久性能,各管段在不超温的部位均能达到技术协议要求的材料的持久性能指标,说明制造时的性能达到了要求。超温部位的持久性能降低是由于超温使材质劣化造成的。因此,经查制造未发现有不符合标准之处。

关于使用中的问题,通过显微组织分析,得知炉管有超温现象。通过裂纹和蠕变空洞分析,也与使用中的超温有关。持久性能测试分析结果,在开裂及附近处其持久性能低于标准,是属于局部超温。从诸多方面均说明使用中有超温现象。

通过按炉管使用寿命 10 万小时计算,使用中径公式,炉管的设计壁厚为 9.7 mm,计算出来的主应力,在所用材料的 Larson-Miller 曲线下限。这也是导致其局部压力和温度稍有超高,寿命就会下降很多的原因。

按分析结果,建议企业在生产中要注意压力及温度的变化,也建议设计部门在壁厚设计中应稍微加大安全系数。

13.5　材料的选择

材料是构成机械零件的实体物质,同时也是制造零件过程中要处理的对象,对于零件的质量起着关键性的作用。因此,材料的选择对保证零件安全有效地工作和零件制造工艺过程的经济性等具有极其重要的意义。

材料的选择,不仅要考虑材料性能要适应零件的工作条件,能经久耐用,而且还要求材料有较好的加工工艺性能和经济性,以便提高机械零件的生产率,降低成本。

13.5.1　考虑材料的使用性能

材料所提供的使用性能(主要包括力学性能、物理性能和化学性能)指标对零件功能和寿命的满足程度。零件在正常情况下,应完成设计规定的功能并达到预期的使用寿命。零件选材时,主要以零件使用性能要求作为选材依据,一般零件都在受力条件下工作,因此常以力学性能要求作为选材依据。一般从以下两个方面考虑:

1. 根据零件受载情况选择

主要有以下几种原则:

(1)脆性材料原则上只适合于静载荷作用下工作;在动载荷情况下,以塑性材料为基本材料。

(2)若零件的接触应力较高,则选用可进行表面强化处理的材料。

(3)若零件尺寸取决于强度,且尺寸和重量又受到某些限制时,应选用强度较高的材料。

(4)若零件尺寸取决于刚度,则应选用弹性模量较大的材料。

2. 根据零件工作情况选择材料

主要有以下几种原则:

(1)在温热或有腐蚀性物质环境下工作的零件,其材料应具有良好的防锈能力和耐腐蚀能力。

(2)在高温下工作的零件,应选用耐热材料。

(3)滑动摩擦下工作的零件,应选用减摩性能好的材料;靠摩擦传递运动和动力的零件应选用摩擦系数大的材料。

零件工作条件、失效形式及要求的力学性能,见表 13-1。

表 13-1 一些常用零件的工作条件、主要失效形式及性能要求

零 件	工作条件			主要失效形式	性能要求
	应力种类	载荷性质	受载状态		
螺栓	拉、剪	静载	—	过量变形、断裂	强度、塑性
传动轴	弯、扭	循环、冲击	轴颈摩擦	疲劳断裂、过量变形、轴颈磨损	综合力学性能
传动齿轮	压、弯	循环、冲击	摩擦、振动	断齿、磨损、疲劳断裂、接触疲劳	表面高强度及疲劳极限、心部强度及韧性
弹簧	扭、弯	交变、冲击	振动	弹性失稳、疲劳破坏	弹性极限、屈强比、疲劳极限

13.5.2 考虑材料的工艺性能

零件选材应满足生产工艺对材料工艺性能的要求。任何零件都是由不同的工程材料通过一定的加工工艺制造出来的。因此材料的工艺性能,即加工成零件的难易程度,自然应是选材时必须考虑的重要问题。所以,熟悉材料的加工工艺过程及材料的工艺性能,对于正确选材是相当重要的。材料的工艺性能主要包括铸造性能、压力加工性能、焊接性能、切削加工性能和热处理性能。与使用性能的要求相比,工艺性能处于次要地位。但在某些情况下,工艺性能也可成为主要考虑的因素,使得某些使用性能合格的材料不得不被放弃。例如,某厂曾试制一种 25SiMnWV 钢作为 20CrMnTi 钢的代用材料,虽然它的力学性能比20CrMnTi 高,但其正火后硬度高,切削加工性能差,不能适应大批量生产,故未被采用。材料的工艺性能的一些知识,在前面第二章中已讲述。

13.5.3 考虑材料的经济性能

材料的经济性能是在满足使用性能和工艺性能要求的前提下,应尽可能选用货源充足、价格低廉、加工容易的材料,使零件的总成本降低,以获取最大的经济效益。零件的总成本包括材料费、加工费、试验研究费、维修管理费等。

在金属材料中,非合金钢和铸铁的价格比较低廉,资源丰富,而且加工方便。因此在满足零件力学性能的前提下,尽量以铁代钢,以铸代锻、以焊代锻。其次,选材时不能只考虑材料价格,还应考虑零件的使用寿命。例如某大型柴油机中的曲轴,以前用珠光体球墨铸铁生产,单价为 160 元左右,使用寿命为 3~4 年。后改为用 40Cr 钢调质再表面淬火后使用,单价为 300 元,使用寿命近 10 年,总成本反而会降低。此外,选材时还要考虑材料供应状况对成本的影响,应立足于国内,考虑国内的生产和供应状况。在同一产品中,选用材料的种类应尽量少而集中,以减少采购运输及库存等费用。

13.5.4 资源、能源和环保

随着地球资源的日益枯竭和环境的日益恶化,材料的环境和资源准则在今后变得日益重要。这就要求材料在生产—使用—废弃的全过程中,对能源和资源的消耗少,对生态环境的影响小,可以完全再生利用或废弃后可完全降解。

总之,作为一名设计人员,必须全面了解资源条件、生产情况、国家标准等,从实际情况

出发，全面考虑使用性能、工艺性能和经济性能以及能源和环保等方面的因素，才能在产品设计中合理地选材。

思　考　题

13-1　什么是零件的失效？它有哪些形式？

13-2　简述失效分析的特点。

13-3　简述失效分析的实施步骤。

13-4　如何做好机械零件的选材工作？

第14章

典型零件选材及工艺路线分析

金属材料、高分子材料、陶瓷材料及复合材料是目前主要的工程材料。它们性能各异，应用范围也不同。

金属材料具有优良的使用性能和工艺性能，并能通过多种热处理工艺来提高和改善其性能，被广泛地用于制造各种重要的机械零件和工程结构，如建筑、桥梁、汽车外壳等、轴承等。

高分子材料密度小、摩擦系数小，绝缘、减振、耐蚀以及弹性和隔音性能好等特性，在机械工程中常用于制造受力不大的普通结构件及减振、耐磨或密封零件，如轻载传动齿轮、轴承、紧固件、轮胎等。但高分子材料存在强度、刚度较低、尺寸稳定性较差且易老化的缺点，因此一般不用于制造受力较大的机械零件。

陶瓷材料硬度高，耐高温，具有高热硬性及化学稳定性，适用于制造在高温下工作的零件、切削刀具和某些耐磨零件，目前在航空航天、国防、高铁等领域中应用广泛，如燃烧器喷嘴、刀具与模具，坩埚，发动机叶片，拉丝模等。但陶瓷材料脆性大几乎无塑性，且制造工艺复杂、成本较高，因此很少用来制造重要的受力构件。

复合材料综合了不同材料的优良性能，如高的比强度、比刚度、抗疲劳、减振、耐磨、耐高温且化学稳定性好，是一类很有发展前途的新型工程材料，但价格昂贵使其应用受到一定的限制。

当前，金属是机械工程中最主要的结构材料，而在金属材料中，钢铁材料又是机械零件的最主要用材。下面介绍几种典型钢制零件的选材并结合热处理工艺分析其工艺路线。

14.1 齿 轮

齿轮是机械工业中应用广泛的重要零件之一，主要用于传递动力、调节速度或改变运动方向。

14.1.1 齿轮的工作条件、失效形式及性能要求

1. 工作条件

齿轮工作时，齿面相互滚动或滑动接触，承受很大的接触应力，并发生强烈的摩擦；轮齿

根部承受较大的弯曲疲劳应力;换挡、启动、制动或啮合不均匀时,轮齿承受较高的冲击载荷;润滑油腐蚀及外部硬质磨粒的侵入使工作条件恶化。

2. 失效形式

齿轮的主要失效形式有断齿、齿面接触疲劳破坏、齿面磨损和塑性变形。多数情况下齿根的弯曲疲劳应力是造成断齿的主要原因;在交变接触应力作用下,齿面产生微裂纹并进一步扩展而形成麻点,造成接触疲劳失效;齿面接触区摩擦使齿厚变小,齿隙加大,造成齿面磨损失效;齿轮强度不足和齿面硬度较低易造成塑性变形失效。

3. 性能要求

根据齿轮的工作条件和失效形式,要求齿轮材料应具备以下性能特点:高的弯曲疲劳强度,防止齿轮在工作中因根部弯曲应力过大而造成疲劳断裂;高的接触疲劳强度、高的表面硬度和耐磨性,防止齿面在受到较高接触应力发生齿面剥落现象;心部要有足够的强度和韧性,防止过载及冲击断裂;良好的工艺性能,如切削加工性好、热处理变形小且变形有一定规律、淬透性好等,保证齿轮的加工精度和质量,提高齿轮抗磨损能力。

14.1.2　齿轮的选材

齿轮用材绝大多数是钢(锻钢和铸钢),某些开式传动的低速齿轮可用铸铁,特殊情况下还可采用有色金属和工程塑料。齿轮的选材主要依据工作条件(如载荷性质与大小、传动速度、传动方式及精度要求等)来确定。

1. 轻载、低、中速、冲击力小、精度较低的一般齿轮

选用普通非合金钢或中碳钢,例如 Q255、Q275、40、45、50 钢等,常用正火或调质等热处理制成软齿面齿轮,正火硬度为 160~200HBW,调质硬度一般为 200~280HBW。此类齿轮硬度适中,齿的加工可在热处理后进行,工艺简单,成本较低,主要用于标准系列减速箱齿轮以及冶金机械、重型机械和机床中的一些不太重要的齿轮。

2. 中载、中速、受一定冲击载荷、运动较为平稳的齿轮

选用中碳钢或合金调质钢,例如 45、50Mn、40Cr、42SiMn 钢等,其最终热处理采用高频或中频淬火及低温回火,制成硬齿面齿轮,硬度可达 50~55HRC,齿轮心部保持原正火或调质状态,具有较好的韧性。主要用于机床。

3. 重载、中、高速、受较大冲击载荷的齿轮

选用低碳合金渗碳钢或碳氮共渗钢,例如 20Cr、20MnB、20CrMnTi、30CrMnTi 钢等,其热处理是渗碳、淬火及低温回火,齿轮表面获得 58~63HRC 的硬度。这种齿轮的表面耐磨性、抗接触疲劳强度、抗弯强度及心部的抗冲击能力都比表面淬火的齿轮要高,但是热处理变形较大,在精度要求较高时应安排磨削加工。主要用于汽车、拖拉机的变速箱和后桥中的齿轮。而内燃机车、坦克、飞机上的变速齿轮,其负荷更重、工作环境更恶劣,对材料的性能要求也更高,应选用含合金元素较多的渗碳钢(如 20CrNi、18Cr2Ni4WA),以获得更高的强度和耐磨性。

4. 精密传动齿轮或磨齿有困难的硬齿面齿轮(如内齿轮)

选用调质钢中的氮化钢,如 35CrMo、38CrMoAl 等。热处理采用调质及氮化,氮化后齿面硬度高达 850~1200HV,热处理变形极小,热稳定性好,并有一定耐磨性。其缺点是硬化层薄,不耐冲击,不适用载荷频繁变动的重载齿轮,多用于载荷平稳的精密传动齿轮或磨齿困难的内齿轮。

14.1.3 典型齿轮选材示例

1.机床齿轮选材

机床齿轮工作时运行平稳、无强烈冲击，载荷不大，转速中等，工作条件相对较好，因此对齿轮的表面耐磨性和心部韧性要求不太高。要求齿面硬度达到50HRC以上，齿心硬度为220～250HBW，可满足性能要求。一般采用碳钢（40、45钢）制造，经正火获调质处理后再进行表面淬火和低温回火。对部分性能要求较高的齿轮，也可选用中碳合金钢（40Cr、40MnB 等）制造，其齿面硬度可提高到58HRC，心部强韧性也有所改善；极少数的高速、高精度、重载齿轮，还可选用中碳渗氮钢（如 38CrMoAlA）等进行表面渗氮处理制造。

工艺路线为：下料→锻造→正火→粗加工→调质→精加工→表面淬火＋低温回火→精磨。

2.汽车变速箱齿轮选材

汽车变速箱齿轮工作时传递的功率较大，承受的冲击力、摩擦力都很大，工作条件比机床齿轮恶劣得多，因此对其疲劳强度、耐磨性、心部强度及冲击韧性等方面都有更高要求。要求齿面硬度 58～62HRC，心部硬度 33～45HRC，心部强度 $R_m \geqslant 1000$MPa，$R-1 \geqslant 440$MPa，冲击韧性 $\alpha K > 60$ J/cm^2。一般选用合金渗碳钢经渗碳（或碳氮共渗），淬火及低温回火后使用最为合适。常采用的合金渗碳钢为 20CrMo、20CrMnTi、20CrMnMo 等。这类钢的淬透性较高，通过渗碳、淬火及低温回火后，齿面硬度达 58～63HRC，具有较高的疲劳强度和耐磨性；心部硬度达 33～45HRC，具有较高的强度及韧性。喷丸处理能使齿面硬度提高约 2～3HRC，并提高齿面的压应力，进一步提高接触疲劳强度。正火处理能够均匀组织，消除锻造应力，调整硬度以便于后续的切削加工。

工艺路线为：下料→锻造→正火→切削加工→渗碳→淬火＋低温回火→喷丸→磨齿。

14.2 轴类零件

轴是机械工业中的最基础的零件之一，主要用来支持旋转零件（如齿轮、带轮），并传递运动和动力。

14.2.1 轴的工作条件、失效形式及性能要求

1.工作条件

轴类零件工作时主要受交变弯曲和交变扭转应力的复合作用，同时也承受拉压应力作用，轴颈部分与其他零件相配合处承受摩擦与磨损，多数轴会承受一定的过载载荷或冲击载荷。

2.失效形式

轴类零件的主要失效形式有疲劳断裂、磨损失效及断裂失效。疲劳断裂是轴最主要的失效形式，主要由于长期受交变扭转应力和交变弯曲应力的作用而引起；轴颈及花键表面长期承受较大的摩擦，会造成磨损失效；大载荷或冲击载荷作用可引起轴的过量变形和断裂。

3.性能要求

根据轴的工作条件和失效形式，要求轴用材料应具备以下性能要求：良好的综合力学性能，即具有高的强度和韧性，以防过载或冲击断裂；具有高的疲劳强度，以防止疲劳断裂；较

高的硬度和良好的耐磨性,防止轴颈、花键等部位过度磨损。

此外,在特殊条件下工作的轴,还应满足特殊的性能要求。如在高温下工作的轴,则要求有高的蠕变变形抗力;在腐蚀性介质环境条件下工作的轴,则要求材料具有较高的耐该介质腐蚀性。

14.2.2　轴类零件的选材

重要的轴几乎都选用金属材料。高分子材料由于其弹性模量校、刚度不足,容易变形,而陶瓷材料则由于太脆,韧性差,均不太适用于制作轴类零件。在特殊要求轴的选择上,要求高比强度的领域(如航空航天)则多选超高强度钢、钛合金、高性能铝合金或高性能复合材料;高温环境则选择耐热钢及高温合金;腐蚀条件则选不锈钢或耐蚀树脂基复合材料等。轴类零件主要根据载荷的性质和大小、转速高低、技术要求、轴承种类、轴的尺寸以及有无冲击等来选择材料。

1.受载较小、转速较低或不重要的轴

可选用 Q235、Q255、Q275 钢等普通质量非合金钢,这类钢通常不进行热处理。

2.受中等载荷且转速和精度要求不高、冲击与交变载荷较小的轴类零件

选用 35、40、45、50 钢(其中 45 钢应用最多)经调质或正火处理。例如曲轴、连杆、机床主轴等。

3.承受较大载荷或要求精度高、冲击和交变载荷较低的轴类零件

选用 40MnB、40Cr、35CrMo、40CrNi、40CrNiMo 等合金钢,再进行表面淬火及低温回火处理,例如汽车、拖拉机、柴油机的轴及压力机曲轴等。

4.要求高精度、高尺寸稳定性及高耐磨性的轴

选用渗氮钢 38CrMoAl 等,进行调质和氮化处理,例如镗床主轴。

5.承受较大冲击和交变载荷、又要求较高耐磨性的形状复杂的轴

选用低碳合金钢 18Cr2NiWA、20Cr、20CrMnTi 等,再经渗碳、淬火及低温回火处理,例如汽车、拖拉机的变速轴等。

此外,球墨铸铁(包括合金球墨铸铁)越来越多地取代中碳钢(如 45 钢)作为制造轴的材料。它们制造成本低,使用效果良好,因而得到广泛应用。在特殊要求轴的选择上,要求高比强度的领域(如航空航天)则多选超高强度钢、钛合金、高性能铝合金或高性能复合材料;高温环境则选择耐热钢及高温合金;腐蚀条件则选不锈钢或耐蚀树脂基复合材料等。

14.2.3　典型轴类零件的选材

1.机床主轴选材

机床主轴主要承受弯－扭复合交变载荷、转速中等并承受一定的冲击载荷,一般选用 45、40Cr 钢制造(40Cr 用于载荷较大、尺寸较大的轴);对于承受重载,要求高精度、高尺寸稳定性及高耐磨性的主轴(如镗床主轴),则必须用 38CrMoAlA 钢经渗氮处理制造。

45、40Cr 钢机床主轴的加工工艺路线为:下料→锻造→正火→粗加工→调质→半精加工→表面淬火＋低温回火→精磨。

2.汽车半轴选材

汽车半轴工作时承受冲击载荷、反复弯曲疲劳应力和扭转应力的作用,要求材料有足够的抗弯强度、疲劳强度和较好的韧性。要求杆部硬度 37～44HRC,盘部外圆硬度 24～

34HRC。根据上述分析,该载重汽车为中型载重,选用 40Cr 经正火、调质处理即可满足要求。正火的目的是为了得到合适的硬度,以便切削加工,同时改善锻造组织,为调质做准备。调质的目的是使半轴具有高的综合力学性能。

工艺路线:锻造→正火→机加工→调质→盘部钻孔→精加工。

14.3 弹 簧

弹簧是一种重要的机械零件,它可利用材料的弹性变形储存能量,起到缓冲、减振、定位及复原等作用。

14.3.1 弹簧的工作条件、失效形式及性能要求

1. 工作条件

弹簧在外力作用下压缩、拉伸、扭转时,材料将承受弯曲应力或扭转应力,起缓冲、减振或复原作用的弹簧承受交变应力和冲击载荷的作用。

2. 失效形式

一般情况下,弹簧的失效形式主要有塑性变形、疲劳断裂及快速脆性断裂。

3. 性能要求

根据弹簧的工作条件和失效形式,弹簧材料应达到以下性能要求:高的弹性极限和高的屈强比以提高其弹性和承载能力;高的疲劳强度以提高其抗疲劳性能;足够的塑性、韧性以防止冲击断裂。

14.3.2 弹簧的选材

钢是最常用的弹簧材料,主要是碳素弹簧钢、低锰弹簧钢、硅锰弹簧钢和铬钒钢等;在要求防腐、防磁的特殊环境下,可以采用有色金属。此外,还可以用非金属材料制造弹簧,如橡胶、塑料、软木、非金属复合材料等。弹簧主要根据载荷的性质、大小、循环特性、工作温度及技术要求等来选择材料。

1. 直径较小的不太重要的弹簧

可选用 60、65、70、75、60Mn、65Mn 钢等非合金弹簧钢,这类钢价格比合金弹簧钢便宜,热处理后具有一定的强度,但淬透性差。

2. 性能要求较高的重要的弹性零件

可选用 55Si2MnB、60Si2Mn、50CrVA、60Si2CrVA 钢等合金弹簧钢,这类钢的淬透性较好,热处理后弹性极限、屈强比及疲劳强度都比较高,如车辆板弹簧、气阀弹簧等。

3. 在腐蚀性介质中使用的弹簧

可选用 0Cr18Ni9、1Cr18Ni9、1Cr18Ni9Ti 钢等不锈钢,也可选用黄铜、锡青铜、铝青铜、铍青铜等铜合金。

14.3.3 典型弹簧选材示例

1. 汽车板簧选材

汽车板簧用于缓冲和吸振,承受很大的交变应力和冲击载荷的作用,需要高的屈服强度和疲劳强度,轻型汽车选用 65Mn、60Si2Mn 钢;中型或重型汽车选用 50CrMn、55SiMnVB 钢;重型载重汽车大截面板簧选用 55SiMnMoV、55SiMnMoVNb。热处理工艺为:淬火温度

为 850～860 ℃（60Si2Mn 钢为 870 ℃），采用油冷，淬火后组织为马氏体；回火温度为 420～500 ℃，组织为回火屈氏体。

工艺路线：热轧钢带（板）冲裁下料→压力成型→淬火→中温回火→喷丸强化。

2. 自行车手闸弹簧

自行车手闸弹簧是一种扭转弹簧，其用途是使手闸复位。该弹簧承受载荷较小，不受冲击和振动作用，精度要求不高。因此手闸弹簧可选用碳素弹簧钢 60 或 65 钢制造。经过冷拔加工获得钢丝直接冷卷、弯钩成型即可。卷后可低温（200～220 ℃）进行去应力退火，加热消除内应力。

14.4　刃具类零件

刃具是机械工业中常用的零件之一，主要指切削加工使用的车刀、铣刀、刨刀、拉刀、镗刀、钻头、丝锥及板牙等工具。

14.4.1　刃具的工作条件、失效形式及性能要求

1. 工作条件

刃具在切削过程中，受到切削材料的强烈挤压，刃部承受弯曲、扭转、剪切和冲击、振动等载荷作用，同时还要受到工件和切屑的强烈摩擦作用。切屑的摩擦产生大量的摩擦热，使刃具温度升高，有时高达 600 ℃～1 000 ℃。

2. 失效形式

刃具在使用中的主要失效形式有刃具磨损、刀具刃部软化及刃具断裂。

3. 性能要求

根据刃具的工作条件、失效形式，要求刃具材料应具备高硬度、高耐磨性、高红硬性及良好的强度和韧性，同时还要求有较好的淬透性。

14.4.2　刃具的选材

制造刃具的材料主要有非合金工具钢、低合金刃具钢、高速钢和硬质合金等，可根据刃具的使用条件和性能要求进行选用。

1. 简单、低速的手用刃具

可选用 T7～T12A 钢等碳素工具钢，如手工锯条、锉刀、木工用刨刀、凿子等。

2. 低速切削机用刃具和形状较复杂的刃具

可选用 9SiCr、CrWMn 钢等低合金刃具钢，如丝锥、板牙、拉刀等。

3. 高速切削用的刃具

可选用 W18Cr4V、W6Mo5Cr4V2 钢等高速钢，一般使用温度 600 ℃左右。如车刀、铣刀、钻头、高速插齿刀和精密刃具等。

4. 高速强力切削和难加工材料的切削刃具

可选用 YG6、YG8、YT5、YT15 等硬质合金，一般使用温度达 1 000 ℃。

5. 淬火钢、冷硬铸铁等高硬度难加工材料的精加工和半精加工

可选用氧化铝、热压氮化硅、立方氮化硼等陶瓷刀具，一般使用温度可达 1 400～1 500 ℃。

14.4.3 典型刀具选材

1.手用铰刀

手用铰刀,主要用于加工降低钻削后孔的表面粗糙度值,以保证孔的形状和尺寸达到所需的加工精度。手用铰刀在加工过程中刃口受到较大的摩擦,其主要失效形式是磨损及扭断。因此,手用铰刀对材料的性能要求是:齿刃部经热处理后,应具有高硬度和高耐磨性以抵抗磨损,硬度为 62～65HRC;刀轴弯曲畸变量要小,约为 0.15～0.3 mm,以满足精加工孔的要求。因此,手用铰刀可选低合金工具钢 9SiCr 并进行适当热处理。其具体热处理工艺为:刀具刃部毛坯锻压后采用球化退火改善内部组织,机械加工后的最终热处理采用分级淬火 600～650 ℃预热,再升温至 850～870℃加热;然后 160～180 ℃硝盐中冷却($\phi 3～13$)或≤80℃油冷($\phi 13～50$),热矫直;再在 160～180℃进行低温回火。柄部则采用 600℃高温回火后快冷。

工艺路线:下料→锻造→球化退火→机加工→淬火→低温回火→精加工。

2.麻花钻头

麻花钻头在高速钻削过程中,麻花钻头的周边和刃口受到较大的摩擦力,温度升高,同时还受到一定的转矩和进给力,因此选材要求具有较高的硬度、耐磨性、高的热硬性和足够的韧性。因此,麻花钻头常选用高速工具钢 W6Mo5Cr4V2。其热处理工艺为:淬火工艺(经过两次盐炉中预热加热到 1200 ℃后进行分级淬火),获得马氏体、少量碳化物和大量残余奥氏体,硬度为 40～46HRC。然后进行 560 ℃三次回火,获得回火马氏体、碳化物和少量残余奥氏体,硬度达到 62～64HRC。

工艺路线:下料→锻造→退火→加工成型→淬火→三次高温回火→磨削→刃磨。

14.5 工程材料的应用示例

汽车用材以金属材料为主,塑料、橡胶、陶瓷等非金属材料也占有一定比例。

近年来,随着复合材料制造技术的进步和成本的降低,在汽车领域也得到了广泛的应用。

1.汽车用金属材料

(1)缸体和缸盖

缸体常用的材料有灰口铸铁和铝合金两种。缸盖应选用导热性好、高温机械强度高、能承受反复热应力、铸造性能良好的材料来制造,目前使用的缸盖材料有两种:一种是灰口铸铁或合金铸铁;另一种是铝合金。

(2)缸套

常用缸套材料为耐磨合金铸铁,主要有高磷铸铁、硼铸铁、合金铸铁等。

(3)活塞、活塞销和活塞环

常用的活塞材料是铝-硅合金。活塞销材料一般用 20 低碳钢或 20Cr、18CrMnTi 钢等低碳合金钢。活塞销外表面应进行渗碳或氰化处理,以满足外表面硬而耐磨、材料内部韧而耐冲击的要求。活塞环选用合金铸铁或球墨铸铁,再经表面处理。

(4)连杆

连杆材料一般采用 45、40Cr 或 40MnB 钢等调质钢。

（5）气门

气门材料应选用耐热、耐腐蚀、耐磨的材料。进气门一般可用 40Cr、35CrMo、38CrSi、42Mn2V 钢等合金钢制造；而排气门则应选用高铬耐热钢（如 4Cr9Si2、4Cr10Si2Mo 钢）制造。

（6）半轴

中、小型汽车的半轴一般选用 45、40Cr 钢；而重型汽车大多选用 40MnB、40CrNi 或 40CrMnMo 钢等淬透性较高的合金钢制造。

（7）车身、纵梁、挡板等冷冲压零件

在汽车零件中，冷冲压零件种类繁多，约占总零件数的 50%～60%。汽车冷冲压零件选用的材料有钢板和钢带，其中主要是钢板，包括热轧钢板和冷轧钢板，例如 08、20、25 和 Q345(16Mn) 钢等。

2. 汽车用塑料

（1）汽车内饰用塑料

汽车内饰用塑料主要有聚氨酯（PU）、聚氯乙烯（PVC）、聚丙烯（PP）和 ABS 等。内饰塑料制品主要有坐垫、仪表板、扶手、头枕、门内衬板、顶棚衬里、地毯、控制箱及转向盘等。

（2）汽车用工程塑料

汽车上常用的工程塑料有聚丙烯、聚乙烯、聚苯乙烯、ABS、聚酰胺、聚甲醛、聚碳酸酯、酚醛树脂等。聚丙烯主要用于通风采暖系统、发动机的某些配件以及外装件，例如真空助推器、汽车转向盘、仪表板、前（后）保险杠、加速踏板、蓄电池壳、空气滤清器、冷却风扇、风扇护罩、散热器格栅、转向机套管、灯壳及电线覆皮等。聚乙烯可用于制造燃油箱、挡泥板、转向盘、各种液体储罐以及衬板，聚乙烯在汽车上最重要的用途是用于制造燃油箱。聚苯乙烯主要用于制作各种仪表外壳、灯罩及电器零件。ABS 用于制作汽车用车轮罩、保险杠垫板、镜框、控制箱、手柄、开关喇叭盖、后端板、百叶窗、仪表板、控制面板、收音机壳、杂物箱及暖风壳等。

（3）汽车外装及结构件用纤维增强塑料复合材料

汽车上常用的是玻璃纤维和热固性树脂等复合材料，可用于制造汽车顶棚、空气导流板、前灯壳、发动机罩、挡泥板、后端板、三角窗框、尾板等外装件。用纤维增强塑料复合材料制成的汽车零件还有传动轴、悬挂弹簧、保险杠、车轮、转向节、车门、座椅骨架、发动机罩、格栅、车架等。

3. 汽车用橡胶

汽车上主要的橡胶件是轮胎，此外还有各种橡胶软管、密封件、减震垫等。生胶是轮胎最重要的原材料，轿车轮胎以合成橡胶为主，而载重汽车轮胎以天然橡胶为主。

4. 汽车用陶瓷

日本、美国生产的绝热发动机上采用工程陶瓷，例如日野汽车公司开发的陶瓷发动机系统，该发动机汽缸套、活塞等燃烧室部件中有 40% 左右是陶瓷件，使用的陶瓷有 ZrO_2、Si_3N_4 等。此外，还采用 Si_3N_4 制造气阀头、活塞顶、气缸套、摇臂镶块等。

5. 汽车用复合材料

随着复合材料制造技术的发展和汽车轻量化的要求，复合材料在汽车中的应用越来越广泛，如玻璃钢（玻璃纤维增强树脂基复合材料）汽车顶盖和保险杠、碳纤维增强树脂基复合材料车身、C/C 和 C/SiC 复合材料刹车盘等。

思 考 题

14-1 选材时应遵循哪些原则？如何才能做到合理选材？

14-2 零件常见失效形式有哪几种？它们要求材料的主要性能指标分别是什么？

14-3 制定下列零件的热处理工艺，并编写简明的工艺路线（各零件均选用锻造毛坯，且钢材具有足够的淬透性）：

（1）某机床变速箱齿轮（模数 $m=4$），要求齿面耐磨，心部强度和韧性要求不高，选用45 钢制造。

（2）某机床主轴，要求有良好的综合机械性能，轴颈部分要求耐磨（50～55HRC），选用45 钢制造。

14-4 指出下列零件在选材和制定热处理技术条件中的错误，并提出改正意见：

（1）表面耐磨的凸轮，材料用 20 钢，热处理技术条件：淬火，回火，60～63HRC。

（2）直径为 $\phi30$ mm，要求具有良好的综合力学性能的传动轴，材料用 40Cr 钢，热处理技术条件：调质，40～45HRC。

（3）弹簧（直径为 $\phi15$ mm），材料用 45 钢，热处理技术条件：淬火，回火，55～60HRC。

（4）转速低、表面耐磨及心部强度要求不高的齿轮，材料用 T12 钢，热处理技术条件：渗碳，淬火，58～62HRC。

（5）拉杆（直径为 $\phi70$ mm），要求截面上的性能均匀，心部 $R_m>900$ MPa，材料使用40Cr 钢，热处理技术条件：调质，200～300HBW。

14-5 下列零件或工具用何种碳钢制造？说出其名称、至少一个钢号以及其热处理方法：手锯锯条、普通螺钉、车床主轴、弹簧钢。

14-6 某一尺寸为 $\phi30$mm×250mm 的轴用 30 钢制造，经高频表面淬火（水冷）和低温回火，要求摩擦部分表面硬度达 50～55HRC，但使用过程中摩擦部分严重磨损，试分析实效原因，并提出解决问题的方法。

14-7 结构复杂且受力较大的冲裁模，其硬度要求为 62～64HRC，试选用合适的钢材，确定其工艺流程并加以说明。

参考文献

[1] 王忠.机械工程材料.2版.北京:清华大学出版社,2009

[2] 郝建民.机械工程材料.西安:西北工业大学出版社,2006

[3] 梁耀能.机械工程材料.2版.广州:华南理工大学出版社,2011

[4] 沈莲.机械工程材料.4版.北京:机械工业出版社,2018

[5] 郑明新.工程材料.北京:中央广播电视大学出版社,2000

[6] 齐民,于永泗.机械工程材料.10版.大连:大连理工大学出版社,2017

[7] 宋杰.机械工程材料.3版.大连:大连理工大学出版社,2010

[8] 王运炎,朱莉.机械工程材料.3版.北京:机械工业出版社,2017

[9] 汪传生.工程材料及应用.西安:西安电子科技大学出版社,2008

[10] 朱张校,姚可夫.工程材料.5版.北京:清华大学出版社,2011

[11] 刘新佳.工程材料.2版.北京:化学工业出版社,2013

[12] 王章忠.机械工程材料.3版.北京:机械工业出版社,2019

[13] 齐宝森.机械工程材料.4版.哈尔滨:哈尔滨工业大学出版社,2018

[14] 刘天模,徐幸梓.工程材料.北京:机械工业出版社,2012

[15] 梁戈.机械工程材料与热加工工艺.2版.北京:机械工业出版社,2015

[16] 杨莉,郭国林.工程材料及成形技术基础.西安:西安电子科技大学出版社,2019

[17] 崔忠圻,覃耀春.金属学与热处理.3版.北京:机械工业出版社,2020

[18] 何世禹,金晓鸥.机械工程材料.哈尔滨:哈尔滨工业大学出版社,2006

[19] 崔振铎,刘华山.金属材料及热处理.长沙:中南大学出版社,2020

[20] 袁志钟,戴起勋.金属材料学.北京:化学工业出版社,2019

[21] 赵杰.材料科学基础.大连:大连理工大学出版社,2010

[22] 胡赓祥,蔡珣,戎咏华.材料科学基础.上海:上海交通大学出版社,2017

[23] 赵品,谢辅洲孙振国.材料科学基础教程.哈尔滨:哈尔滨工业大学出版社,2016

[24] 庞国星.工程材料与成形技术基础.3版.北京:机械工业出版社,2018

[25] 高聿为,邱平善,崔占全.机械工程材料教程.哈尔滨:哈尔滨工程大学出版社,2009

[26] 范敏.机械工程材料.西安:西安电子科技大学出版社,2013

[27] 崔占全,孙振国.工程材料.3版.北京:机械工业出版社,2013

[28]　王顺兴.机械工程材料.北京:化学工业出版社,2019

[29]　刘贯军.机械工程材料与成型技术.3版.北京:电子工业出版社,2019

[30]　徐婷,刘斌.机械工程材料.北京:国防工业出版社,2017

[31]　徐林红,饶建华.金属材料及热处理.武汉:华中科技大学出版社,2019

[32]　李成栋,赵梅,刘光启.金属材料速查手册.北京:化学工业出版社,2018

[33]　刘瑞堂,刘锦云.金属材料力学性能.哈尔滨:哈尔滨工业大学出版社,2015

[34]　刘洪丽,高波,李婧.《材料科学与工程基础》课程思政建设及评价.高教论坛.2020,(11):31-33

[35]　高德毅,宗爱东.从思政课程到课程思政:从战略高度构建高校思想政治教育课程体系.中国高等教育,2017(1):43-46.

[36]　赵光伟,袁有录,黄才华,叶喜葱."机械工程材料"课程思政教育探索.教育教学论坛.2020,(24):35-36.

[37]　吴超华,吴薇,史晓亮,彭兆,凌鹤.案例式教学在工程材料课程教学中的应用,中国冶金教育.2019,(05):1-2.

[38]　Min Qi. Mechanical engineering materials.大连:大连理工大学出版社,2011.

[39]　王忠. Mechanical engineering materials.北京:清华大学出版社,2005.

[40]　黄根哲,朱振华. Fundamentals of materials science and engineering.北京:国防工业出版社,2010

[41]　张代东.机械工程材料应用基础.北京:机械工业出版社,2004.

[42]　G. S. Upadhyaya,Anish Upadhyaya,Materials science and engineering. New Delhi:Viva Books,2014.

[43]　王运炎,朱莉.机械工程材料,3版.北京:机械工业出版社,2017.

[44]　成大先,机械设计手册,6版.常用机械工程材料.北京:化学工业出版社,2017.

[45]　尚峰,唐学飞,乔斌.机械工程材料习题集.北京:机械工业出版社,2016.

[46]　[美]J. R. Davis.国际机械工程先进技术译丛:金属手册(案头卷下册).陆济国,金锡志译.北京:机械工业出版社,2014.

[47]　方勇,王萌萌,许杰.工程材料与金属热处理.北京:机械工业出版社,2019.

[48]　张正贵,牛建平.实用机械工程材料及选用.北京:机械工业出版社,2014.